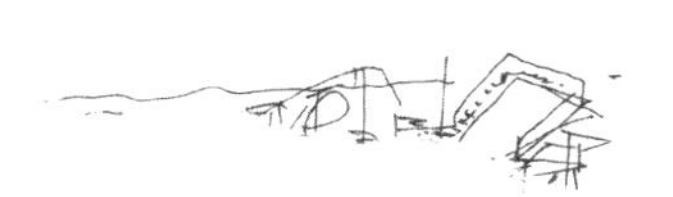

室内设计图解思维

——方案手绘与表达

阎明■著

广西师范大学出版社
·桂林·

图书在版编目（CIP）数据

室内设计图解思维：方案手绘与表达 / 阎明著 . —桂林：广西师范大学出版社，2019.8

ISBN 978-7-5598-1709-9

Ⅰ. ①室… Ⅱ. ①阎… Ⅲ. ①室内装饰设计 – 图解 ②室内装饰设计 – 绘画技法 Ⅳ. ① TU238.2-64 ② TU204.11

中国版本图书馆 CIP 数据核字 (2019) 第 058332 号

出 品 人：刘广汉

策划编辑：高　巍

责任编辑：肖　莉

助理编辑：马竹音

版式设计：六　元

广西师范大学出版社出版发行

（广西桂林市五里店路 9 号　　邮政编码：541004
网址：http: //www.bbtpress.com）

出版人：张艺兵

全国新华书店经销

销售热线：021-65200318　021-31260822-898

广州市番禺艺彩印刷联合有限公司印刷

（广州市番禺区石基镇小龙村　邮政编码：511400）

开本：787mm × 1 092mm　1/16

印张：17　　字数：272 千字

2019 年 8 月第 1 版　　2019 年 8 月第 1 次印刷

定价：98.00 元

Preface 1

推荐序 1

21 世纪的中国设计行业建立在西方现代主义设计思想的理论体系基础之上，在这期间，中国的设计理论与实践也在迅猛发展。中国代表性的建筑师、空间设计师也开始在国际舞台上崭露头角。那么作为一名设计工作者，怎样才能搭上设计行业的高速列车，走上自己的职业巅峰？我认为，手绘设计与表现是一个不可或缺的法宝。

通过数十年的设计教育与设计实践工作总结，我认为可以从多个角度审视手绘设计在设计工作中的作用。手绘是设计工作者将设计思维进行处理，利用笔和纸在二维平面上绘制的全方面、系统化、可表达设计意图和设计精髓的图纸。手绘设计可以多维度地表达设计师对设计方案的诠释，还可以在最短的时间内进行输出。

设计既是理性的又是感性的，两者缺一不可。手绘设计和训练可以培养学生对设计理论的独立思考能力，培养如何将复杂多元的信息经过理性的分析，用感性的手段表达出来的能力。另外，手绘设计还可以培养学生的原创能力。原创设计多年来始终是我们在教学工作中坚持的首要的培养目标，无论是在课堂的设计作业上，还是在课外的社会实践中，我们都致力于培养学生提取设计元素、分析方案特点、符号重组等诸多原创设计技能。而手绘表现在提高原创设计能力上起到的作用是无可替代的。同学们毕业后走向社会，面对实战设计时，手绘也会起到至关重要的作用。所以，从向社会输送和培养人才的角度出发，手绘设计是鲁迅美术学院建筑艺术设计学院教学体系内重要的教学内容。

高水平的手绘表现能力是一个优秀设计师的标签，它是设计师综合能力的体现。而从更广阔的角度来看，纵观古今中外，众多建筑设计大师与空间设计大师，如安藤忠雄、弗兰克・盖里、扎哈・哈迪德等都会运用精彩的概念手绘表达他们对空间设计和对人在场所内的感受的理解，这种表达方式不会随着时代与科技的进步而退出历史舞台。而在高频率、快节奏、竞争残酷的实战设计市场中，作为设计师，把握当下的时代潮流，把自己的设计观、生活观融会贯通，运用在设计项目中，是未来设计师的核心竞争力。手绘设计作为设计方案前端的工作，会一直引领着设计师尽情地施展才华，取得更优异的成绩。

由于多年从事设计教学和设计实践工作，我曾与许多国内外著名专家学者和设计大师有过交流，从中可以感受到，优秀的、具有前瞻性的设计作品不只是停留在对空间的理解和对功能的把握上，更多、更优秀的设计作品在更深层次的含义上，表现的是人文关怀、地域文化的回归，乃至科技的参与。比如，参数化、可持续的设计理念近些年在国际上逐渐占据了主流位置。设计师也不只是负责解决空间的功能性问题，同时也有相应的社会责任，手绘设计也已经从简单的概念输出方式上升到了针对不同的工作阶段可以随时解决复杂难题的手段。这要求设计师既有扎实的基本功——设计理论的功底与手绘表现功底，同时更要求设计师具有独立的思考能力，还要能通过手绘设计来推动整个团队乃至整个项目的发展进程。

随着时代的发展，设计市场越来越正规化、专业化，市场对设计从业者的综合能力要求也在逐渐提高。设计师如何在不同的工作节点对项目全局进行把控，使项目最终完成的效果与概念方案的差距最小化，超越表现意义的手绘能力是解决这个问题不可或缺的技能之一。

设计师阎明是我的学生，他在学生时期至走到教学岗位及设计工作岗位这些年来，一直虚心刻苦、专注投入，表现出了一个职业设计师应有的精神面貌与综合素质。他对当下的设计行业的发展有敏锐的洞察力，擅于把握时尚前沿，而且在参加设计工作这些年来，成功完成了多个项目，公司和个人都取得了很好的声誉，表现可圈可点。作为指导教师，我在这里给予他充分的肯定。他取得的成绩与多年的努力是分不开的，而在他的诸多能力中，我认为更重要的是一直伴随着他，甚至已经和他成为“朋友”的手绘设计能力。这种能力的积累，会让所有设计师在设计道路上越走越远，越走越高。

鲁迅美术学院建筑艺术学院原院长、教授、硕士生导师

Preface 2
推荐序 2

朋友有很多种，有精神上的、情感上的和灵魂上的朋友。我们内心的情感会影响身边的朋友，让他或她时刻感受到我们的存在，使彼此之间有微妙的联系。而我们也会跟随这种联系去感知对方，去发现生活的美好——哪怕看到了世界的黑暗，依然有勇气面对生活。朋友之间情感相连，便能同路前行。

人类社会的发展经历了太多起伏，这个过程中有挣扎、痛苦、欢乐。为了争取更大的自由与繁荣，每个人都在做着推动社会进程的工作，每个人都是人类发展史中不可缺少的一环，在生命的站台上人人平等。

每一次人类的进步都伴随着一种思路——向善及隐恶，我们有时太关注过程，而往往忽略了出发点和结果。过程和结果应该是并行的，就像球体，没有哪个地方是突出点。

闲暇时间打开这本书，看到的是设计师对设计的认识与理解，是感性输出的完美表达，不教条、不刻意。它减轻了书给你带来的莫名的压力，你会以一种好奇的心态去体会设计的美好。书就是一个时间轴，每一页都是一个定格，读书是了解设计师的成长及意识觉醒的过程，至于结果就需要我们每个人去总结了。

设计是人类与生俱来的征服自然、改变生活方式的一种有效思维，是对未来的一种判断和预知。现阶段，室内设计师已经不只是考虑空间内的简单布置，而是能够站在空间之上，甚至更广义的环境中了。虽然我们都能感受到这种变化，但是这个过程是依靠每个从业者自我修养的提高与生活体验的不断丰富产生的，这是一个艰辛的过程。有了这样的过程，我们才能带着轻松愉悦的心情去感受不一样的文化、结构、功能和人类情感，而风格在这里就不那么重要了，它可能只是我们每个人对设计形态的区分。

快速表达的思维在设计之初非常重要，设计者通过大脑下达指令，指令传递到手上再通过笔去表现，用这种最简单、快速及原始的方式去表述情感，建立信任，共同完成只有在未来的特定地点才会出现的作品，是一件多么神奇与美妙的事。这就是设计。

阎明老师是有着丰富经历的青年设计师，在这本书里能感受到他对这个行业的热爱与追求，他用美妙的笔触践行着自己的设计之路，去感动周围的朋友与业主，推动本土设计的发展与进步。

设计好比烟花，既绚烂夺目又震撼人心，更重要的是会让我们产生对美好生活的渴望与向往。

派克齐（PKQ）空间设计机构创始人、总设计师

齐　权

Author's Preface
自 序

2002 年我 20 岁，进入了鲁迅美术学院环境艺术设计系，在这里接触到了手绘设计表现。当时懵懂的我被手绘设计的线条、光影、笔触等漂亮的技法深深吸引，甚至达到了痴迷的程度。在那个阶段，自己对于什么是设计，什么是设计师，手绘表现和设计是什么关系这些问题都很模糊，认识也比较浅，觉得绘制了一张精彩的表现图纸就能做好设计。

光阴似箭，到了 2019 年，经过了 17 个年头，37 岁的我回头再整理和审视从事设计工作这些年来所画过的手绘图和方案中的设计图时，对方案手绘与手绘表现有了自己的理解。我个人认为，手绘分为两个层面:

第一个层面是表达。表达需要利用设计学科的理论作为支撑，包括表现上的透视学，还包括设计门类里的各个学科，建筑、室内设计、设计心理学、人体工程学等。把这些理论综合在一起后，再通过近似于绘画的形式在二维的纸面上表现出三维的立体图形，我们将这样的绘制定义为手绘。从表面上看，手绘图是一张“图画”，但是它背后是很多看不到的专业知识的积淀。

第二个层面也就是本书通过一些粗浅的文字和图片所要传达的手绘的实用性。所谓方案手绘是实用主义的手绘，更重要的应该是“方案”两个字。手绘在这个层面上应该剥去绚丽的外衣呈现出本质，也就是方案本身、设计本身。设计首先是以实用为前提，不解决问题的设计只是一种形式。本书会分门别类地用各种实际案例体现出如何用手绘解决问题。这种通过手绘的形式快速表达设计思路的方式是设计工作中一个不可替代的环节，也是设计工作的起始。随着科技的发展，各种更先进的表达方式已经被广泛应用，如计算机制图、3D 打印、各种制图、渲图软件等都能非常逼真地模拟设计师头脑中的图像，但是设计师在进行方案创作时，某一瞬间的感受可能过了十分钟之后就会不一样，所以要将最鲜活、最有灵感的思路快速地记录下来，手绘依然是最简单直接的方式。

本书摘录了我从事设计专业的教学与设计实践中积累的部分图片。我们从几百个项目、上千张手绘草图中精选了书中这些图片，这里的图纸有完整详细的，也有一些看似潦草的写意，它们都是在不同的时间段，针对不同项目，对设计师十几年心路历程的记录和表达。整理这些文字和图片是一个自我梳理的过程，同时也是向外输出的过程。

在本书写作之初，我想有别于市面上其他关于手绘表现的书，想更多地通过展示手绘作品来谈空间设计，也想和大家分享作为一名设计师如何运用自己的“武器”有效地解决设计方案中的“疑难杂症”，而不是通过本书分享手绘的表现技法。这是写作本书的初衷。

作为一名室内设计师，要向建筑师、规划师、结构设计师，甚至服装设计师、工业产品设计师、平面设计师、插画师等各个领域的人士学习，了解更多知识，如生活的美学、现代设计发展的历程等。“设计”是一个舶来词，中国古时候只有“匠人”的概念，所以在我看来，东方人缺少完整的设计理论和知识体系，设计师应该多学习现代主义设计思想。建筑将空间划分为室内和室外两个部分，但是对空间的本质而言，我认为，无边无际的大海也是空间，长满麦穗的田野也是空间，能感受到泥土和植物芬芳的森林也是空间。而建筑是人类发展历程中非常重要的产物，所以作为一个空间设计师，既要了解、学习建筑，还要对建筑以外的空间尺度和比例有直观的感受。

近几年我在学习和工作中关注了很多国内外的知名建筑师，发现他们做的室内设计作品更有张力，也会延续建筑的整体感和空间的构成感，建筑设计和室内设计是一气呵成的。所以对室内设计师来说，空间设计并不是在一个水泥房子里做一些装饰，而是要更好地理解空间，在这样的基础上，室内设计师对空间的把握才会更立体。这也是本书想传达给大家的设计思路。

另外，我希望借由此书向这个行业致敬，向行业内千千万万手工艺者致敬。中国五千年的文明历史中始终贯穿着工匠精神。在十多年的从业经历中，我也对设计行业和工匠精神有了自己的理解。我在本书中也会分享一些在行业中的心得——如何做一名主案设计师、如何为业主或投资方解决问题。

这本书的受众群体是从事设计学科学习的在校学生，第一，我希望通过本书让他们理解什么是设计师，什么是设计，未来作为一名设计师该有什么样的思考方式，这个行业会给自己带来哪些感受。第二，我也想通过本书和同行业者交流，希望这种图文并茂的形式能引发大家的共鸣，也希望同行业者和行业内的前辈们能针对本书的不足之处提出宝贵建议。第三，本书也想向有设计需求的业主或甲方分享一些设计师的心得，让更多人了解这个行业，希望通过本书减小行业内外各人群之间由于思维定式产生的差异，打破设计专业与非专业人士之间的信息鸿沟，帮助更多的人。

本书从确定立项到出版，历时将近一年，因为作为设计总监，我的日常工作比较繁杂，没有过多固定的时间用来编写，所以朋友们读到的这些文字都是在不同场合和不同状态下产生的。有些文字是在我忙碌了一天之后在疲惫的精神状态下整理的，有些是在项目现场工作间隙整理的，有的是在给学生上课的课间，或者是在学术交流会议的间歇整理的。从另一个角度来讲，这也传达了一种实战设计师真实的工作状态和精神状态。但在这个漫长的过程中，本书内容上难免会有疏漏，请广大读者包涵。

在和出版社一起探讨这本书的时候，我曾经有过一些疑问和顾虑，因为现在电子书的发展很完善，纸质图书受到了一定的冲击。在这个信息大爆炸的时代，有多少人愿意捧起一本书，利用哪怕 20 分钟的时间翻上几页？阅读能提升一个国家、一个民族的整体素质，所以我在此也想借这本书呼吁更多人多读书，读好书，让阅读成为习惯。一个人做一件事情不难，但将一件事做很长时间其实是很困难的。这本书里没有过多华丽的辞藻，只是我的一些浅显的心得，如果能帮到大家，或者给了大家一些启迪，将是我最开心的事。但是我非常清楚地知道，这本书还有很多相对浅显的地方，无论是在学术层面上，还是在设计层面上，自己对设计和对生活的理解还不够，需要向各位同人请教学习，共同探讨。

在这里要特别感谢本书的策划人高巍，他是我多年的同窗好友。感谢他给我这样的机会梳理自己的工作。对设计师来说，工作需要不断向前发展，当停下来回头看一看自己走过的路、做过的事、接触过的人、画过的手绘作品时，当年的业主、当年的恩师、当年的同事，就像一幅幅美丽的画面定格在那里，让人觉得这个梳理自己的过程也是一件美好的事情。另外，也特别感谢本书的编辑马竹音为后期的文字规范化付出了很多心血。还要感谢我的设计团队成员设计师李营、刘书言，设计助理郭子安对本书前期资料整理和制作过程中的衔接工作做出了很多贡献。

还想感谢的是我的恩师——鲁迅美术学院建筑艺术学院原院长马克辛教授，也是我在硕士研究生期间的导师。马克辛教授是全国知名的手绘表现和空间设计大师，在设计界与手绘界具有非常高的声望，感谢马老师在百忙之中为本书撰写了非常精彩的推荐序。从马克辛教授洋洋洒洒的文字中，可以看出一个老艺术家对专业的理解和对工作的认真与投入。

同时也感谢我的不同时期的各位老师，鲁迅美术学院原常务副院长田奎玉教授和张庆波教授，以及十几年来我的工作岗位上的各位领导。这些老师和前辈们都曾在专业设计领域和人生道路上给过我非常中肯的意见。

同时还要感谢陪伴着我一起创业的沈阳尼克装饰设计有限公司的领导和同事，没有公司的设计团队和合作伙伴，再好的设计想法也只能是纸上谈兵。多年如一日的相濡以沫、同舟共济让我们非常信任彼此。本书中所谈到的很多大型公共空间项目，也是我在尼克公司与各位同事共同努力下完成的。

再有要特别感谢知名设计师，也是我的好友齐权老师为本书作序。齐老师在接到我的邀请后，百忙之中非常投入地为本书写了精彩的推荐序，体现出一位职业设计师的工作态度。在这里，希望齐权老师未来有更多优秀的作品问世。

再有还要特别感谢我的父亲阎贵升先生和母亲张淑贤女士。家庭是一个人成长过程中最重要的起点，人的价值观和人生观也是在家庭中开始形成的。我的父亲和母亲现在都已经进入耳顺之年，父亲一生从事教育工作，母亲从事民政工作，充满爱和书香的童年记忆给予了我巨大的精神支持。感谢我的父母给我一个美好的童年，陪伴着我一路走来。

还要感谢我可爱的学生们。在鲁迅美术学院从事教育工作的 11 个年头里，我从来不把学生当作我的学生，而是当作我的业主，我的甲方。因为和学生们一起探讨设计时没有设计上所谓的条条框框、没有预算，都是很单纯的、近似于疯狂的设计理论体系的探讨和研究。这让我在十多年的设计工作中可以不断充电，不断从世俗中超脱出来，再回到世俗中。所以设计教育工作是我愿意为之奋斗终生的事业。

最后，作为一名实战设计师，我要感谢千千万万个业主给予设计师平台和实践的机会。曾经有一位前辈说，一个设计师在 50 岁之前都要感谢自己的业主，因为没有建立在丰富的精神生活基础之上的设计都只是设计常识，所以要感谢每一个业主给设计师提供学习的机会，正因为有这些信赖设计师的业主，才会让设计师在一个又一个项目中打磨、训练、试错、成长。

总之，本书献给以上我提及的所有人和所有爱好设计、爱好手绘表现的朋友们。

阎 明

2019 年 5 月 25 日

Contents

目 录

Chapter 1

第一章
图解手绘的意义

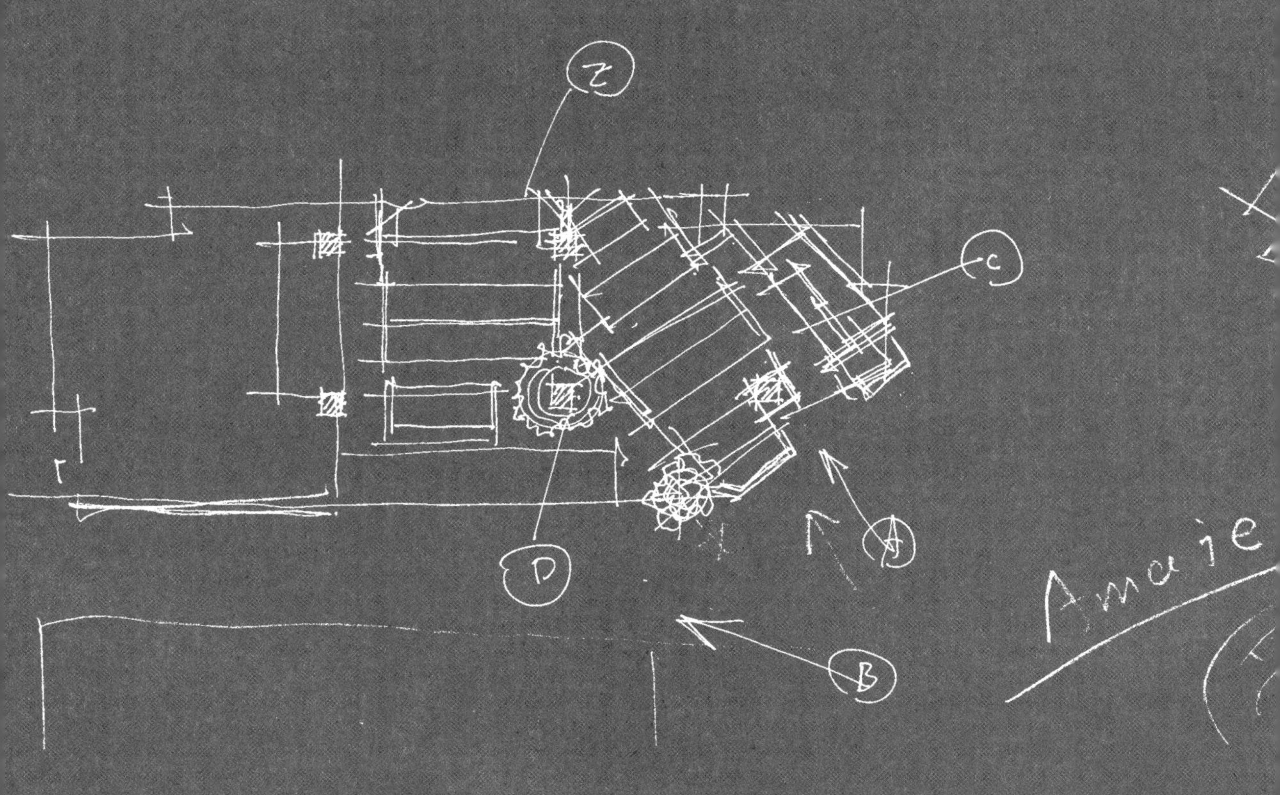

第一节 设计师的自我交流语言

在设计师达到一定工作年限的时候，他的手绘设计就已经脱离了基础表现，这时候的手绘其实是将人的五感——视觉、嗅觉、触觉、味觉、听觉记录在大脑里，通过大脑对设计进行理解，再通过设计师的手和笔传达到纸面上，这是一个自然流露的过程。

对一些工作年限比较长的设计师来说，手绘其实就是一种工具，这种工具的意义和电脑做效果图在某种程度上是一样的，它是一种输出的方式，和其他任何表现形式都是一致的。

一、记录生活

设计师体验一种生活方式，用手绘的形式表现出来，这种形式不仅是在记录生活，也是在积累生活。在生活中，处处都可以体现设计师对人的理解、对事物的理解、对事件的判断，眼睛看到的东西都可以用手绘体现出来。（图 1-1～图 1-4）

我们日常画的一些速写和平时记录的影像积累到一起，就是我们对生活的理解。这样的理解积累到一定程度，我们就会对生活有感知，这种感知往往也是设计师从初级阶段到高级阶段的必经之路。

手绘设计是一个日积月累、循序渐进的过程。比如，我们在旅行中或者在其他非工作的状态下看到眼前的一个景象对设计有很大帮助的时候，可以拿出纸和笔，把手绘当成一种记录的方式，这样就会让我们的工作状态跳跃到不同的场景、不同的场合，这也是一种记录生活的方式。

在生活层面上，设计只是一个点，但设计离不开生活，只有在生活积累基础上的设计才能打动其他人。从记录生活的角度来说，手绘的场景、工具非常广泛，手绘可以在任意时间、任意场所进行，也可以使用不同的工具——圆珠笔、铅笔、口红、炭条……也并不一定画在纸上，只要能记录当下自己的感受，以任何形式为载体都可以。无数个感受积累到一起之后，人的生活阅历就会非常丰富。

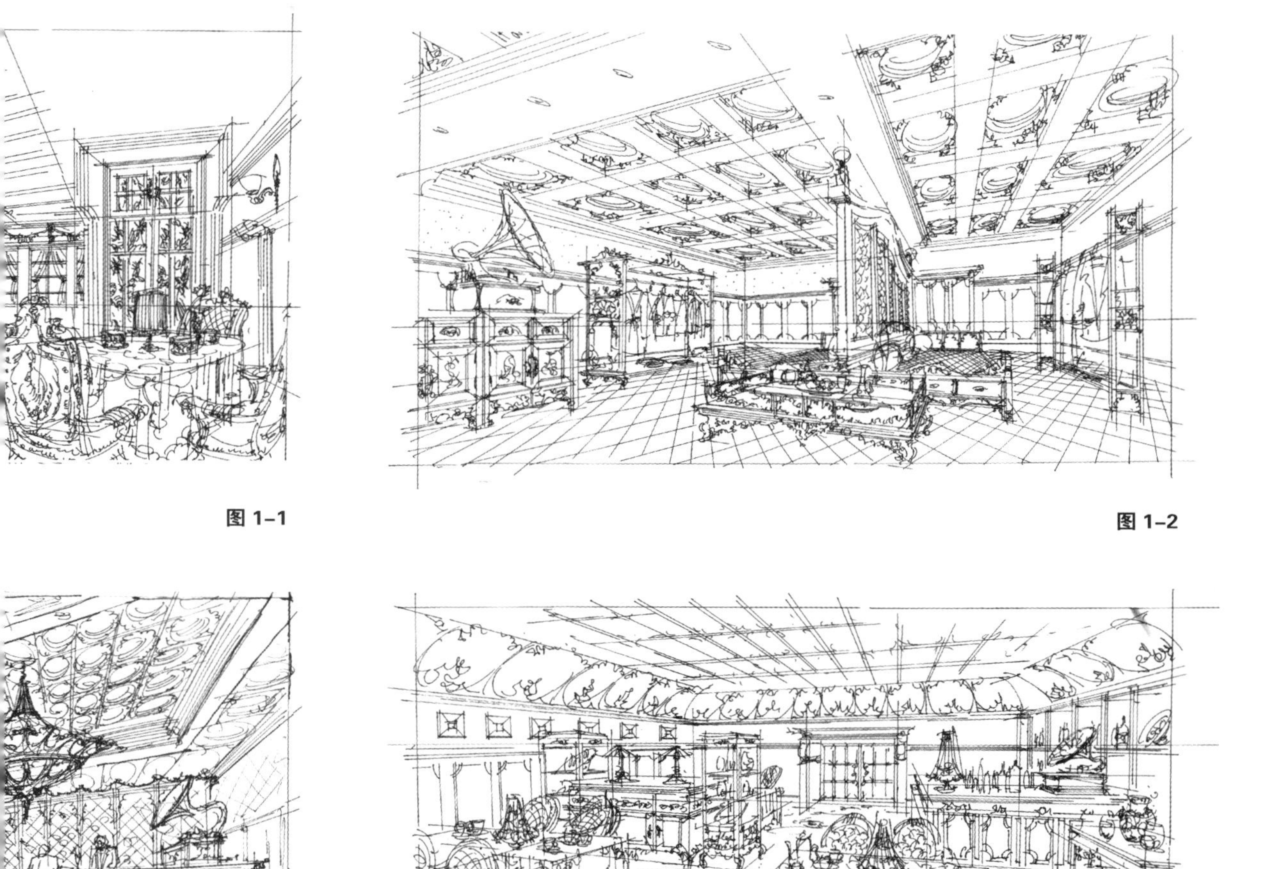

图 1–1

图 1–2

图 1–3

图 1–4

手绘不仅是一个记录和输出的过程，也可以沉淀和完善设计师的灵感。比如这 4 张图表现的项目，该项目业主的诉求是想要一个民国风格的复古空间。设计师首先搜集了民国时期的特定生活场景，然后将这些场景碎片化，提取出一些设计符号，如灯具、棚面和墙面的形式等。设计师还实地考察了张氏帅府，了解那个年代的生活环境，从中提取了色彩、纹样等元素，用手绘的方式记录下来，然后运用在设计方案里。这样的复古空间的设计就是有据可依的。在这其中，手绘的意义就是将设计师平时看到的东西记录下来，然后储存在自己的记忆库中，同时不断扩大自己的记忆库，把里面的碎片化的灵感不断丰富、重组，这对方案设计有很大帮助。

所以手绘这种形式既能锻炼设计师输出的基本功，同时又可以记录设计师当下的感受。这种感受积累到一定的程度，就是一种非常直观的、有力量的输出。

二、整理情绪

手绘也是设计师整理情绪的一种方式。每个人都会有不同的情绪，悲伤的、喜悦的、激动的、亢奋的、抑郁的，手绘可以帮助我们调整自己的情绪。这里的手绘指的不完全是设计上的手绘，它类似于绘画——我看到什么、感知到什么，就可以画什么。这是一种艺术的表达，也是非常自我的表达，这种自我的表达能让设计师产生沉淀和积累，这种沉淀的力量是非常巨大的（图 1-5）。

三、解决问题的方法

对有一定经验的设计师来说，手绘一定是用来解决问题的。手绘包含艺术的成分，艺术是封闭的，不需要其他人懂，但是设计不同，设计要解决问题，手绘恰恰介于艺术和设计之间（图 1-6）。手绘运用在设计上，就是解决功能问题的。它是理性的，但是归根结底这种表达方式是用笔在纸上画出图像。这种行为是艺术行为，而且是一种很自我的行为，所以要搞清楚到底手绘能用来干什么。它只是设计师用来表达想法的工具而已，不需要添加更多的自我感官层面上的理解。这个分寸很难拿捏。当然，初学者可以在表现层面上讲究线的粗细、透视比例、构图的美感、近景中景远景之间的关系等，但达到一定程度的时候，手绘就要把解决问题放在首位。因为手绘就是在输出设计师的思想，漂亮的手绘图并不等于设计方案可以实际落地。所以对有经验的设计师来说，一张空间透视图，或者是一张效果图，一定要配合平面图、立面图和剖面图，它们都是手绘的一部分。

在一个设计方案没有落地之前，任何表现形式——包括手绘图、效果图、施工图、材料样本等都是设计前端，并不是一个完整的设计。当这个方案落地完成之后，业主拿着这个方案营业，当使用者在空间里停留的那一瞬间，使用者和场景合在一起，使用者在场景中有故事发生，这个瞬间才是设计真正完成的时间。所以在一个成熟的设计师眼里，手绘是一个非常微

图 1–5

当使用者处在不同的空间里时，情绪会发生波动。设计师希望图中这个空间能更跳跃、活泼，并且让使用者在比较多元的商业空间里有相对宁静的感受，当使用者在这里停留的时候能有归属感。在手绘图中，设计师着重表现的是路灯和构筑物，因为它们的比例、材料、荷载问题是设计中的重点。同时，图中也表现了周围的环境，如休息座椅和一些低矮的景观，这些富有层次感的景观会让人产生心理上的变化。这张手绘图的视觉冲击力也比较强，设计师考虑了平面构成上的美感和方案的可实现性。这个方案在形式上借鉴了国外的优秀设计理念，但更重视人在这个环境中的感受，这比表现美感更重要。

图 1–6

小的环节，并不是能画好手绘，就能成为一个成功的设计师。

设计师自我交流的过程点点滴滴地渗透在生活中，而不是只在办公室里。一天中的每一分每一秒都是我们的生活，如在运动健身、在工地考察、在跟甲方交流等，任何一个有趣的场景都可以以手绘的形式记录下来。我们在积累感受的过程中才能积累生活的阅历，然后将感性的生活自然流露，形成自己的理念，生活中的诸多瞬间最终都会反哺我们的设计（图 1–7）。

第二节 与业主的即时性交流工具

一、站在业主的角度思考问题

1. 投资和收益思维

设计师做项目要收取一定的设计费，站在设计师的角度，设计费应该是设计师赖以生存的条件，但是如果站在业主的角度，设计师的设计费对于业主要做的项目的全部费用来说只是冰山一角（图 1–8）。业主的成本还包括前期运营、中期管理、后期销售等各环节的费用，所以设计费对业主来说，只不过是他支出的这些投资成本中的一个部分。设计师要明确自己在一个项目中的位置，然后站在业主的角度考虑投资和收益，用这种思维衡量自己的工作。

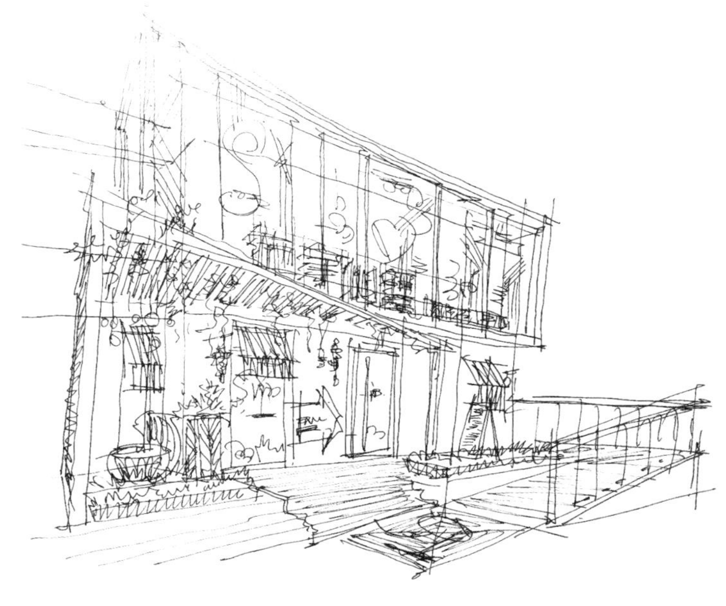

图 1–7

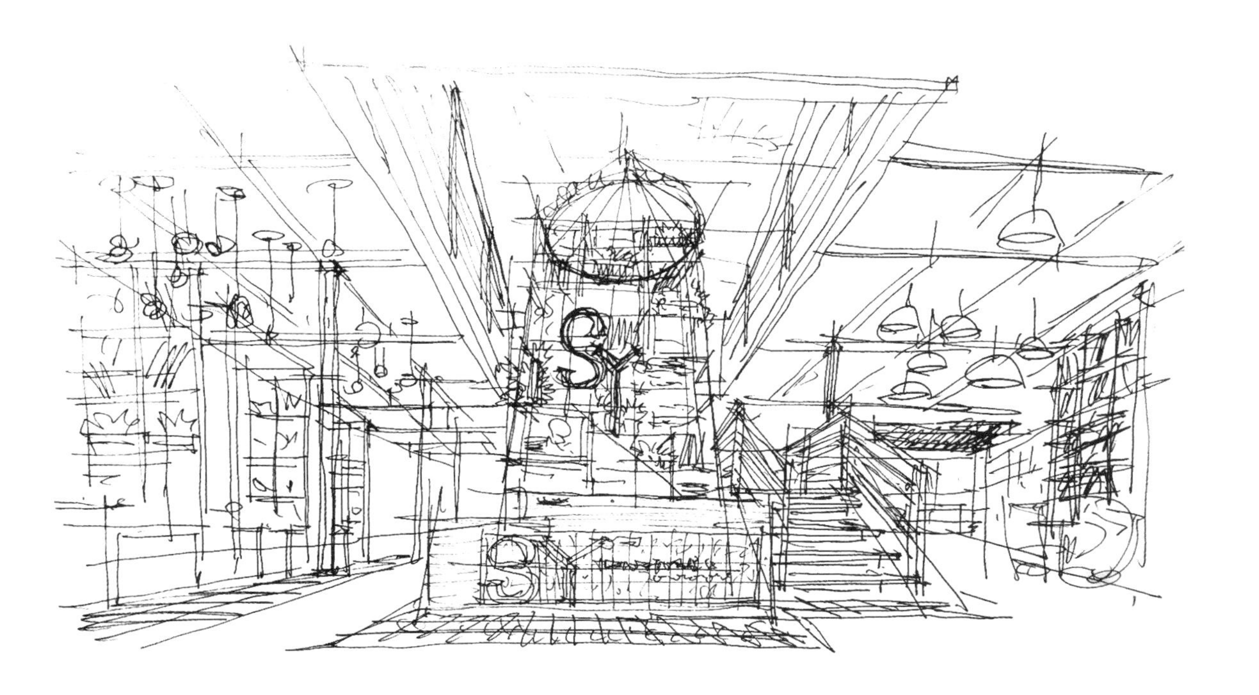

图 1-8

针对商业类的项目，更需要考虑业主的投入和产出比。这个项目位于繁华的地段，房屋价格高昂，业主前期已经有了很大的投入。在这个前提下，设计方案既要满足功能需求，也要尽量节省成本，所以大部分硬装和软装材料使用了框架性的材料：一是材料本身节省成本；二是大大减轻了荷载，降低了隐蔽工程的费用，因为框架性材料本身的加工时间短，而且在施工过程中，对建筑的破坏程度比较低。在这基础上，再通过加入大量的软装，使这个空间有一个全新的视觉感受。同时，相对较低的装饰成本也能满足业主的需求，对业主来说，这比丰富的造型更有价值。

2. 对市场的认知

一个室内设计师不可能擅长所有类型的项目。酒店、餐饮、办公空间、娱乐空间等不同的项目代表的是背后不同的社会行业，一个室内设计师对不同的行业理解多少，其实也就决定了他能操控和把握的设计类型有多少。当然，业主也更关心设计师对他从事的这个行业是否了解（图 1-9）。但是，针对具体的行业，设计师一般不能达到业主那么深刻的了解，如一个北方的烧烤类的餐饮项目，设计师也许会从食材的选择、顾客在现场的体验、后厨与堂食区之间的关系等角度考虑设计，但从业经验丰富的业主则会考虑到更多的细节，如食客在吃烤串的时候，签子如果掉在了地板缝隙中，很容易拿不出来，夏天就会招来蚊虫，很影响餐厅的品质。如果设计师没有经营这个行业的经历，就不会考虑到这些细节，而这些细节往往也决定着设计的细节。所以，作为室内设计师，要尽可能地在工作之余保证知识的摄取，了解业主背后这个行业和庞大的产业链群体，了解的信息越多，越能跟业主同频。

二、永远不要教业主做设计

设计师有时会直接与业主聊空间色彩、材质构成、空间的穿插等问题。这些问题虽然也很重要，但这是在设计方案深化过程和设计落地实操中设计师要考虑的问题，而不是业主首要关心的问题（图 1-10）。

设计师在自己有一定把控能力的情况下，有时候就会形而上地教业主做设计，这是一个误区。设计师的专业应该体现在两个层面上：第一个基础的层面是对设计和美学本身的理解，第二个层面是对行业的理解，所以设计师跟业主聊得更多的应该是当下的项目在行业里的定位。

三、营业最重要

从经营的角度来看，无论是商业类设计还是文化类设计，一个项目落地、投入使用、被广大民众接受永远是业主首要考虑的问题。

很多设计细节会被造价、设计师与业主之间的审美差异等因素制约，但设计师要保持一个清醒的认识——设计师一定要为业主盈利，而不是通过一

设计师对空间的再创造是基于对市场的认知和对艺术背后的精神文化的理解。有了这样的理解，创造出来的空间才能让业主和空间的使用者产生共鸣。比如，对这样一个文化类的项目——博物馆序厅来说，需要体现出它的历史感，突出它的文化氛围。所以在前期，设计师与业主沟通的时候，同时请了一些历史学家、人文学家和社会学家，针对博物馆展示的这段历史展开了更加深入的了解，这也会使设计更完善。手绘图在构图上采用中轴对称的形式，中庭雕塑和周边环绕的艺术品营造了一个艺术化的氛围，更重要的是，方案体现了博物馆所展示的文化故事。

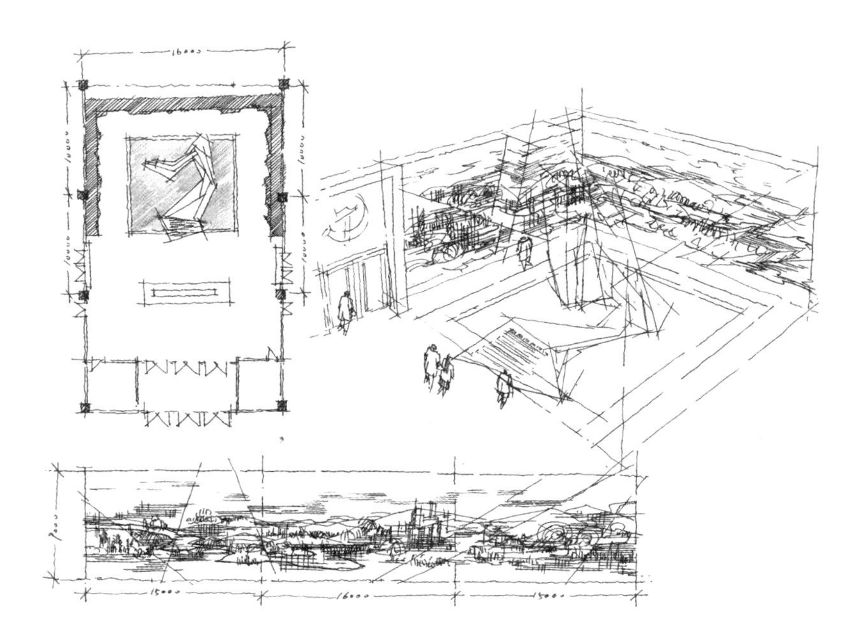

图 1–9

在跟业主沟通过程中，设计师更需要的是讲述一个故事，而不是讲材料、工艺、构成等只有专业人士才能听懂的术语。这个博物馆展现了中国的近代史，设计师只有在对这些文化内涵有了深入的理解之后，才能通过各种设计手法和符号展现出博物馆想要弘扬的中华民族精神。这个过程对设计师来说也是自身修养的提高过程。在充分理解项目的前提下对空间进行诠释，业主接受起来也会更容易。这个方案使用了点线面结合的手法，空间两侧是浮雕，中间是抽象几何形的圆雕，这些雕塑表达了博物馆想体现的文化精神和民族情怀。所以无论做任何类型的项目，只有对空间服务的人群、蕴含的理念、承载的精神给予更多的关注，才能让人产生共鸣。

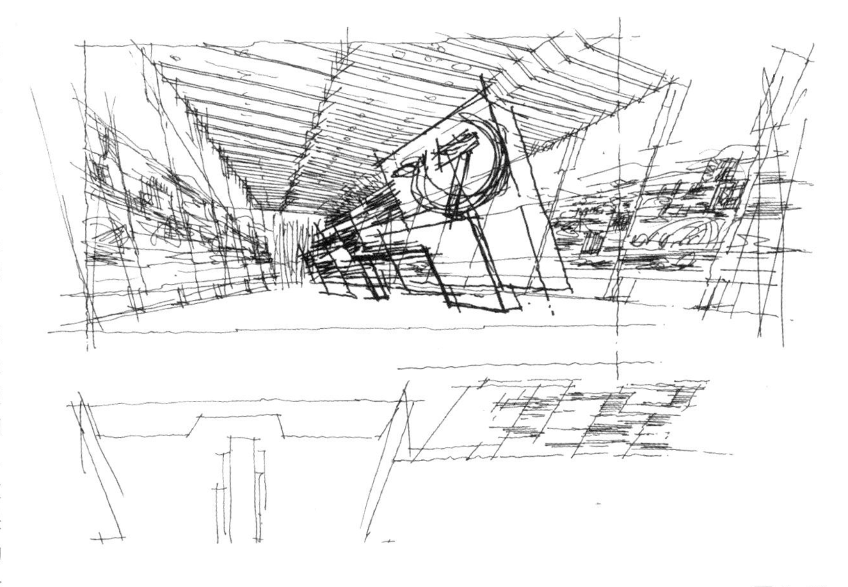

图 1–10

个项目来实现自我的审美价值。实现自我审美价值对于设计师来说固然重要，而且也无可厚非，但是保证业主的盈利应该是第一位的。怎么能保证业主的盈利？就是尽早让项目落地，尽早让项目投入使用。设计师自我价值的实现、作品落地后的呈现度等都应该服从于尽早营业这个主旨。

不同业主的思维方式截然不同，设计师要学会在不同的项目里转换自己的身份和思考问题的方式，把自己当成不同的业主，这种身份转换的顺利与否，决定设计师对当下项目理解程度的高低。所以设计师与业主时刻交流就是要针对不同的项目转换自己的身份，让自己和业主用一样的思维方式理解项目，这样，设计方案才能让业主产生共鸣，最后项目落地时才能让使用者和消费者产生共鸣，为业主谋求最大的利益（图 1-11）。

第三节 设计信息的记录

设计信息的记录就是记录优秀的方案、记录优秀的素材，这是设计师的一门必修课。把记录下来的设计素材融入生活的点点滴滴中，就是一个不断自我提高的过程。

一、手绘是积累素材的手段

积累设计素材最行之有效的手段就是手绘，这应该是融入设计师生活中的一种爱好。对一位室内设计师来说，必须要了解建筑、了解室外空间，因为没有建筑，室内设计就无从谈起，建筑设计的发展历程对室内设计具有很深远的影响。所以，临摹实体的建筑也是拓展自己思路的一种方式，同时绘画的过程也是自己梳理思路的过程。

如绘画，西方印象派绘画的思路是，眼睛看到什么就记录什么。一片绿色的叶子被阳光照射之后，叶子下面留下阴影，这个阴影是什么颜色？一百双眼睛能看出一百个不同的结果，也就是说，每个人对色彩的感知都是不一样的，所以印象派的特点是客观理性地把肉眼看到的事物运用自己对色彩和光的理解记录下来。我们感受一个物体，感受的不只是它的客观存在，也有我们主观上对它的理解。所以在做长期的手绘设计表现过程中，运用马克笔把对建筑的理解、对景观的理解、对空间的理解记录下来，再加入

图 1-11

使用者在空间中的视觉感受是方案设计中需要重点考虑的问题。这张手绘图运用艺术化的手法营造了一个既有视觉张力，又有故事性的空间。在这个项目进行实际考察的时候，设计师发现中庭有一个采光天井，通过天井的光线将室内空间自然地划分出几个区域。设计师利用了这样的划分，将室内空间变成了以一个中心为原点，四周围绕着浮雕艺术品的形式。为了让自然光融入室内空间，两侧的艺术展品倾斜了一定角度，这样光线就可以洒落在展示艺术品的墙面上。中央的雕塑位于水池中，雕塑在水中的倒影和光线都融入水景中。

一些个人对光线、色彩、材质的理解，这种记录方式记录的信息一定会为方案设计提供一些很好的素材。

日本现代主义大师安藤忠雄是一位没有系统学习过建筑学的建筑师，他的思想演变过程和心路历程非常值得设计师学习。用手绘的方式记录下这些大师的作品会让我们在空间上更理解大师们在设计过程中的思考。在大师的作品上我们要提取符号，有的大师是从一个点开始思考，有的大师是从功能解决问题上开始思考，我们应该借鉴的是他们的思维方式而不是结果。

二、手绘是自我思考的过程

手绘是一个自我思考的过程，这里的手绘指的是长期的手绘表现。在这个过程中，设计师会对空间、材质、构成比例以及设计思路的演变有一个自我认识（图 1-12）。当然并不是每一个手绘作品都会是成功的，即使作品看起来有很多瑕疵，也要乐观面对。比如有一些作品是单纯的模仿，石头后面为什么要有木质材料？为什么会有自然的植物？为什么要有人工矩形的植物？为什么是暖绿色配暖红色？虽然自己暂时不理解，但是随着对工艺和材料了解的增加、对甲方和市场需求了解的增加，就会反过来推导出答案（图 1-13）。在我们向前奔跑的过程中，让自己的双腿和思想停下来，回想一下奔跑过程中看到的风景，并思考这些风景为什么存在？为什么能被我们看到？这些风景是否能够记录下来？这样在遇到下一个绚丽的风景时，就不会停止前进的脚步，在看到不美的风景时，也不会急于否定。通过手绘表现爱上设计，然后在实战的道路中回过头看自己的手绘作品背后存在的意义。也许它看上去就是一幅风景画，表现的就是大面积的材质，建筑的结构比例和尺寸没有考虑到功能性，也没有考虑消费人群、工程造价等问题，但是在设计之初会给自己一个感性的认识，让自己对空间和尺度有所把握，这种细节的把握和积累一定会在未来的某一天派上用场。

在初学手绘的阶段，临摹一般更注重的是透视、色彩，而不是材质的运用，而且初学者一开始肯定是临摹一些手绘作品，但达到一定程度的时候就要临摹实景照片（图 1-14~图 1-16）。一些手绘的教程会经常讲笔法、笔触，但是笔触是设计师经过长时间积累形成的一种习惯，而手绘就是传达思维

图 1–12

手绘练习会促使设计师全方位地整理自己的思路，这样在做原创设计时，就不会只从一点出发，而是有一个综合思考和整体协调的能力。这张街景手绘图，设计师想通过对画面构图的控制和对细节的控制梳理对空间尺度的思考，以及对街景营造的思考。首先是对设计符号的梳理，如画面左侧建筑的形式、窗的形式、牌匾的形式、建筑立面的材质等。其次也要考虑到画面下方阳伞、植被，低矮的景观灯具的比例和尺寸，通过近实远虚、近大远小的构图形式表现出来。在前期通过手绘图梳理过这些设计符号和设计元素之后，手绘图会使设计师在后期考虑到整个空间中诸多元素叠加起来的效果。

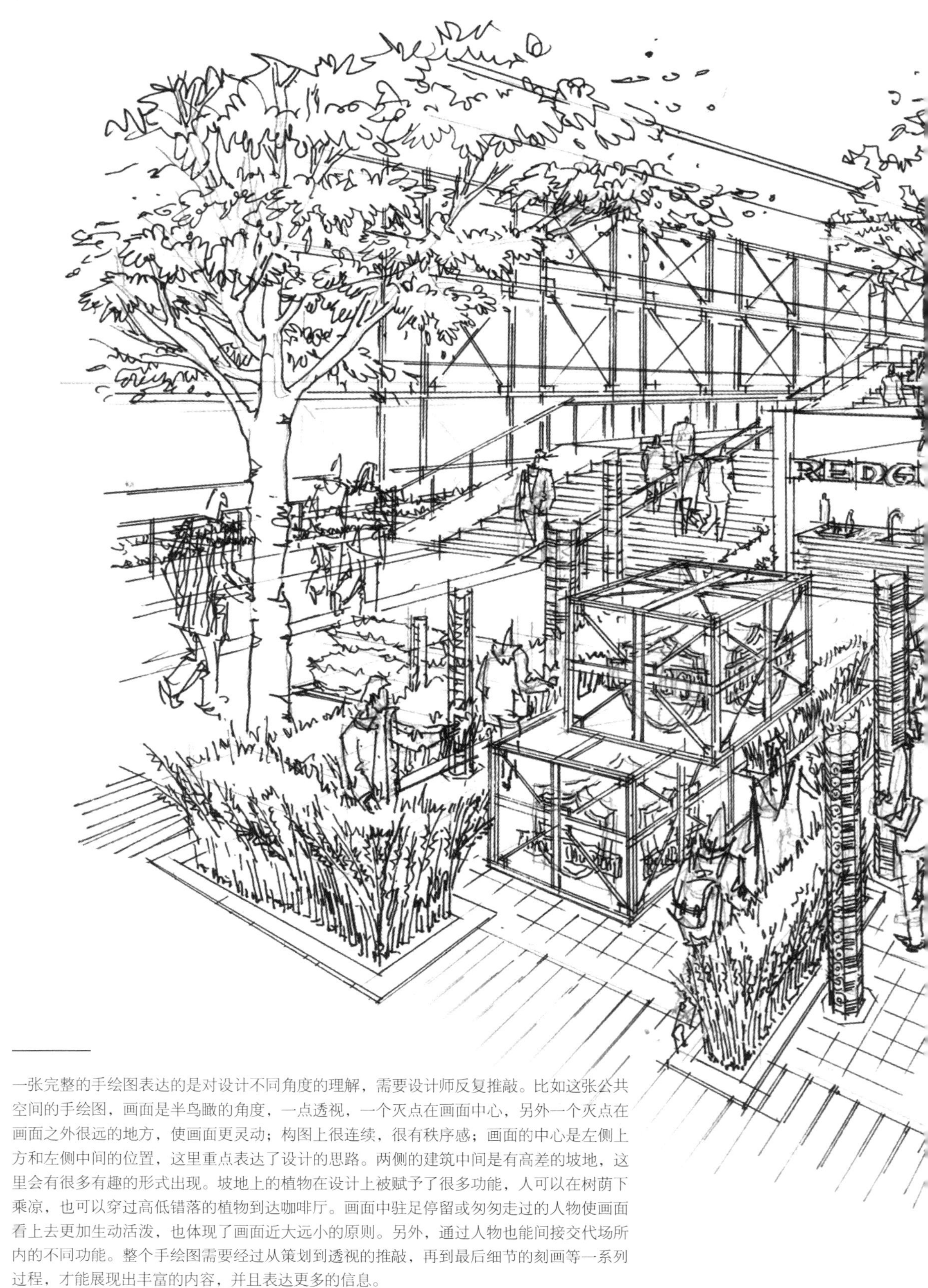

一张完整的手绘图表达的是对设计不同角度的理解，需要设计师反复推敲。比如这张公共空间的手绘图，画面是半鸟瞰的角度，一点透视，一个灭点在画面中心，另外一个灭点在画面之外很远的地方，使画面更灵动；构图上很连续，很有秩序感；画面的中心是左侧上方和左侧中间的位置，这里重点表达了设计的思路。两侧的建筑中间是有高差的坡地，这里会有很多有趣的形式出现。坡地上的植物在设计上被赋予了很多功能，人可以在树荫下乘凉，也可以穿过高低错落的植物到达咖啡厅。画面中驻足停留或匆匆走过的人物使画面看上去更加生动活泼，也体现了画面近大远小的原则。另外，通过人物也能间接交代场所内的不同功能。整个手绘图需要经过从策划到透视的推敲，再到最后细节的刻画等一系列过程，才能展现出丰富的内容，并且表达更多的信息。

图 1–13

的方式，把材质交代清楚，空间比例尺寸交代清楚，就是交代方案的过程，笔触在这里没有太多意义。手绘初学者经常会画成一幅很像临摹作品的画，但是学习手绘最初始的意义就是表现设计思路，而不是形成一幅作品。如果设计师创造一个空间时，不知道是采用一点透视还是两点透视、低视点还是高视点，那就失去手绘的基础意义了。手绘要解决概念设计的问题、方案设计的问题，而不是过分强调笔触和笔法。更重要的是，设计项目落地开业后，使用者到这个空间里消费，漂亮的空间可以吸引很多顾客，这个设计作品为甲方谋取利益，才代表设计师真正完成了一个作品。

综上所述，手绘涵盖的意义非常广，它背后承载的并不是一张简单的图，在不同的时间、不同的地点，设计师都可以通过手绘传达自己的真实思想。手绘是让甲方和设计师相互信任、打通思想联系的工具，也是设计师提升自我修养、推进团队设计工作的重要法宝。手绘的意义存在于设计师对项目的初始理解中，也存在于在对设计施工过程中每一个施工节点、剖面材质的分析中。它既记录了生活中的某一个瞬间，也是设计师成长中不可缺少的一个伙伴。

图 1–14

图 1-15

图 1-16

大量地临摹实体空间更有助于设计师理解和把握空间。从这个层面来看，手绘的技法对于实战设计的重要性远没有设计节点的落地更重要。这些手绘图是设计师根据最初项目现场的照片绘制出的项目竣工后的样子。图中表现的墙面和墙面的层次关系、墙面和家具的关系、墙面和灯具的关系、墙面材料之间的关系等都会让设计团队对方案有直观的认识。虽然图中使用的透视技法和表现技法都很简单，主要是想解决方案执行过程中的问题，但是当项目竣工之后再回到现场对照当时的这些手绘手稿就会发现，手绘图是设计工作前端非常重要的一种工具。虽然很多工艺在造价的制约下有一些细节上的变化，但空间结构还是和当初手绘图表现的思路如出一辙。所以在绘制手绘图时，要更多考虑空间完成的样子，而不是表现技法。

Chapter 2

第二章
图解手绘的应用思维

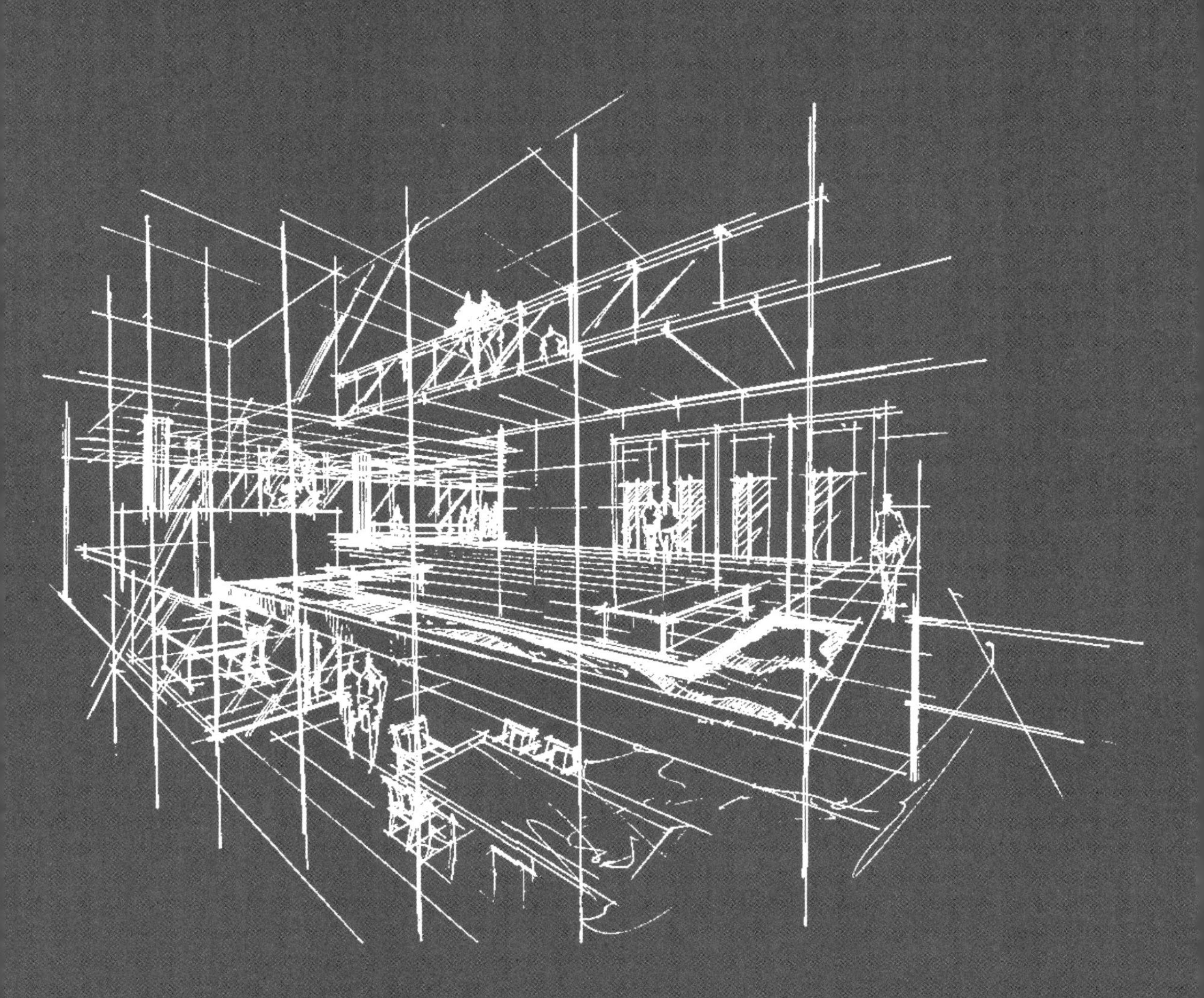

第一节 手绘与技法

一、没有技法才是最好的技法

初学者在画手绘图的时候，关注更多的可能是线的运用、透视的完整性和合理性、尺度的规整、图的比例等；在彩色表现阶段，更关注颜色和光影、受光、背光、反光等。但是在画手绘图的过程中，没有技法才是真正好用的技法，也叫“技术无障碍”，设计师可以想到什么就画出什么，空间就在自己的头脑里，而且头脑会很自然地控制笔在纸面上的表现（图 2-1）。但这并不是一时之功，就好像如果一个人想扣篮，必须有非常强健的体魄，对实战设计师来说，必须要经历一个过程才能达到“技术无障碍”，需要日积月累，通过一张又一张看上去比较呆板、为了表现而绘制的手绘图积累到一定程度才能做到。

实战设计中的手绘图往往会有很多种笔触。笔触就是绘画的一种习惯，如有的人笔触重，有的人笔触轻，有的人画一条横线必须后面再加一个点，这些都属于技法。但是在解决问题的过程中，手绘图能说清楚问题就已经达到目的了，它只是一个给施工人员、方案设计师和设计师团队传达意图的方法，过分追求技法会干扰设计师输出自己的想法，干扰一些细节上的呈现（图 2-2）。所以对一个相对成熟的设计师来说，在运用手绘表达思路的时候，要追求的是把点线面、空间关系、疏密关系、材质关系表达清楚，把一个空间在平面上体现出来，明确地传达出设计理念，让效果图设计师看懂、团队看懂、工人看懂，这是手绘的基本功能——解决问题。

二、量变到质变的过程

绘画是一个从量变到质变的过程。中国古语讲“十年磨一剑”，无论做什么事，一直不改方向，坚持十年就会有机会成为专家，这也就是量变到质变的过程，其中没有捷径，只能不断强化、巩固、升级。可能每个人在不同时期对手绘意义的理解会完全不一样，一开始也许是为了表现而表现，随着阅历的增长，对四季变化、人情冷暖等生活的感知会影响我们对手绘的理解和对设计的理解，我们的手绘图会发生变化，这同时也是设计的变化。

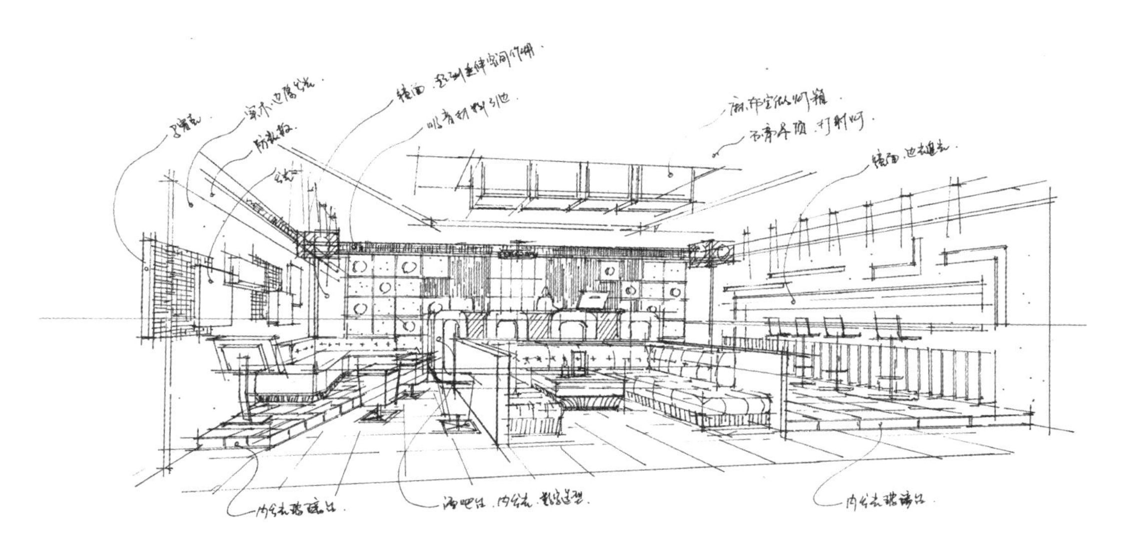

一个具有现代感和时尚感的娱乐空间里，需要表达的形式和材质非常丰富。对手绘图来说，就是需要用更干净利落的线条准确地表达设计方案，如果添加过多修饰性的线条，会使空间看上去比较杂乱，这样就会减弱手绘图传达信息的功能。所以在这张图中，设计师尽可能用更少的线去表现不同材质之间的转折关系，把更多注意力放在对尺寸的拿捏上，如沙发、座椅、吧台的尺寸。设计本身很丰富的时候，呈现在纸上的手绘图自然很丰富，而不是通过过多的线条和技法来呈现图纸的丰富。

图 2–1

好的设计语言和思路本身就能使手绘图看起来富有张力，如这个具有现代特征的文化展示空间，它本身的设计语言已经非常丰富：墙体和柱体加强了空间的视觉冲击力，灯具的排列方式尽量和墙体、柱体统一，地面做了抛光处理，近处的桌面使用了反光的材质。手绘表现是为了传达设计思路，而不是用技法来填充原本单调的空间。

图 2–2

三、对空间的理解是手绘表现的关键

手绘表现是一个在二维纸上建立三维空间的过程，需要对空间有很敏锐的理解。对设计师来说，最困难的过程就是在什么都没有的房子里，用头脑模拟出它建成的样子，也就是建立一个虚拟空间，然后找到一个最佳角度表达出来，这比手绘表现或效果图表现要难得多。一个成熟的设计师可以很顺利地画出自己的想法，但是在动手之前，他所有的思路在头脑中已经成形，已经模拟出项目竣工的模样，同时也模拟出了使用者在这个空间中走到哪一个点看到的效果是最好的，剩下的工作只是输出。

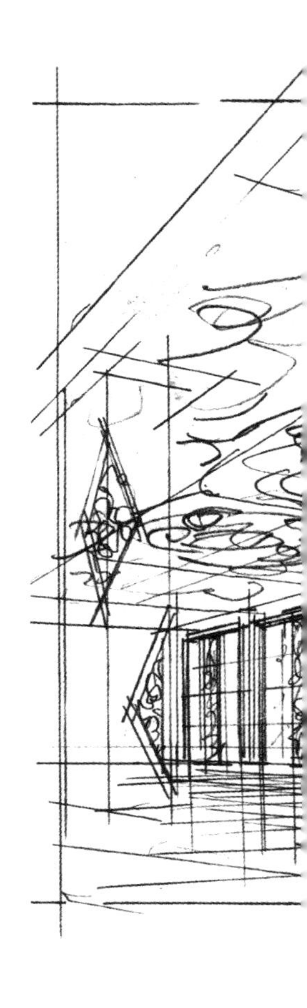

这个能力是青年设计师想要进阶必须具备的，是一个需要慢慢磨合的过程。从这个角度来看，手绘只是设计师整个思维链条中最后输出的一个点，更多复杂、纠结的设计过程发生在手绘表现之前。

第二节 用抽象的方式把握全局

在一个项目的实战设计中，全局的把控对设计师来说很难。首先，项目的周期一般都会比较长，设计师的注意力不一定能长时间停留在一个地方。我们每天面对的人和事物在变化，我们的生活、心境也在发生变化，这些都会影响我们对事物的理解，影响我们接收问题、分析问题和解决问题的能力。对设计师来说，始终抓住最初的感受非常难，一切都在变化，唯一不变的是变化本身，但这恰恰是与设计矛盾的（图 2-3）。做项目的过程中，很多时候条件并不允许设计师经常改变思路、调整方案，往往在一个设计的全过程中，最初的想法是最直观的想法，所以一定要抓住这种想法，牢记这种感觉。这也是很多初学者非常容易犯错的地方。

怎么能让自己保持最初的感受？主要有两点：第一，跳出当下的思维；第二，让设计回到原点。

一、跳出当下的思维

什么叫跳出当下的思维？“当局者迷，旁观者清”，有的时候当局者就像置身迷宫中，看不到方向，找不到出口，不知道自己在迷宫中的哪个位置。如果能站在另外一个维度审视全局，就会非常容易看清自己所处的位置，

图 2–3

当一个项目的周期比较长时，设计师的思路会发生变化，对设计的理解也会有变化，设计师往往需要坚持自己最初始的想法。这张手绘图记录的是一个商务空间，业主想吸引更多女性消费者，在这样的前提下，设计师想让空间既有现代感，又能体现出性别特征。在做方案时，设计师利用图案排列让空间看上去有变化，同时运用石材和灯光的搭配让空间的墙面有悬浮感。在棚面上使用白色和浅金色的纹理，并且和墙面有明显的区分。手绘图记录了这个最初的方案，项目从设计概念方案到完工历时 8 个多月，但是一直在按照这个方案的思路进行。

也能找到出口。

具体有两个办法。第一个就是把自己当成局外人，如把自己当成项目的举办人，或者其他旁观者，这样会没有太多压力，用另外的角度审视当下这个项目，就像有另外一个人在诉说他现在的困境和面临的问题，当卸下这些压力的时候，思路就会非常清晰。设计是生活的一部分，所以日常处事的能力也可以拿到设计的工作上来运用。

第二个办法是把自己当成一个使用者或者甲方。如果自己是这个项目的使用者，什么样的感受是最舒服的？这不是设计者的思维，是一个使用者的思维。有的时候做设计不会考虑到所有细节，当我们去看别人的设计的时候，感受就会很明显，会发现很多问题（图 2-4~ 图 2-6）。因为这时自己是使用者，看到的问题更客观、更真实。如果把自己当成甲方，站在投资方或者运营者的角度，这个设计能为我们带来什么？这个角度是初学者容易忽视的地方。在工作过程中，我们会自然地把自己带到一个自我的方向——我要怎么样？设计要考虑甲方的感受、使用者的感受，这样项目才会更成熟。

当设计师把自己的感性思维融入空间的时候，设计也会更生动。比如，在一个西餐厅项目的施工现场，想象一个户外的场景：春意盎然，微风习习，一个幸福的三口之家在郊外的草坪上嬉戏玩耍，暖暖的阳光洒在他们的脸上。

图 2-4

设计师置身于项目现场，把自己的感受融入空间的时候，也是把自己的身份从设计者变成空间的使用者的时候，这样产生的创意也会更自然。

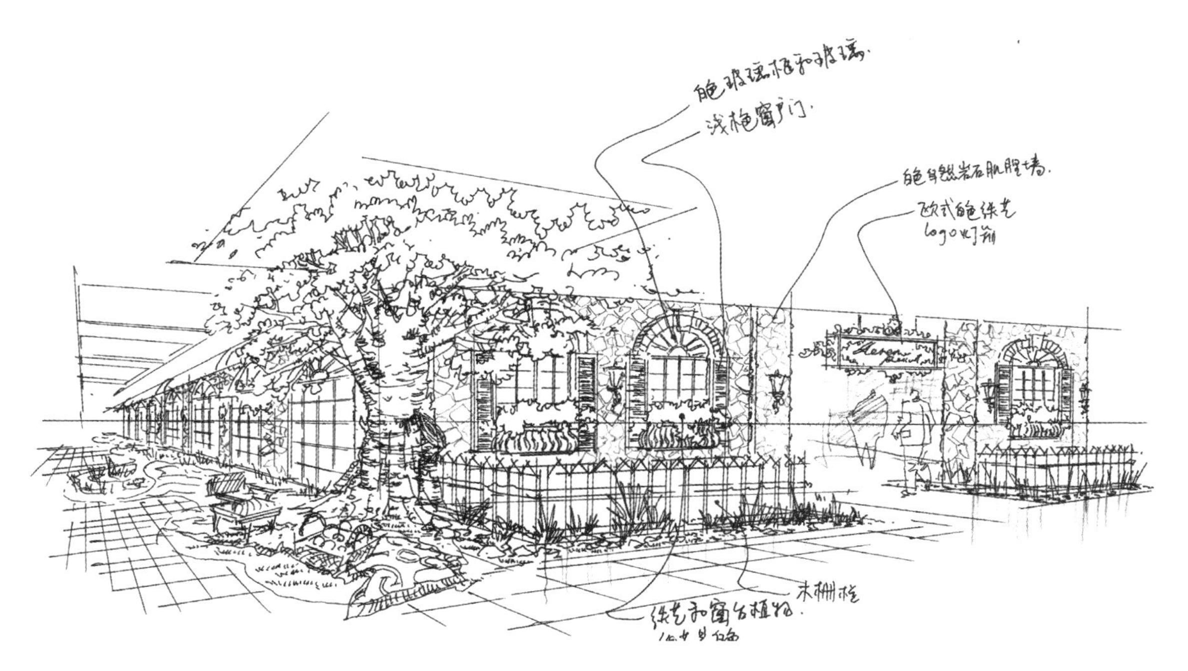

图 2–5

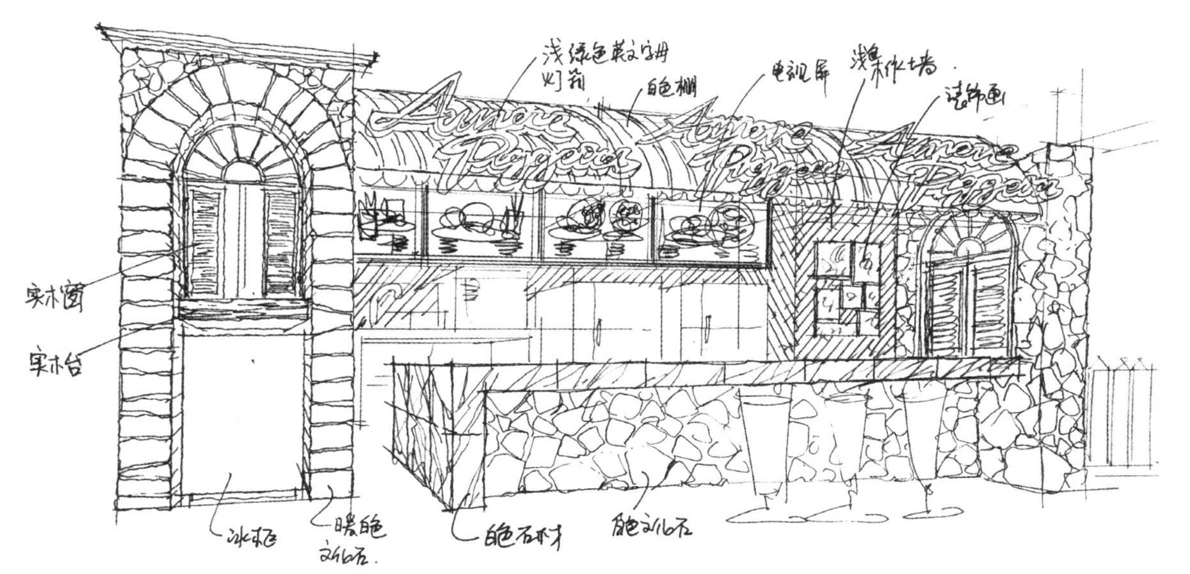

图 2–6

二、让设计回到原点

让设计回到原点其实是很幸福的，就像在一个没有预算、没有甲方、没有时间节点，只有一个主题的情况下，天马行空地想象。有时候经验丰富的设计师在没有任何要求和限制的情况下往往不知如何下手，但这样的训练对实战设计师来说很有意义，在没有任何要求的情况下，想象出来的东西一定是抽象的，这是一种艺术家的思维，它会为设计带来源源不断的灵感。在这个过程中考虑的不是预算、工艺等问题，而是生活、人文、社会趋势等，这些问题会给设计师带来不一样的想法（图 2-7）。

没有目的性的探讨也会让自己的设计思维有所提升。比如，我们探讨建筑和城市、生活、生态的关系，做一些目前不可实现的生态建筑，不可实现的空间和景观，然后想象自己头脑中最希望实现的那个愿景是什么，这些不考虑实践性的探讨可以帮助我们跳出本我，一些想法和思路也可以运用到今后的设计中。同时在这个过程中，也可以实现自己心中觉得美好的东西，这时的设计师是在做自己，实现自己对审美的理解。

所以所谓抽象的方式就是不用常规的思维，换另外一种角度，当自己是一个旁观者，或者隔一段时间，冷却自己的思维，重新审视自己的设计，更加轻松地把握全局。对成熟的设计师来说，这种能力是必备的。

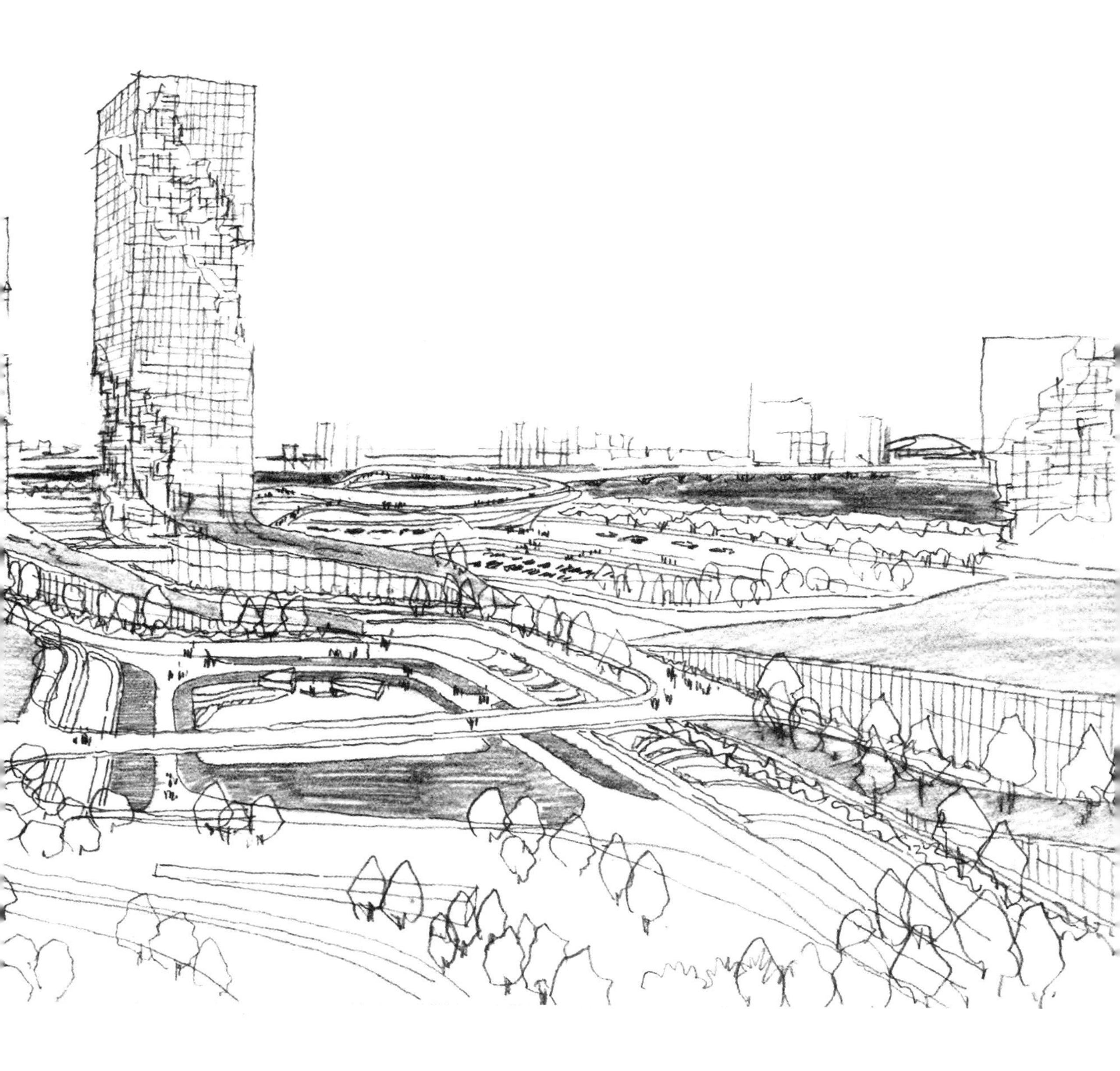

图 2–7

设计师在忙于实际项目之余，也应该找到一个时间节点让自己暂停一下，回到一个没有边界和约束的框架内进行自我更新，就像一台车行驶一段距离之后需要保养一样。

第三节　设计理念从模糊到清晰

一、模糊的是什么：业主、市场的诉求

设计理念从模糊到清晰是一个思维过程。设计师在设计前端思考问题的过程中是模糊的状态，因为设计师不是业主，对甲方本身不了解，对甲方的行业也不了解，模糊的地方就是设计师的短板。所以对一个项目来说，首先要清楚的不是空间的比例、色彩这些具体问题，而是业主的诉求是什么？不同业主背后的市场是什么？

二、清晰的是什么：技术、设计

清晰的是什么？对设计师来说，技术层面清晰的是软件应用、手绘表现、材质、工艺；从设计层面，是对点线面、审美的理解，对当下时尚生活的理解，等等。

三、从模糊到清晰的方法

1. 化整为零

知道了模糊的是什么、清晰的是什么之后，就找到了设计师擅长和不擅长的地方在哪里。设计的过程应该是一个循序渐进的过程，我们可以把看似很模糊、很抽象、很庞大的设计工作化整为零，把问题具体化（图 2-8、图 2-9）。有一个方法就是列表：接到一个案子之后，首先分析业主的需求是什么，然后把这些需求罗列下来。这些需求看上去是松散的，没有章法和连续性，但是我们可以把这些需求“体块化”，分清哪些是主要需求、哪些是次要需求，同时还要考虑哪些是业主的需求、哪些是使用者的需求，然后分清主次，如把需求分成主要、中等、次要、非常次要等级别，把各级需求罗列出来之后，整个前期设计链条相对来说便更明晰了。

接下来根据上述各种需求，把一张图纸或一个空间按照主次关系用切块的方式切开，也就是一个完整、抽象的功能切块，然后将功能流线引入这些看上去很抽象的块状分布里去。比如，一个娱乐空间要考虑的是如何面对新的消费群体，现在的消费群体更注重娱乐休闲，所以设计师一定要捕捉当下的时尚，然后考虑哪些空间是整体的、哪些空间是零散的，在项目里

设计首先要解决项目的功能问题，如这个商业综合体的入口，设计师通过在现场长期观察发现，使用者在这里停车比较困难。同时，建筑立面虽然临街，但是展示性并不强。所以，这个项目摒弃了惯用的入口突出的形式，而是采用了一种嵌入式的方式，把入口处的一部分室内空间释放出来，将其变为室外空间，形成一个凹陷的入口，同时地面抬起，自然形成了坡道。这样使用者可以将车直接开到一个平台上。虽然牺牲了一部分室内空间，但是交通动线更合理，立面入口处也自然形成了一个屏风的效果，使入口有非常强烈的仪式感。

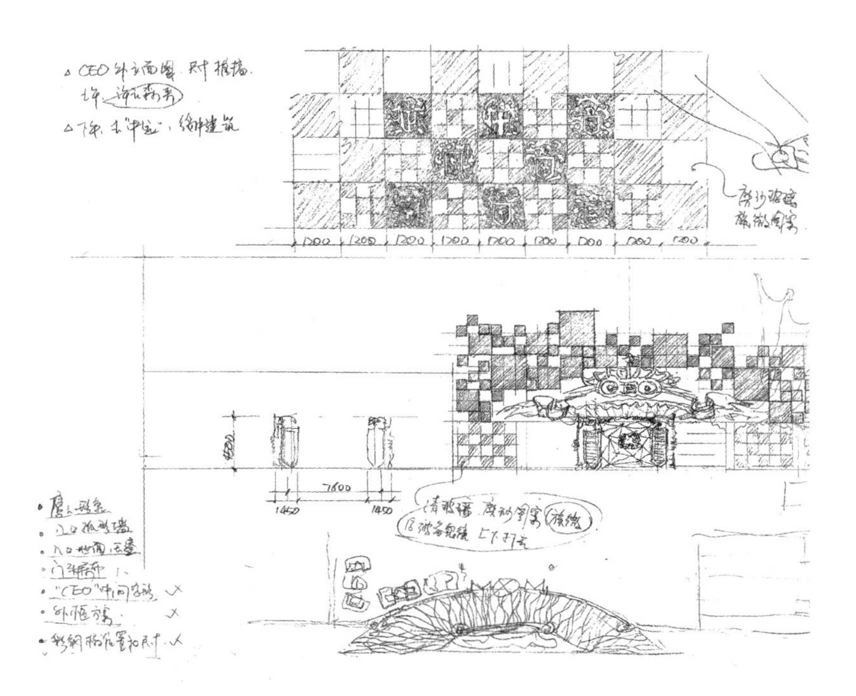

图 2–8

图 2–9

体现出来。然后开始手绘效果图，勾勒的过程就是思考化整为零的过程。在这个过程中，思路就会由模糊、不确定变得清晰。当然，针对不同的设计和不同的项目会有很多方法，这是一种理性的方案思路流程，也会有其他感性的方式。

2. 由一点出发

如果面对一个空间不知道从何入手，可以首先由一点出发，主观想象这个原始的空间里最重要的点在哪里？最不可复制的点在哪里？空间中最大的优势在哪里？从主观感受出发分析空间，由感性的角度进入空间（图2-10）。这个感性的角度可能是一件抽象的艺术品，可能是空间中一个有趣的区域，也可能是视觉冲击力非常强的一种形式。

由模糊到清晰的转化过程可以是理性的思考过程，也可以是感性的思考过程。这两个过程都是把看上去庞大的、复杂的、没有头绪的工作和很多不规整的信息归纳在一起，然后理清顺序、化整为零，再将注意力从宏观思考转换到微观思考上，这样就可以很轻松地处理点线面的关系，处理每个细节的关系，或者考虑预算、造价、工艺、材料等一系列问题。同时，这个过程还需要结合一定的情商和逻辑能力。

四、注意力在不同环节的转化

无论是理性地把空间化整为零，还是感性地由一个点出发辐射整个空间都是可用的方法，针对不同的项目、不同的客户、不同的市场，方法可以灵活运用。无论通过哪一点切入，最后都要做到的就是把一个完整的空间变成一个个小区域，这样看上去会让设计变得简单很多。然后全力在不同的区域上推敲审美、细节，这样就会把注意力从宏观的思维转化到微观的思维，这种思维转化的能力需要长时间训练。

设计理念从模糊到清晰是一个思考的过程，中间环节可以通过简单或复杂的手绘方式体现出来。纸面上的手绘工作是辅助完善的方法，目的是让设计师的思路变得更清晰。

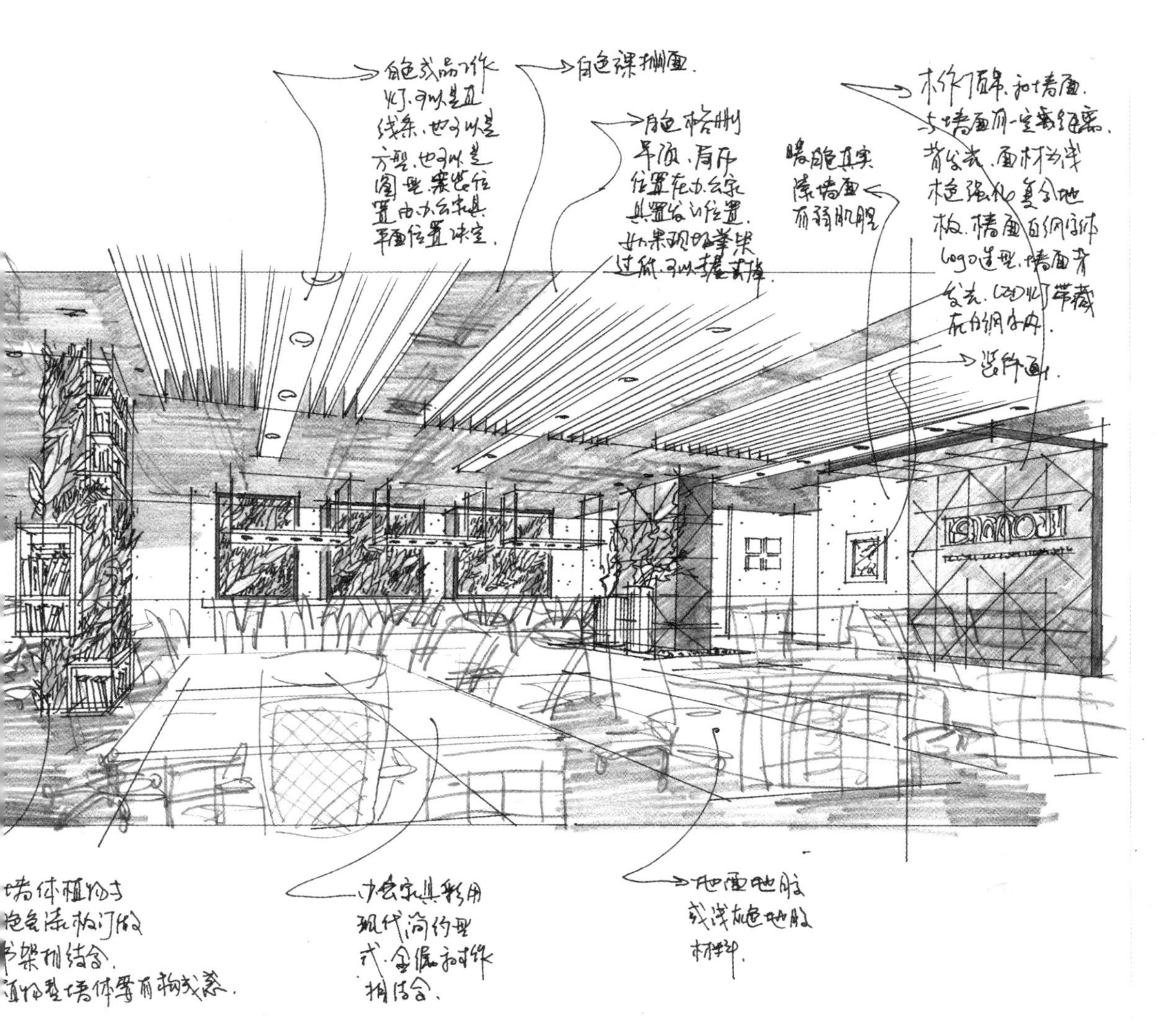

图 2–10

这张手绘图表现的是一个办公项目。这个设计方案的出发点很简单：通过一个轻松的空间，缓解在都市中生活的人的压力。这个空间最重要的功能也是让使用者在这里变得放松。什么样的元素能让空间的使用者变得更放松？户外清新的空气、植物、阳光。所以，设计方案里使用了大量真实的植物，将这些植物和书架、灯具等办公空间的基本元素结合在一起的时候，人们会欣喜地发现，空间已经不需要再有其他装饰，或者所谓的设计亮点。

第四节 捕捉创意，激发设计灵感

一、创意的来源

1. 生活中的每时每刻

创意的来源在哪里？创意存在于我们生活中的每时每刻、点点滴滴，它是日常的积累。从每天早上起床开始，我们眼睛里看到的一切事物、耳朵听到的所有信息、手上触摸的所有材质，感知的一切都可以成为创意的来源。作为一名设计师，需要有过滤信息的能力，把所有获得的信息和对事物的理解总结联系在一起，这样，创意的来源就会很广泛（图 2-11）。

2. 人与人的关系

不同时代、不同年龄的人对事物的看法都不一样，“三人行必有我师”，每个人的经历不一样，看问题的角度也不一样，人生的起起伏伏、大喜大悲都会使这个人成为一个鲜明的个体，每一个个体都有他的长处，一个成熟的设计师应该是心理观察家，时时站在对方的角度理解别人的感受、体会别人的痛苦、分享别人的喜悦，这样做出来的设计才更容易让人产生共鸣。

3. 人与事件的关系

事件是看不见、摸不着的，无法用具体的形式描述，但是抽象事件的发展变化一定会给人带来一种主观感受和体验，这种体验会为设计带来一种无形的力量。在一个事件中，设计师把自己定义成主角还是旁观者，这一点很重要。在一个项目中，设计师绝对不是第一主角，第一主角是使用者，也就是存在的市场；第二主角是艺术；第三主角是设计师、材料商，项目经理、施工方等组合成的第三方。设计师要明白自己的身份，明白自己的行为态度和设计作品在整个项目中的重要性。在一个项目的运作中，投资方是设计师的甲方，甲方产品的使用者就是投资方的甲方，这种循环的关系很微妙，所以设计师不能把自己的设计作品当作一件艺术品来创作。

4. 人与物的关系

这里的物可以是一个水果、一件艺术品、一件衣服，它是看得见、摸得着的东西，它有自己的颜色属性、材质属性、气味属性。设计师要训练在普通的物品中提炼美的能力，并把这种美记录下来。

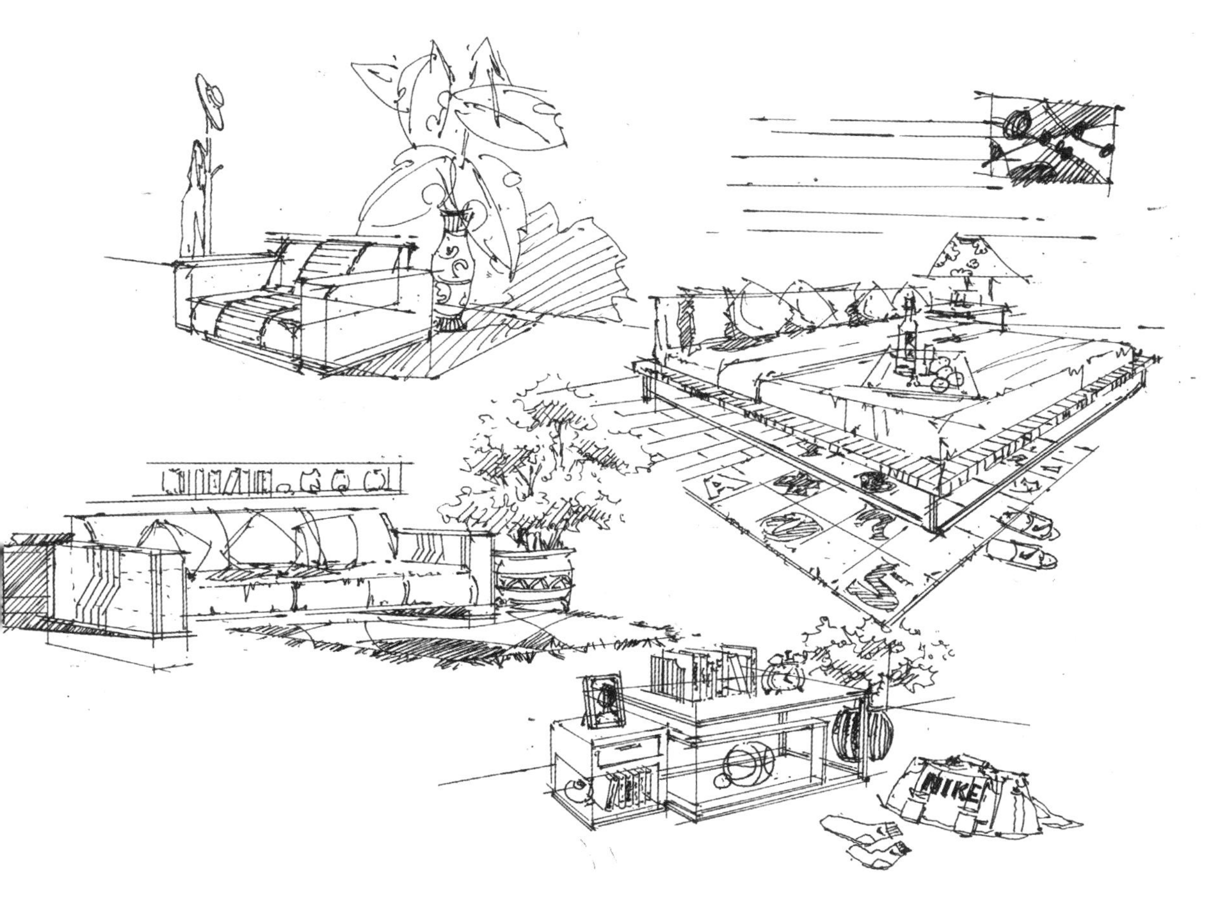

图 2–11

空间的使用者是影响空间的最重要的因素，即使人不在空间中，设计师还是可以通过很多细节展现空间使用者的生活状态、审美观和价值观，把握住这些状态，设计才有灵魂，绘制出的手绘图也才不会生硬，因为这样的手绘图融入了生活中的点点滴滴。比如，在表现室内软装搭配的手绘图中，环境中有床上的水果、酒杯、地上的拖鞋、组合家具上书籍、闹钟、篮球、球包、袜子等，这些小元素已经超出了手绘图的基本构成的层面，是设计师基于对生活的理解虚拟出的元素，并用这些元素营造出了家居氛围。

5. 人与环境的关系

我们到了一个陌生的城市，面对陌生的街景、陌生的建筑、陌生的灯光、陌生的声音、陌生的味道，会有不一样的体验。人对空间环境是有感知的，这种感知里有很多必要的信息，但是要有能力过滤一些阻碍审美体验的信息。这些生活中的点滴和瞬间的提炼整理不是工作习惯，而是生活习惯(图2-12)。

6. 人的感悟

所有人和人的关系、人和事的关系、人和物的关系、人和环境的关系综合在一起，就会形成一些感受，好的感受和不好的感受里都能体现出美，这种美是抽象的，它可能是一种颜色、一种味道、一种声音、一束光，在平时把对周遭一切的感受提炼出来，同时慢慢提升自己的感受能力，将两者加在一起，就是创意的来源。这种创意的捕捉不是主动的，也不是被动的，是一种习惯，当这种习惯养成之后，捕捉创意就是设计师日常生活中本能的反应，而不是技术层面的操作了。

二、没有基础的灵感只是艺术

这里的基础指的是设计这门学科的实操技术，如果没有这样的基础，就不能把前面所说的那些感悟转化成技术层面的设计，所谓的灵感就会走到自我的艺术层面。

三、灵感需要始终如一

灵感只是设计的前端，是设计工作的最初始状态，但这种“初始”恰恰很重要，而且这种初始的灵感要始终如一。我们往往觉得灵感是一瞬间的事情，但是对设计师而言，要学会在自己的认知感受和记忆里把这种灵感定格，让这种灵感在整个设计项目的周期里不断地延续。

四、学会积累创意，设计才不需要灵感

在一个成熟的设计师的知识体系里面，灵感只不过是随意调动的一个工具而已，手绘图看上去虽然很感性，但其实可以用理性的思维来理解。灵感对设计师来说就像一个子弹夹，把每一个创意存档，创意就像一颗颗子弹，

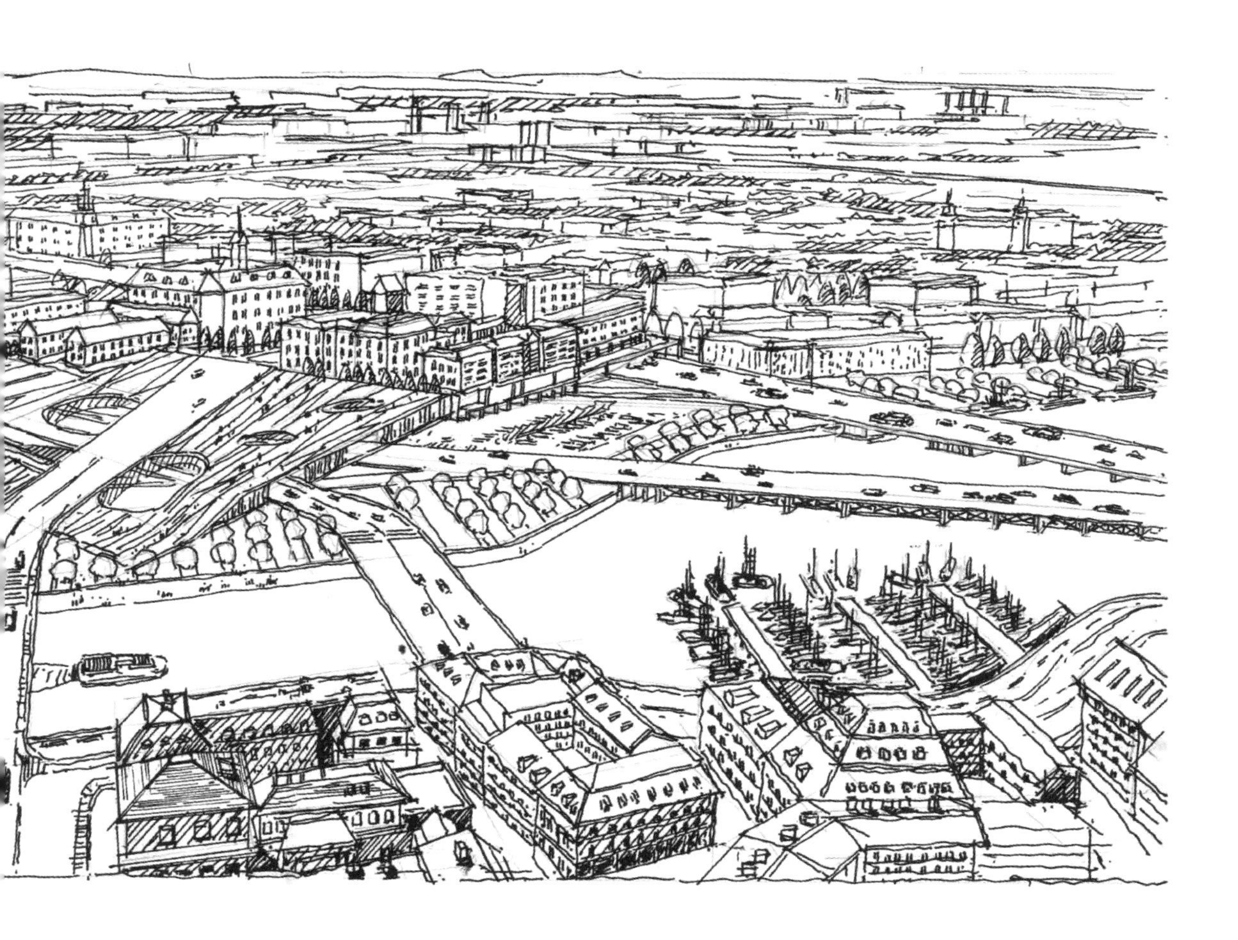

图 2-12

对一个场景宏大的手绘图来说，绘制上需要注意的问题比较多，如透视关系、空间的层次感、画面的中心点等。这是一张城市的鸟瞰图，城市的水路交通、陆路交通和城市的景观自然地融合在一起，整个画面是从一点向外发散的。这样的手绘作品需要很长时间的思考才能绘制出来，设计作品也是如此，一个设计作品从最初创作方案到投入使用需要很长时间，并且在落成之后，还要在长时间内接受不同人的检验。

都是在生活中的点滴积累，当一个设计任务开始，设计师需要子弹的时候，学会扣动扳机就好，不需要盲目地找自己的感受。

灵感来源于生活的方方面面。比如，我们去交流、学习、访问，学习设计大师或艺术大师的感悟和分享，这相对来说是一种捷径，大师们已经把自己的感受和体验进行了提炼，在他们的每个设计案例里，我们可以吸取他们对生活和美学的理解。设计师要时刻关注这些大师的作品，但并不是为了复制，而是要通过这些成功的案例来学习成功的设计师是怎样感受生活、怎样运用自己的语言输出的，学习的是过程，而不是结果，要通过过程总结出自己的方式。比如，我们去一家咖啡店、餐厅、艺术家工作室，这些地方都有一些美丽的场景需要我们用善于捕捉美的眼睛发现，然后通过照片或者速写记录下来，在未来的某一个设计案例中，这些美丽的瞬间就会被调用出来（图 2-13）。相反，如果被动地为了制造灵感去找创意，这样做出的设计往往会很生涩。创意是可以积累的，积累到一定程度就会有灵感出现，如果没有生活的积累，就不会有灵感，也不会有创意。在我们所能感知到的每一个瞬间，养成积累感受的习惯，创意就会源源不断地来支撑设计。

图 2-13

这张手绘图表现了一个具有现代都市商业氛围的环境，这个空间既有视觉上的审美功能，同时也有让人们停留下来交谈的功能。在构图上，画面中间的高大灌木和画面最左侧的乔木将整个空间分为两个区域，一部分是画面左边的公共空间，一部分是画面右边能让人停留的生活空间，这样动静结合的思路让概念方案跃然纸上。

第五节 完善和发展设计构思

一、个人完善和发展设计构思

从内因的角度来看，完善和发展设计构思是自我的完善和发展。在这个层面上，每个设计师都应该及时整理自己每天的思路，在每天工作结束之后进行一个总结，再制订第二天的工作计划，把这些工作的计划编上序号，并把计划尽可能做得详细一些：哪些需要上午做、哪些需要下午做、哪些需要自己独立完成、哪些需要团队共同完成、哪些需要电话沟通、哪些需要会议沟通、哪些需要技术层面的考虑、哪些需要很强的逻辑能力，然后把自己从理性的层面抽离出来，把更多注意力转移到感性层面。

这是一个自己和自己对话的过程，这个过程是设计工作开展的一个起始，也就是把复杂的计划化整为零的过程。在这个过程里，每一个节点和细节都可以用手绘支撑。这里的手绘不单是指某一个项目的手绘图，也可能是用图表的形式把自己的计划直观地表达出来，这个方式也是手绘表达，并且是一个将感性的、庞杂的自我对话分解成理性的、以点代面的计划的过程（图 2-14）。这个过程往往会分散在我们工作生活的每一个场景中：可能是喝咖啡的过程，也可能是一个会议过程。在自我完善的过程中最重要的是思维的转化，脱离了单纯设计表现的手绘可以支撑设计师思路的演变。在某个节点上，设计师可以画一些关于设计思路的框架，从这个层面来看,手绘已经完全脱离具象的空间效果表现,它会跟着设计师的思路变化，随时随地的发挥最本质最原始的作用——设计师思路的梳理（图 2-15）。

二、融入团队中的思路

我们都知道在如今的社会环境下，各个行业都需要团队意识。如果设计师不能依靠团队将自己的能量发挥到最大限度,那他只是一个匠人或艺术家。设计师的工作是商业运作中的一个点，所以他必须要把自己的一部分注意力从自我理解和自我对话中转移出来，投入团队的运作中，从一个细致的点进入，带动整个项目。设计师一开始的思维方式一定是感性的，但是剩下大部分的工作都是理性的。设计师需要将自我融入团队中，又要将自我从团队中抽离出来，站在整个项目进程的高度去审视团队，拿捏项目和甲方的关系。其中，将自己的思路融入团队和项目中这种能力需要长时间的

对时间节点的把控是设计工作中的重要内容，手绘图可以推动团队的工作，让团队中的人对空间有基本的了解。比如，这张图上画了一个“取景框”，表现石膏的定位、主要墙体和次要墙体之间的关系、材质搭配等。

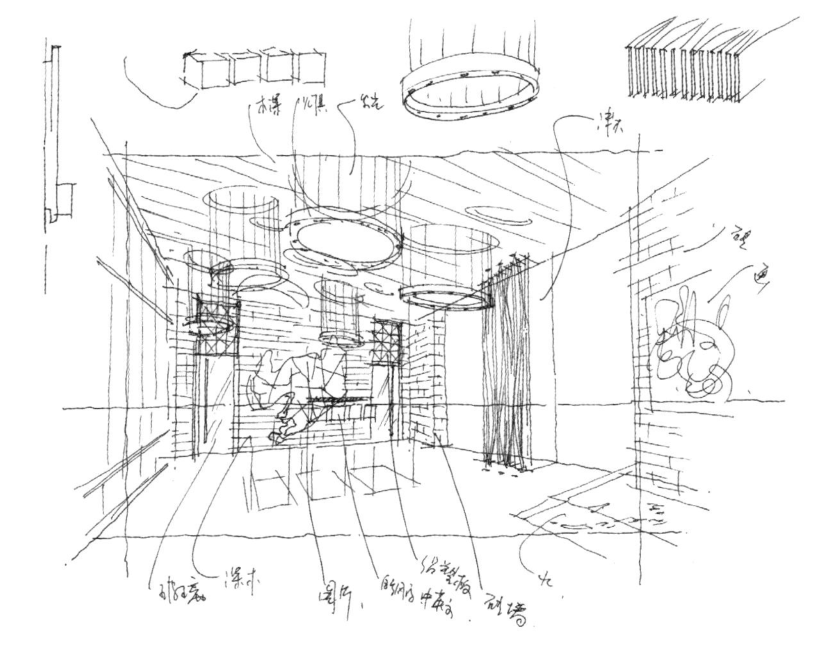

图 2–14

随着项目的进行，设计上的细节会发生一些调整，这就需要更深入的手绘图。比如，这张图中表现了墙面、地面和棚顶的材质。棚顶上使用的遮光布使供人停留的空间和通过的空间更加清晰，墙面的展示形式也有更深入的交代。

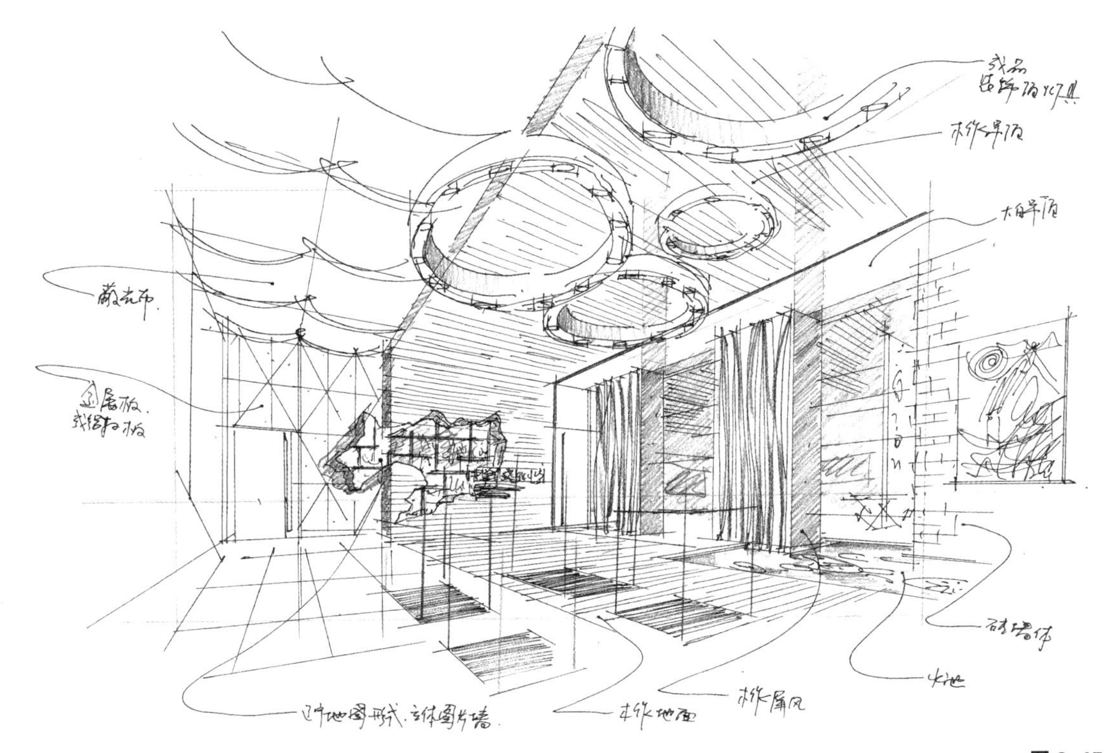

图 2–15

思考训练，这个过程中也有很多环节需要大量的手绘来支撑，一些汇报文件、项目初期的文案，都需要用一些抽象的符号和列表表现出来。例如，一个项目开始之后，需要策划项目的名称是什么？项目定位是什么？甲方的诉求是什么？接下来需要开展的工作有哪些？这些也可以通过手绘的形式从头到尾列出来，然后考虑首先解决哪些问题，次要解决哪些问题，最后解决哪些问题。

这部分工作与具体画一张项目手绘的草图是大相径庭的，策划的思路需要整个团队理解，如果让大家凭空想象的话，每个人对事物的理解都不同，所以，要让团队里的其他人用最短的时间理解项目带头人的思路。而且随着时间的推移，在不同场合每个人的心境都不一样，怎样能在项目的长期发展进程中让大家的思路和项目带头人保持统一？最直观的方式就是用手绘把创意文案甚至是汇报 PPT 里面的内容集中在一起，把这些内容勾勒出来之后，可以减少团队里其他人的思考时间，也能尽量减小大家理解上的差异（图 2-16）。这一系列过程都是将自己的思路和对项目的理解更加主观地强化到团队中，也就是尽可能通过手绘的方式，让团队成员在最短的时间内理解设计的具体内容，理解越多，共鸣就越多。对方案、效果图、施工图等环节来说，如果能达到最大的共鸣，设计师的工作就会越来越简单（图 2-17）。

三、不同角度积累更多的可能性

设计师可以通过自己和自己对话勾勒出一些手绘草图。在日常活动、科研、教学等情景中，无意识地勾勒出来的一些手绘图会展示出很多可能性，把这些可能性都积累在一起，这些抽象的手稿就会帮助设计师在未来的某个场合中解决问题，它们也会融入团队工作的每一个节点。在跟团队沟通的过程中，时刻用手绘勾勒出自己的思路和想法，并且将勾勒的过程展现给身边的人，这时候其他人接受设计师的思路就会非常便捷。所以，设计师要有从不同角度积累思路的习惯，将自己的思路运用手绘的方式展现给自己的团队，尽可能使设计师和团队的思想达到高度同频。完善和发展设计思路的过程绝对不是闭门造车，不是只把一个手绘的结果呈现给团队，而是要把整个手绘的过程呈现给团队，这样才更有助于设计思路的传递，团队呈现出的结果也才会和设计师最初的想法相吻合。

细致的手绘图是方案推进过程中的重要工具。比如，一个营销空间的集中展示区，大量的红砖和青砖配合钢架的形式，目的是为了营造一种年代感，让使用者在这样的空间里能体会到时代的变迁，体会到传统和现代的碰撞。

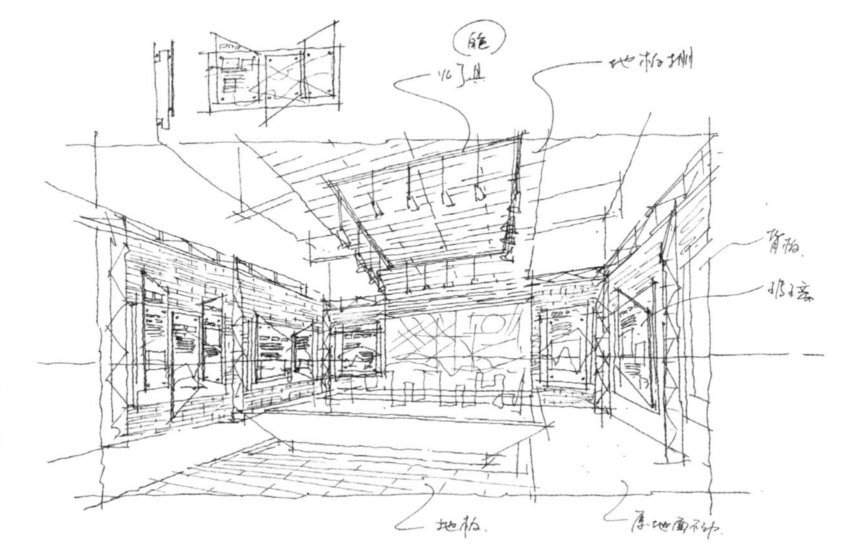

图 2–16

对设计师来说，手绘图可以快速地传递自己的设计思路，在思路有变化的时候，也可以迅速调整以配合整个团队。

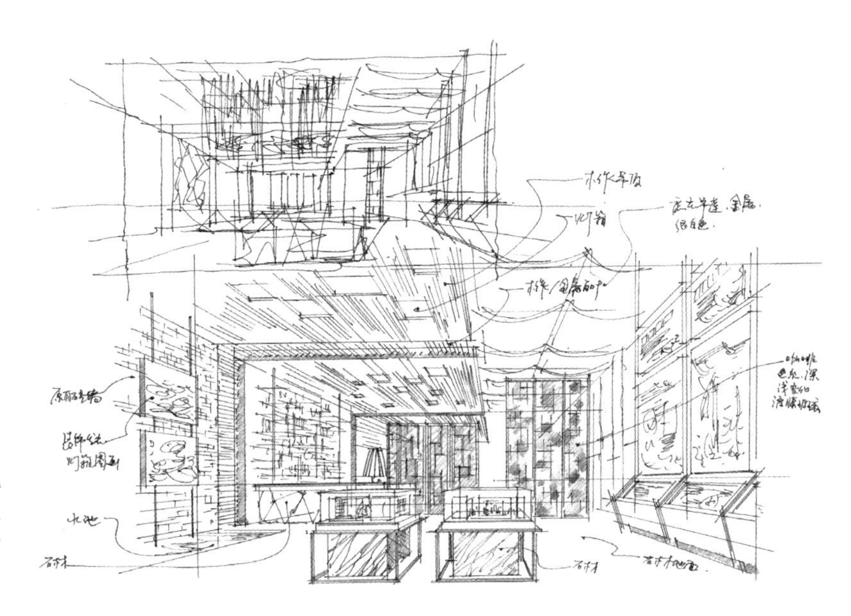

图 2–17

第六节 解决问题的创造性手法

一、回归设计史论，回归原点

设计师在拿到一个项目之后，首先会厘清设计思路。但是在具体执行方案的时候还是会遇到一些问题，如设计风格上是现代的、欧式的，还是东方的？在项目的不同阶段利用哪些设计手法？有些年轻设计师缺少生活阅历，这样的情况下，如何能形成属于自己的原创？有一个方法就是让自己的设计回归设计史论、回归设计原点。翻看设计史论方面的书籍可以让自己尽可能地放下当下面对的这个项目，寻找一些现代主义设计大师的作品，也可以从他们的作品和心路历程中找到一些灵感（图2-18）。比如，如果我们要做一个现代西方风格的项目，首先可以通过翻看书籍等方式找到一个标志性的哥特式建筑，然后用手绘的方式把哥特式建筑的肌理提炼出来，再加上对现代材料的运用，形成自己的创新设计。这样的创新既有西方传统建筑的影子，又有设计师对设计和对现代意识的理解，是解决设计问题的捷径。另外，在感受到不同的事物之后，或在不同的时间段，每个人回头温习在学校中学到的平面构成、色彩构成、立体构成等知识的时候，感受是不一样的。这是回归设计原点的一种方式。

二、让自己的设计历史说话

让自己的设计历史说话，也就是让自己的设计作品和心路历程说话——不断翻看自己之前做过的项目、积累的考察记录等，在这个过程中会产生很多灵感。这也就是自己与自己的对话，自己借鉴自己的经历。随着阅历和工作经验的积累，设计师的水平会不断提升，但是用当下的眼光去看自己走过的道路、揣摩自己之前做过的现在看起来很稚嫩的作品，这也是一个有趣的过程。

三、通过减压调整自己的状态

每个人都有自己减压的方式，如读书、运动等。设计师需要通过不同的减压方式，让自己和自己有一个相处的过程，这和前端设计师做概念设计时的过程如出一辙。设计师可以运用自己喜欢的、擅长的方式来刺激和调节自己的状态，为当下出现的问题寻找解决方法，同时把自己的想法和状态

绘制手绘图的过程也是记录和梳理自己思维的过程。比如，一张西方古典主义建筑的速写，在绘制中需要控制画面的疏密程度和结构，所以更需要关注建筑的结构和建筑的节点：哪里需要突出？哪里是凹陷？哪里有纹样的叠加？

图 2–18

第一时间用手绘的形式记录下来，和团队里的同事们分享、交流。更好的创意思路和想法往往是在非办公状态下产生的，记住这些想法、感受这些想法、分享这些想法，然后不断地强化、积累这些想法，这是一个设计师训练自己保持创意性思维的工作习惯。

第七节 对最终效果的把控

一、设计过程中，每一个阶段都有最终效果

什么是最终效果？字面上的理解就是一个项目落地之后，最终呈现出来的效果。但是针对设计师的工作而言，每一个阶段都有一个最终效果，并不是画出一张漂亮的手绘图就是最终的效果，结果也不一定比过程更重要，没有每一步过程就谈不到结果，每一步过程中的节点都非常重要。手绘表现能力在这些不同的节点里扮演着不同的角色，如在设计过程的前期，它像一个曼妙的舞者，可以吸引人的注意，在中期和末期，它又像一个理性的工程师，保证整个项目可以顺利完成。所以，我们应该清楚设计都有哪些阶段，设计师的侧重点在哪里。

二、对设计各阶段的明晰

整个设计过程可以分为 7 个阶段。

1. 与甲方的前期沟通

在这个阶段，甲方会向设计师抛出很多问题。设计师不能在甲方的办公室或会议室用电脑绘制图纸，但是在短短的几分钟之内，设计师可以把当下探讨的内容用快速手绘的形式表现出来，以此支撑接收到的信息和观点。所以在这个环节，手绘设计是一个快题，它考验的是设计师迅速输出信息的能力。在这个阶段，手绘图可以只画一个点或者一个局部的空间，它用感性的理解代替了设计师的语言，代替了很多意向图片，同时也能与甲方产生共鸣，这种共鸣是设计师得到话语权的基础。手绘的过程并不是用来炫耀设计师的基本功和能力有多强，而是通过这样的方式缩短甲方和设计师之间的思想差异（图 2-19、图 2-20）。大多数甲方在非顶级的设计师面前都比较强势，所以沟通时，用手绘图将甲方所描绘的意图勾勒出来是比较讨巧的方式，但同时，要注意神态和语气是否能传达出自己的真诚。

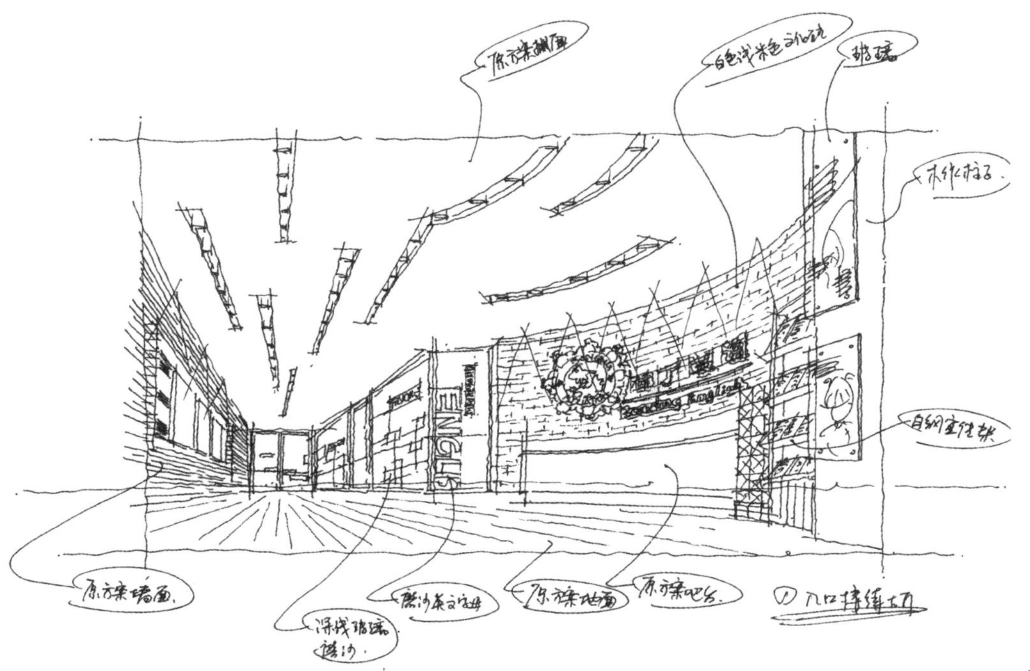

图 2–19

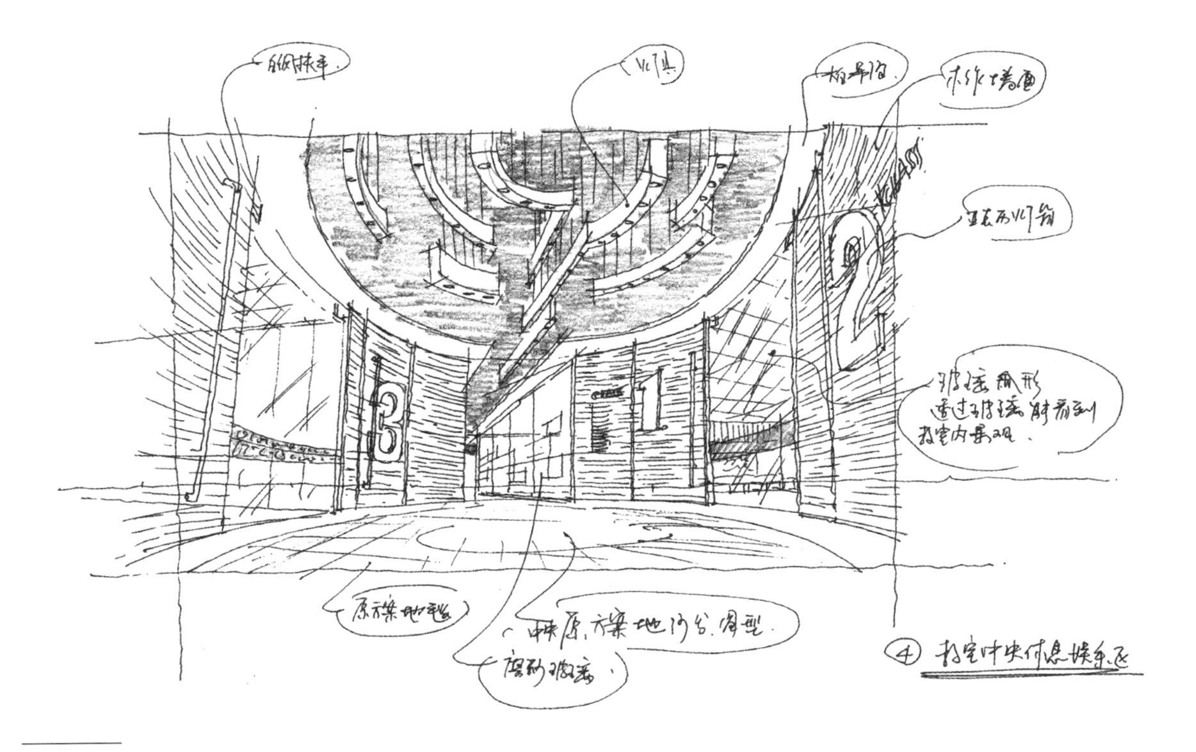

图 2–20

有时候设计师设计方案的时间会很仓促，没有过多的精力绘制效果图。所以针对一些设计上的盲点，绘制手绘图可以快速地让设计师和业主沟通，同时这也是设计师艺术功底的展示。

这个过程是设计师和甲方建立良好关系的开端。

2. 策划思路的梳理

第二个阶段是策划思路的梳理环节，一般也可以看成是针对现场的基础认知环节。设计师可以在解读一些原始的设计符号基础上，利用表格和文字相匹配的形式，结合一些自己对项目的理解形成设计思路。这些思路可以是片面的、零散的、没有逻辑的，也可以是极其抽象的，除了自己之外其他人都无法解读；表现形式既可以是宏观的，也可以是微观的，可以是空间中的一个局部，可以是一件艺术品，也可以是整个空间的平面结构框架。这一阶段的手绘更注重设计师对设计思路的梳理，这种梳理也是一个设计师自我对话的过程。

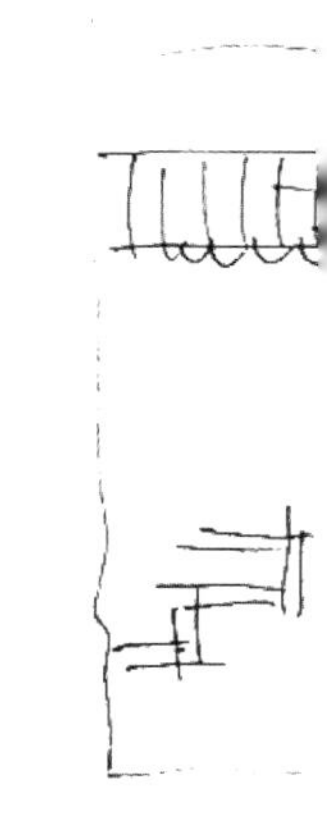

3. 对现场的基本认知

第三阶段是设计师到项目现场后，直观地感受空间。有的时候设计师会在现场拍摄一些自己觉得不一样的照片。对设计师来说，任何对平面的感知都没有感知现场立体空间更透彻。对现场的感受才是设计师最终的感受，才更符合使用者和甲方的感受，图纸只不过是辅助完成设计效果的一个工具。所以年轻设计师应该花更多的时间去项目现场，直观地感受空间的比例和尺度，同时要学会在现场绘制出自己的感受，输出自己对空间的理解。

4. 引领团队制作概念方案

如何将想要的效果图、立面图样式等通过手绘表现的形式准确传达给绘图员？这需要设计师耐心地在一张张手绘图纸上标注出设计的工艺、材质、色彩等文字，手绘图纸越详细，最后的效果越会和设计的初始思路相符合（图 2-21）。在这个过程中，设计师不要存在侥幸、懒惰的心理，认为自己随意勾勒出几笔线条，施工人员或者是效果图制作人员就能看懂自己的思路和想法。技法完备的一张手绘稿需要严谨的思路、丰富的节点、足够的信息量，只有图纸越详细，手绘方案的力量才会越大。在引领团队做方案的阶段，手绘图应该系统完备，不应只包括一张效果图，在有需要的情况下，也应该增加空间的平面图、有节点的剖面图或立面图，以及交代工艺的图纸。在空间透视手稿的基础上，这些图纸可以用来丰富设计思路。同时，在这个过程中设计师可以和团队共同作业，完成这个方案，并用不同的手段增强团队对设计思路的理解。

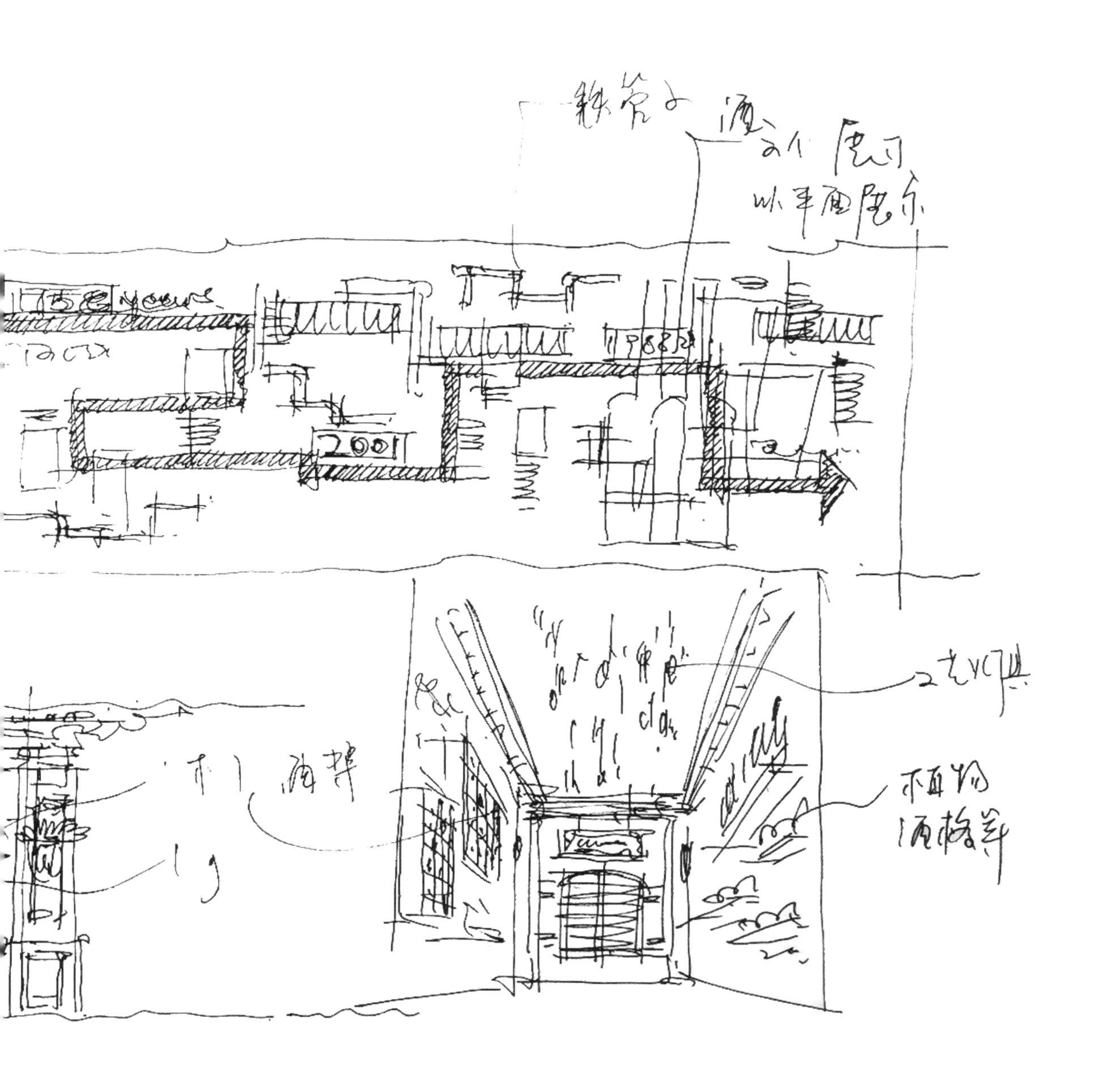

图 2–21

手绘图能帮助设计师理解业主的需求、推敲方案的细节，同时也能辅助设计团队进行深化设计，如这一组餐厅节点的方案深化图，设计方案利用墙面将啤酒的生产过程展现给消费者，墙面自然也就有了装饰符号，同时这些装饰也加强了消费者对餐厅的认知，两张小图绘制了设计方案的一些细节，辅助团队的工作。

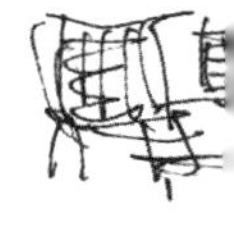

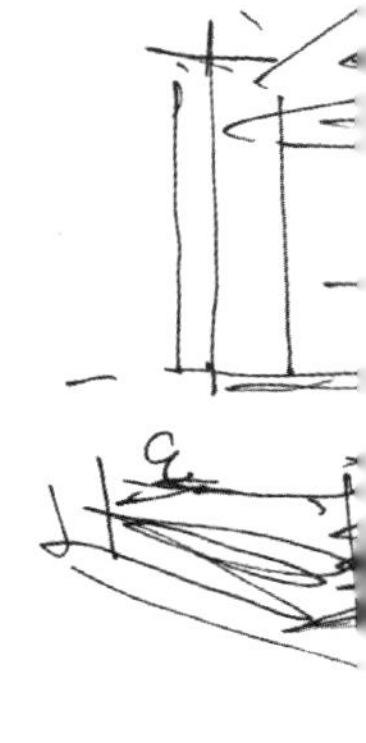

5. 汇报提案

上面几个阶段基本上都是设计师自我对话的过程，之后的工作大多要面临和整个团队的对接，这个团队可能是内部团队，也可能是施工方、甲方。提案本身是主观的，汇报提案的过程是设计师主观思路输出的过程。设计师不能要求甲方在听提案的过程中一直保持平和、积极的状态，如何让甲方快速地理解提案的思路？这要求设计师有一个近乎完善的、和自己设计思路高度吻合的汇报文件。当然，这也和设计师的临场应变能力、亲和力、语言组织能力等有密切的关联，但是设计师更能左右的是提案的思路与汇报文件的讲解。所以在这个环节，手绘输出尤为重要。如果有精力的话，设计师可以在团队创建初期，运用手绘的形式绘制汇报提案文件里的每一个页面，包括页面的文字、图片、大致的排版思路，这样就能更好地把握汇报文件的内容和制作流程。

6. 通过现场与方案的对照补充深化设计

在施工过程中，肯定会发现方案效果图中的很多盲点，这些盲点可能出于项目周期、场地限制、预算等原因，不能在短时间内通过电脑绘图来补充。所以设计师要习惯在不同的工作场地，尤其是施工现场，运用手绘来补充设计盲点和细节（图 2-22）。这部分手绘图更多的是表现平、立、剖图和施工节点图，设计师要对材料、施工工艺有很深的了解。

7. 随时随地在各个环节补充深化设计

前面所说的是在不同的阶段，手绘扮演的角色。但是工作流程和手绘的角色并不是一成不变的，工作流程没有固定的框架和模式，随时会根据工作的性质、环境发生变化，设计师也要随时发现各个环节的问题，所以要时刻在身上带着手绘涂笔或记号笔，设计师的头脑、手、笔是不变的，变化的只是场合。对最终效果的把控是一个理性的、持之以恒的过程，坚持最初的想法是最重要的。这种坚持可能会随着设计项目的进程发生变化，但最后的结果应该是令人愉悦的、有成就感的。而且对设计师而言，运用手绘的方式，多次针对一个或几个问题进行描绘输出的时候，也会加深自己对项目或者现场细节的理解，会在自己的头脑中打下深刻的烙印，这也是强化记忆自己最初想法的一种方式。

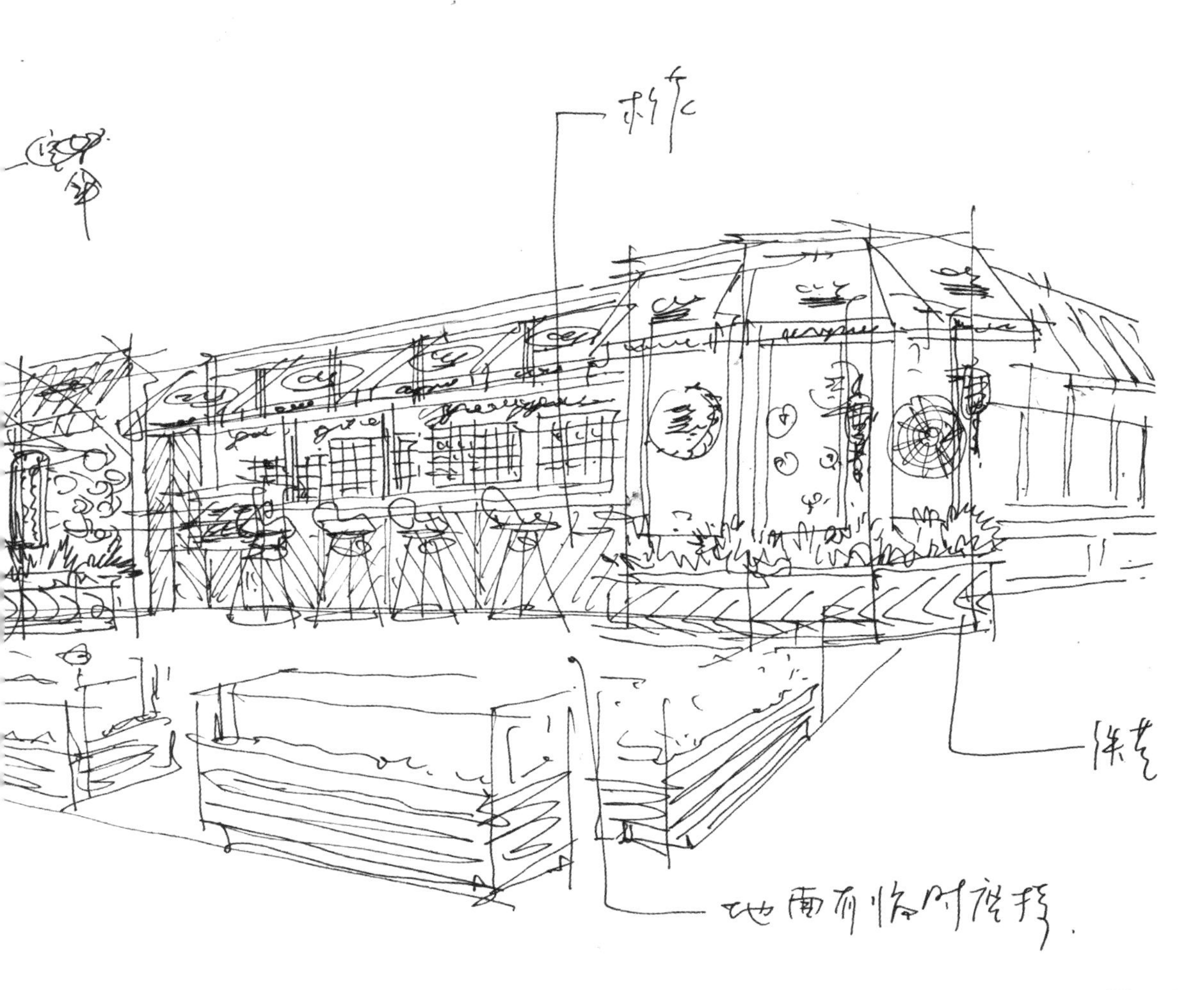

图 2–22

手绘图在一定程度上可以还原现场，业主可以通过手绘图了解现场的情况。比如，这张手绘图表现的是人站在室外观察到的建筑，人的视平线在 0.8 ～ 1.5 米之间。设计师希望用雨篷、实木板、花箱、阳伞等将餐厅的室内空间和室外空间融合。在深化设计和施工过程中，这张图纸一直是重要的参考，项目最终也很好地还原了最初的方案。所以设计方案前期的手绘图对业主、设计师和施工方来说都有重要的意义。

Chapter 3

第三章
图解手绘的步骤与方法

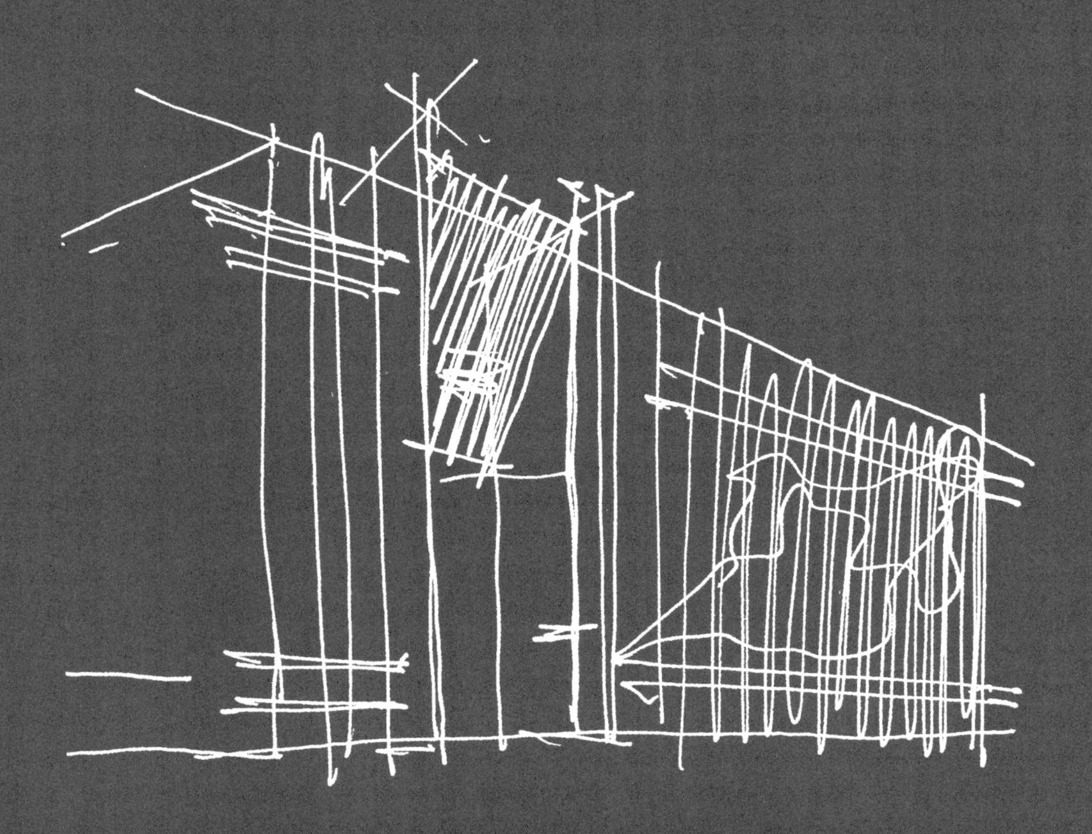

第一节 用符号解读设计条件

一、习惯符号化的设计思维

设计师要习惯符号化的设计思维，也就是头脑中抽象的思维不是用语言表达，而是用手绘的方式体现出来。并且不仅是在方案阶段，在整个庞杂的流程中都应该有这样的思路。

最简单最原始的符号可能是圆形、方形、三角形等。人对色彩、符号的认知是优先于文字、音乐、美术等这些复杂信息的，所以如果人在一个空间里，对符号的感知一定会比文字更清晰明了（图 3-1）。比如，一个人在一个空间中，肉眼识别箭头符号的能力会比识别汉字更加准确。所以在设计过程中，将每一个阶段的工作内容符号化是设计师给自己减轻工作难度的一种手段。

把设计的不同阶段、不同节点细化需要一定的办法。其中最直接的一个办法就是把看似庞大抽象的流程量化细分，分开之后，把每一个思考问题的节点尽量都用符号化的形式表达出来。这些手绘图片和具体的实操设计图片结合在一起，就能清晰地看到把复杂和抽象的工作用符号的形式体现出来是一种很直观的感受。

符号不单单是设计创意上的符号，在设计过程中，符号也很重要。如果能把复杂抽象的问题尽量用直观的、每个人都能看得懂的图形来体现的话，沟通就变得简单很多。比如，一个概念展厅，在考虑建筑设计的时候，如果想表现出类似一个透明的玻璃盒子的样子，里面有一个框架，是实体的，外面是透明的，形成虚实结合的体验，这就跳出了设计从平面入手的方式（图 3-2）。当然，平面布局在整个设计中很重要，但是有的时候从感性的思维入手，用可视的、直观的方式体现设计思路能第一时间表达出想法，同时甲方和自己的团队也都会受到启发。

同时，在方案的实际落地过程中，可能会有一些汇报文件的编辑和版式设计。在一个规模比较大的团队里，把要展现的内容用图形表示出来，很直观地将版式设计表达在纸面上，如效果图位置的摆放、不同大小的文字在整个构图中的比例关系等，比单纯用语言沟通更容易让团队成员接受。在

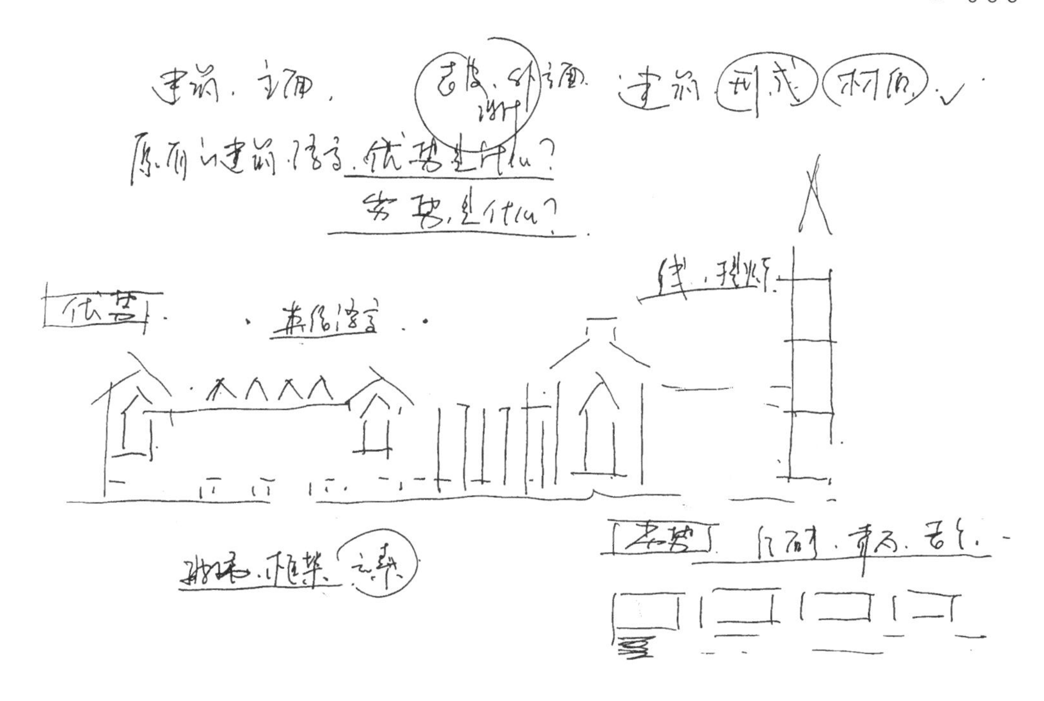

图 3–1

对背景和设计要素比较复杂的项目来说，提炼出简洁的符号化的语言来表达设计思路很重要，如一个建筑外立面的改造，拿到原始的建筑外立面图纸后，将一张硫酸纸覆盖在这张图上，忽略建筑的各种材质，如砖、玻璃等的纹样，只提炼一些概念化的线条体现在纸面上，通过这样的方式可以提炼出建筑原有的优势。

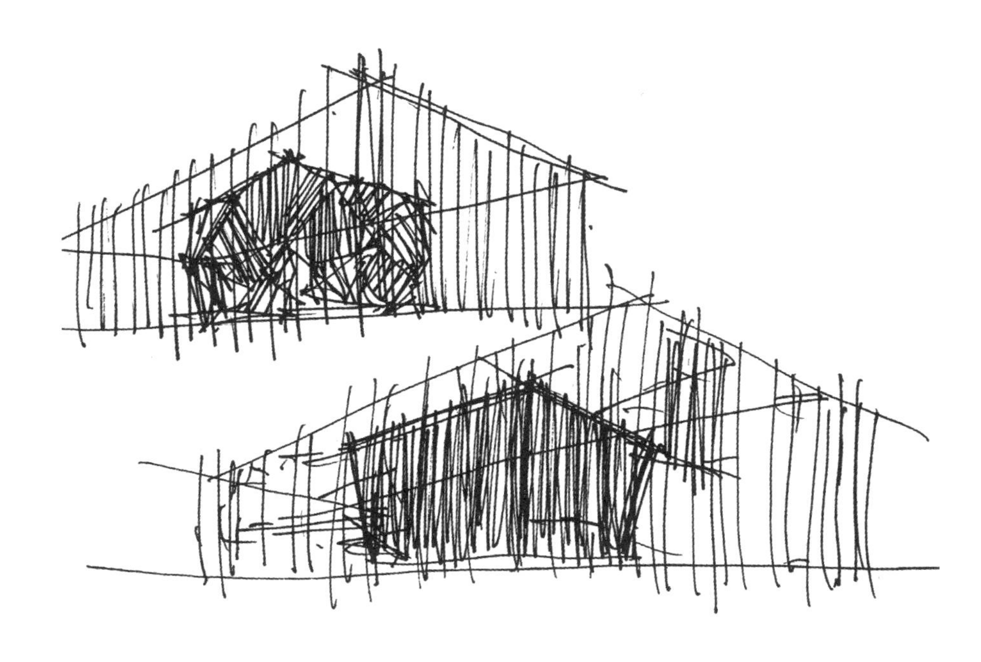

图 3–2

这是一张建筑的草图，草图中建筑的形式是在业主提供的资料的基础上完成的：在一个通透的大厅里建造一个临时的展示空间。这个展示空间既要尊重原有建筑，同时还要具备常规展示厅的基本功能。所以最终方案并不是设计师闭门造车的结果，而是在原有基础上自然呈现出来的。

这个环节里，需要主创设计师有更多的耐心对待设计的具体内容。对主创人员来讲，这可能比较枯燥，但是从积极的一面看，这是梳理思路的过程。而且在对一个具体的问题感到比较模糊、抓不到头绪的时候，更应该具备整体化的能力。

比如，这张图片反映的是实际案例中宣传图册的绘制，它直观地将文字的位置、构图的比例、图片构成关系等展示了出来（图 3-3）。如果我们有更好的创意，可以让版式设计更加细致。这样具体实操版式设计的设计师在看到草图的时候，对思路的理解会更完备。从符号的意义上来讲，这是把很多看似小的符号集中在一起，形成一个相对来说复杂和集中的大的符号，用这样的形式体现设计理念和设计内容。

这是一个地产项目营销中心的改造，原本是一个老旧建筑。在设计之初，设计师考虑的不是运用哪些材料和哪些具体的落地手段，而是从宏观的理念出发，提炼建筑的语言符号。这是这个项目初始阶段的思路。然后用手绘的方式提炼出这些想法，勾勒出建筑最原始的轮廓线，落到纸面上，这就是一种符号化的表现形式，并且可以顺带把一些设计思路体现在纸面上，配合图形、文字、图片，融合在一起综合表现（图 3-4）。比如，这里要展现的是英伦建筑的优势，它的优势在哪里？材质并不是建筑的优势，一定是建筑的轮廓线才能体现出这种优势。所以从这个角度看，思考的过程也是符号化的过程，设计师只不过是用手绘的方式把思考的过程客观地记录在纸面上。

二、将复杂的问题简单化

把复杂的问题简单化不只是在设计方案具体推进的阶段，更多是站在策划的高度。我们做建筑设计，如果是一个改造的项目，建筑前身和室内前身的固有功能是什么？设计难点是什么？建筑属性是什么？是公共建筑，还是私有建筑？如果是公共建筑，它的特点是什么？属性是什么？是一个营销中心，还是一个办公楼，或是一栋多功能的房子？不同建筑的功能属性体现出来的气质不同。建筑的属性从感性的理解上来说，就像一个区分室内和室外空间的盒子，但如果给这样一个盒子赋予功能，那么有趣的事情就发生了，不同的功能会有不同的视觉属性。比如，我们做一个营销中心，

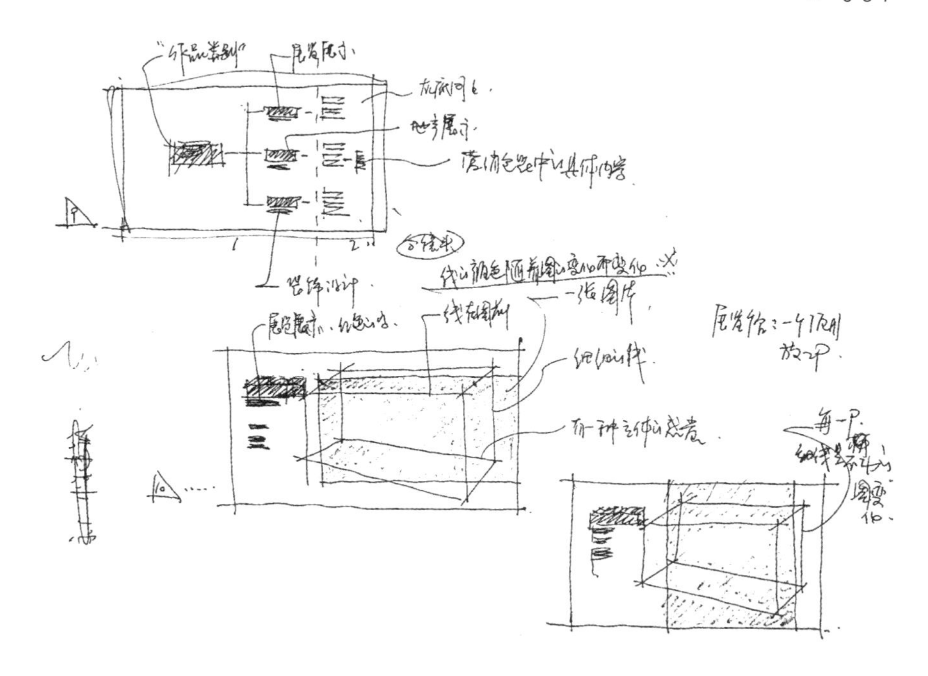

图 3–3

对于要传达较多信息和逻辑性较强的汇报文件来说，把文案、排版方式等细节用手绘图的形式表现出来可以让团队能更好地沟通。因为汇报文件中有许多需要注意的细节，如果这些细节传达得更准确，会大大降低团队的沟通成本。

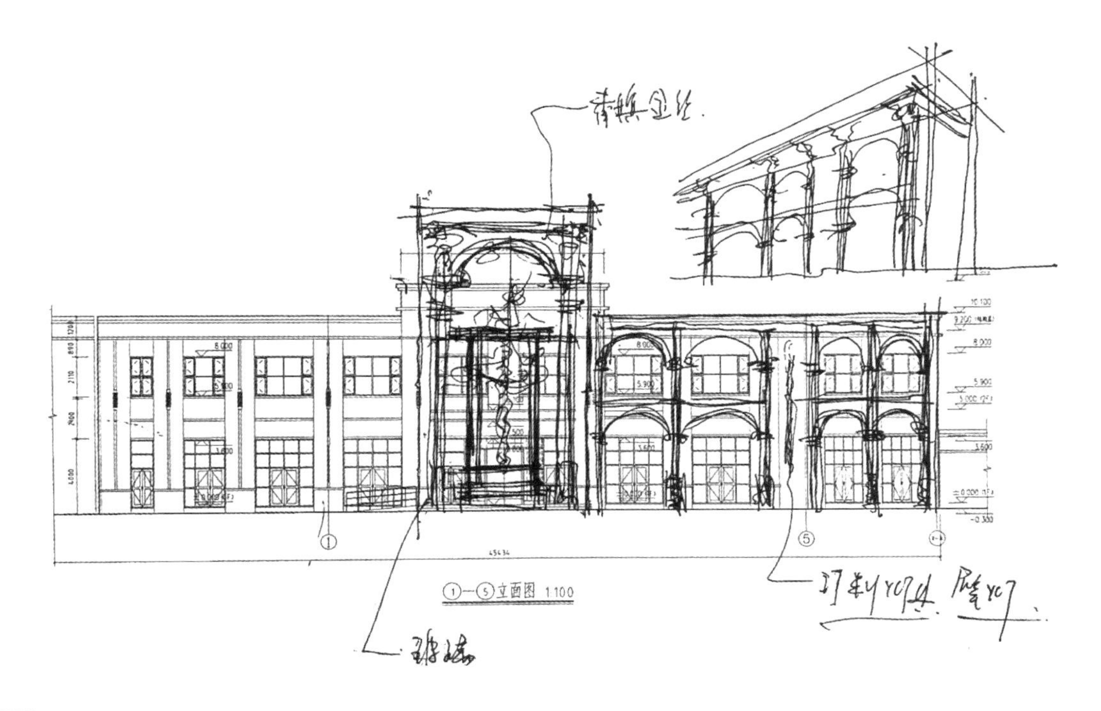

图 3–4

这是一个建筑外立面的改造项目。手绘图是按照原有建筑的比例绘制出的改造后的效果，这样呈现给团队的是更清晰的结果：哪些部分需要改造，改造后的部分与原建筑是什么样的关系。同时标注出材质，再配合一些意向图和节点图，团队成员对项目就会有更明确的了解。

这样的建筑就一定要有仪式感和地标感。如果做一个具有办公功能属性的建筑，从外面看就一定要现代化、有科技感，与现代办公理念相符合。如果是一个音乐厅，就应该高雅、有文艺气息，看上去要飘逸和舒展。

这些例子都是抽象的文字，把这些抽象的文字变成图形表现出来，传达信息的方式就会变得很直观。所以在设计前端，把复杂的信息或者抽象的信息用符号体现出来应该是一种工作方式，也是让复杂的问题简单化的过程。

同时我们也可以运用立面的形式，或者是在一些具体的空间里，习惯性地加入一些人物，通过人物我们可以直观地感知一个物体在空间中的比例和尺度，尺度感是设计师始终要把握的感受。所以，运用符号把抽象的问题归纳总结，整理成大多数人都能短时间内理解和接受的符号，是一种能力，如果设计师具备了这种能力，那么沟通工作、信息输出和让对方接受复杂信息的能力就会增强。同时随着时间的积累，这样的工作方式可以让设计团队养成一种优质、高效的习惯。

第二节 重构平面功能区域与流线

平面功能布局在设计的整体思路上具有很重要的作用。平面布局要体现功能性分区、流线等很多重要因素，平面布局也直接影响到工程预算、运营，它是最能体现设计工作理性思考的部分（图 3–5）。

一、常规办法中注意细节

常规的平面布局方法就是我们在勘测好现场、在现场进行尺寸的对接和量尺之后，把项目中甲方所需要的功能和整个项目的设计流程梳理好，然后再进行功能分区和流线的分析。这个流程对不同业态的设计来说，都是一个常规的方式。

比如，做一个展示厅，流线是平面布局的重点。如果做一个商业空间，根据使用功能来划分不同的功能分区则是重点。怎样让平面布局看起来更舒适？主要有两点：第一是对平面布局中灰色空间的利用；第二就是对使用细节的把握（图 3–6）。

设计师经常会遇到这样的问题，把每个空间内的平面布局按照业主的使用

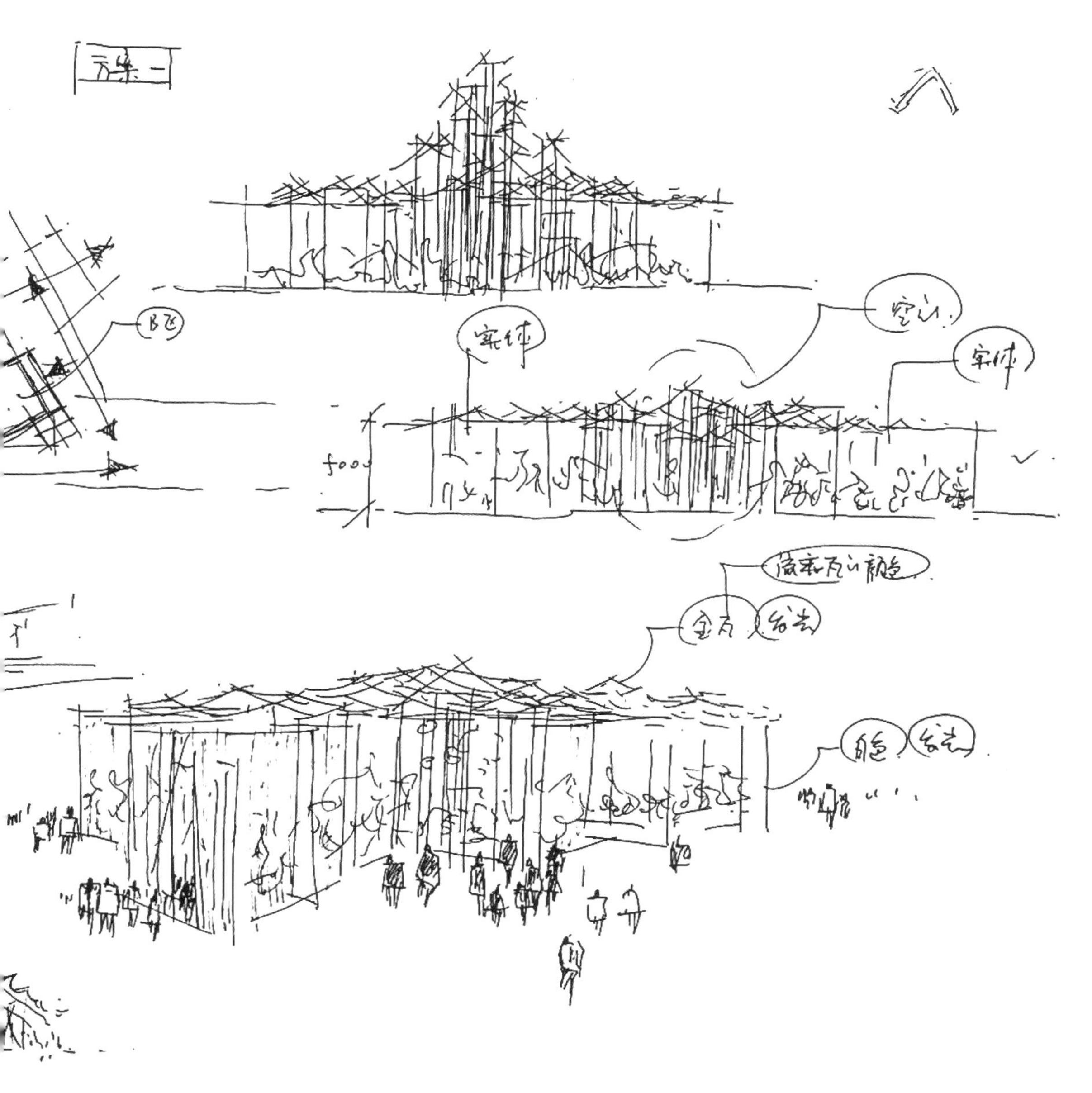

图 3–5

这是一组比较全面的手绘图，包括平面图、立面图和不同角度的建筑外观。从中可以看出，平面和立面是项目概念设计的灵魂，平面解决的是功能，立面解决的是比例、尺度、建筑和周边环境的关系。所以在这个项目中，经过对平面和立面的推敲，设计上的细节在概念方案阶段就开始展开了。

需求构架完成之后，会发现有一些比较呆板的灰色空间。

对设计师来说，灰色空间的处理是个难点，但这恰恰也是机遇和挑战，是让空间变得更有趣的一种方式。我们可以利用这些灰色空间制造一些景观，通过艺术品摆放等方式提高空间的格调。但是这种接近于艺术的方式要和空间的主题调性相符合，不能凭空捏造，同时也要考虑这些灰色空间的使用；考虑到长期停留的功能区域对回溯空间的影响，也就是说使用者在静止状态下对灰色空间的造景艺术品等的视觉感受；同时也要考虑到在空间的动线上，当人在空间中行走时对这些灰色空间的理解，这就是常规思路上的一些处理。

同时还要注意的是对平面布局细节的刻画，细节的刻画主要体现在两个方面，即实用功能和平面表现。实用功能实质上就是平面布局中转角、阳角的处理，或者是阴角和阳角之间是否能形成对景等细节。设计师习惯了用屏风、柜体等来填充和丰富空间，但是往往会忽略在平面图上显示出的转角处如何处理，或者是面和面衔接处如何处理，这些细节是设计师需要格外重视的。就像我们善于在一个盒子里添东西，但是也要重视如何在一个盒子里把封闭的或者呆板的空间打破。从表现的角度上来看，对软装选择或者是平面上对线性的处理要有主次，使画面看上去有节奏感，不呆板。这些都是一些常规的表现形式，或者说常规的设计思路。

二、没有办法时的锦囊妙计

如果在平面布局中，或者是对一个项目的整体把控中没有明确完整的思路，但这又是一个超大体量的空间，或者是一个狭小的空间，在无从下手的情况下，这里提供 4 种方法。

1. 以点带面

以点带面的处理就是先在空间中布置一些自己认为很有格调、很舒适的灰色空间，然后将这些灰色空间作为设计的重点。它并不是功能布局上的一个体系，可能是一些有意思的空间穿插、艺术品的构成形式，或者是空间中的墙体，或是空间中的建筑结构形成的类似于巧合性质的空间，我们抓住空间中有趣的地方，或者是抓住空间中不一样的地方，把它当作点的形式进行艺术化的处理，当然这需要设计师有比较高的艺术修养。把这些空

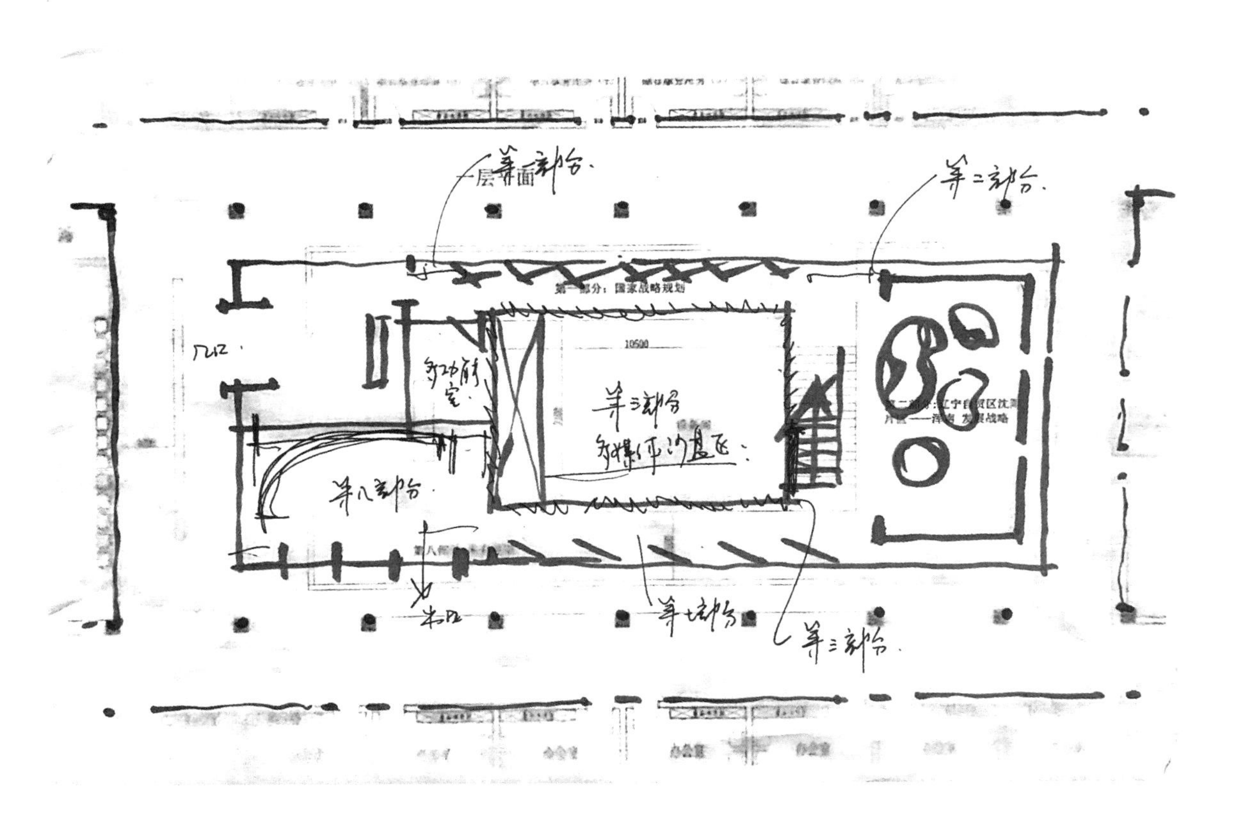

图 3–6

平面布局是空间设计中的重要环节。因为无论是室内空间还是室外空间，功能流线和区域划分对概念设计来说都非常重要。平面布局上会体现很多信息，如哪里是通道，哪些空间应该聚合在一起，哪些地方是长时间停留的区域等。所以在进行平面布局前，就应该把相关的因素考虑周全，这样平面图才会脉络清晰、信息准确。

间处理好之后，再把这个项目所需要的使用功能填充进去，这是一种以点带面填充的方式。

2. 艺术家思维 + 设计师思维

这个方法可以先摒弃整个空间中的基础功能，先从艺术品入手。比如，把整个空间当作一个艺术馆处理，用一个标志性的或者吸引人眼球的元素当作整个空间中一个重要的点。这个元素可以是雕塑、大体量的绘画等艺术品。从艺术品的角度反推空间，有时候会使空间更有张力，或者更能体现设计师的思路。这种反常规的思维方式可能会在设计最初打破困境，为思维打开一个口（图 3–7）。

3. 立体地对待平面功能

有时候设计师会为了满足市场和业主的需求布置平面功能布局，却忽略了实际的三维空间感受才是设计的初衷和本质。所以一定不要把平面布局看成单一的平面化设计工作，它一定是在三维空间内形成的。并不是布置出一个合理的、看上去舒服、美观的平面布局，平面设计工作就结束了，而是在这个过程中一定要融入对三维空间的理解。所以在实战项目中，可以用手绘勾画出一些空间的原始轴测图，或者是把空间归结成一个简单的立方体，立体地看待整个空间。在这个过程中，脑海里要时时浮现出这个空间立体的样子。

4. 找到基础空间的优势

找到基础空间的优势在实战项目中是很好用的一个办法。也就是在实际勘测项目中，找到项目现场有哪些固有的优势。设计师在做空间设计时，有时候会用习惯性的思维方式，把一个复杂的或者原始的空间清零，砸掉墙体、铲平地面，让空间变得开阔平整，把它当作一张白纸处理。但是从某种角度来说，无论是改造的项目还是全新的项目，原有的空间一定有它的优势，作为设计者不能回避。

人对新鲜的事物可能会更感兴趣，觉得可以加入自己的很多想法，但是把固有的信息或者项目中原本就存在的空间优势分析出来，然后在其基础上进行优化，就会变成这个空间的特有属性，这才是解决问题的思维方式。而且在这样的思维方式下所做的方案也一定能和这个空间匹配，是自然融

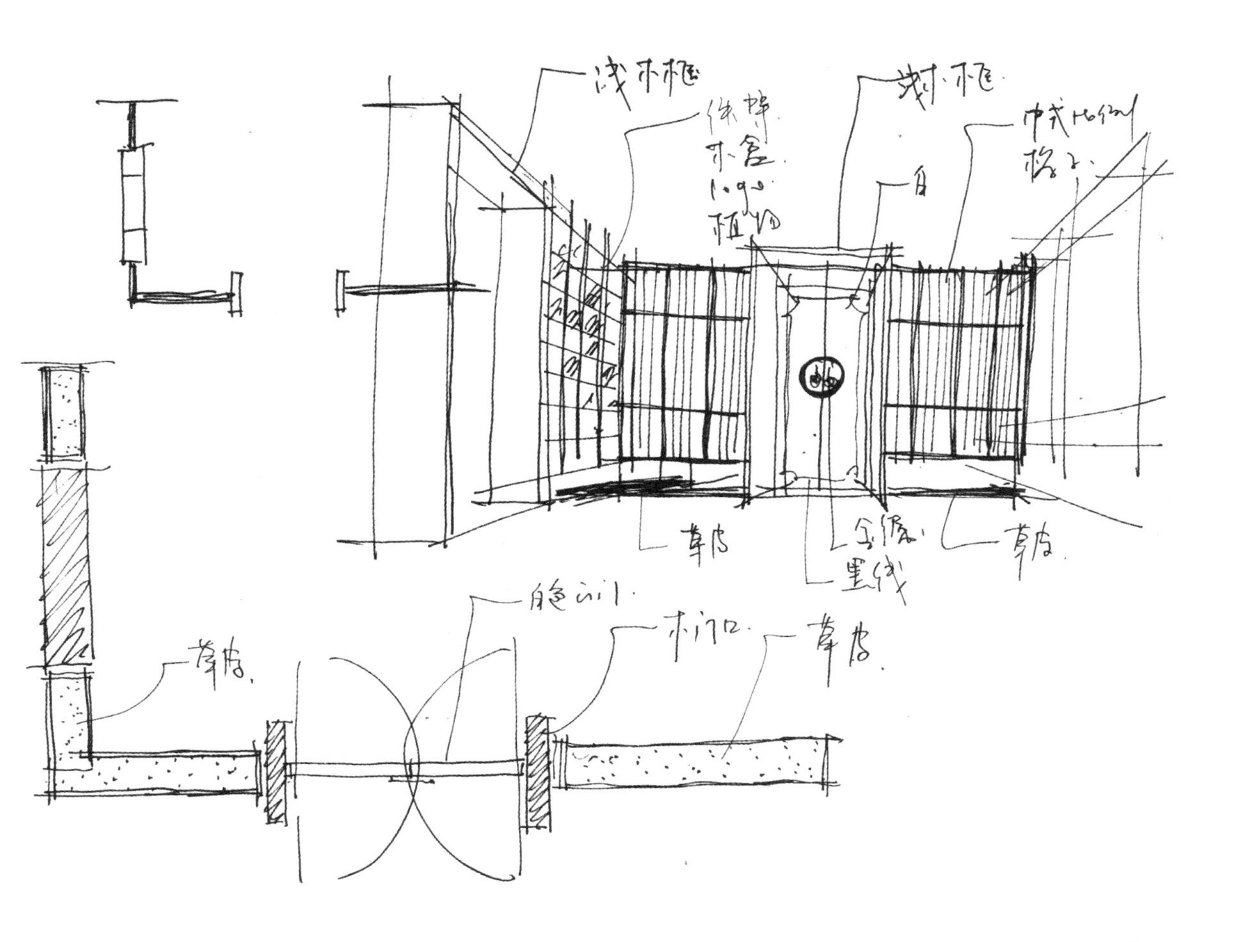

图 3–7

运用什么样的手法，通过哪个点丰富空间其实并不重要，重要的是关注空间中人的感受——人看到的、摸到的空间是什么样。这张手绘图表现的是空间中的一个节点，设计师的思路是把复杂的空间形式简单化，将业主的需求转化成一种线条的形式体现在空间内，所有材质使用统一的颜色，用以点带面的形式营造出符合业主需求，并且让使用者感受良好的空间。

入这个空间里的，并不是强加进去的。当建立了这种思维方式之后，项目作品才属于这个空间，设计作品也才会变得独一无二、不可复制，这是一个设计师的能力和素养（图 3–8、图 3–9）。

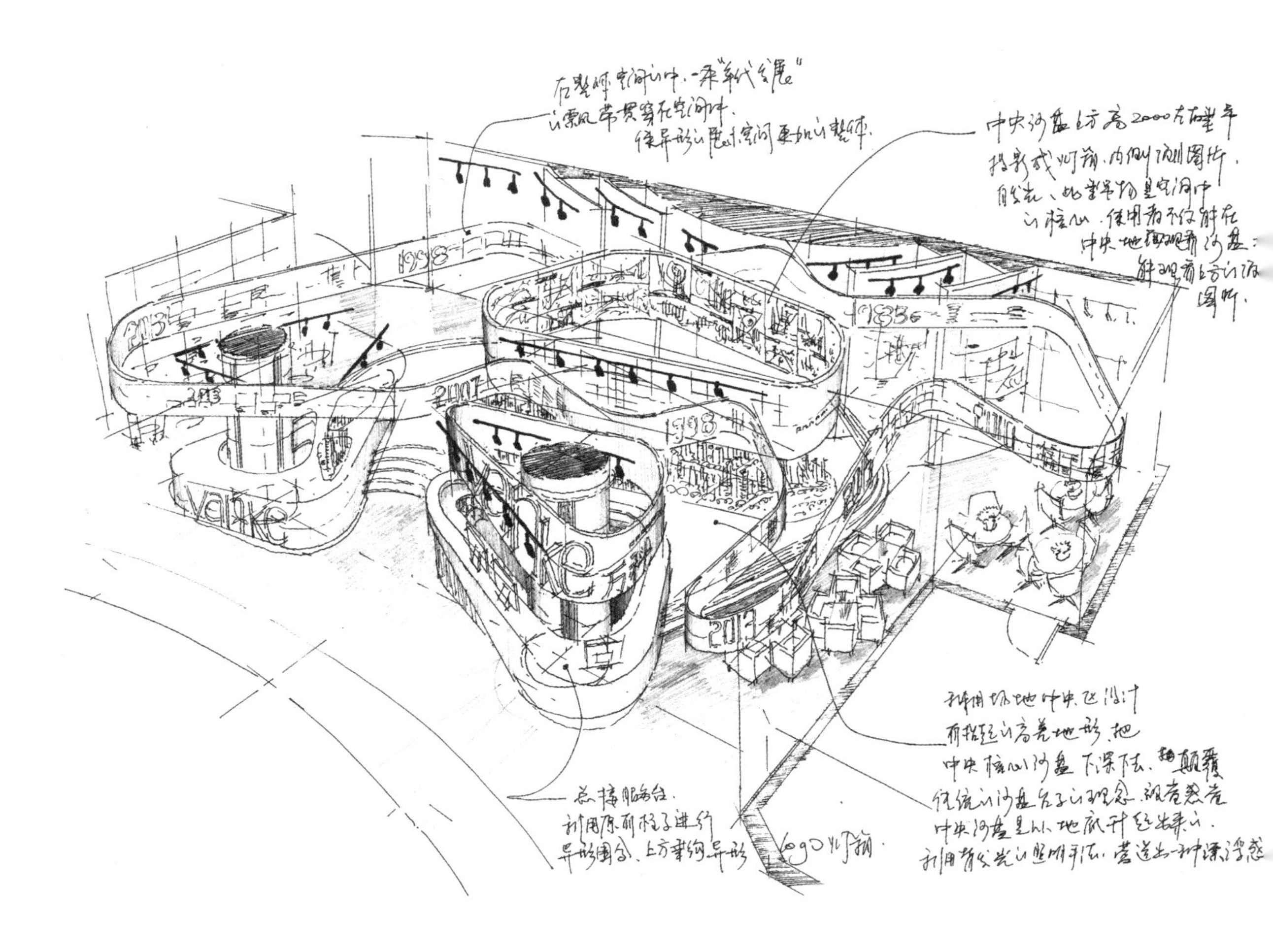

图 3–8

手绘图可以用来和业主沟通，可以在很多方面说明概念方案的问题。比如，这张表现地产展厅的手绘图，概念方案的出发点并不是使用功能，而是空间在视觉上的张力。概念方案要传达的是当下年轻人富有朝气的生活方式，所以设计师用具有律动和高低差的形式营造空间的空灵感，同时还考虑了项目落地过程中的施工难度和造价等因素。

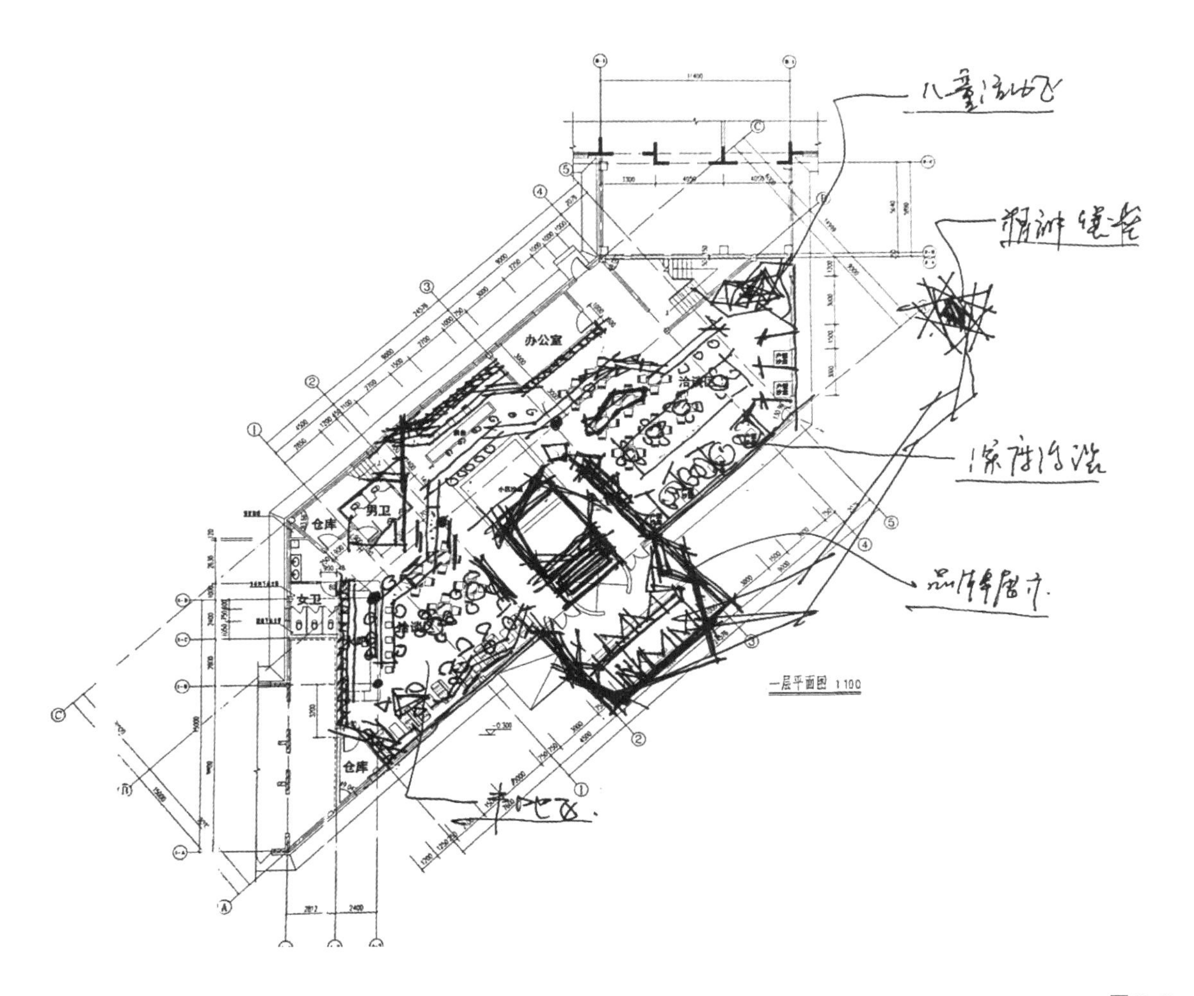

图 3-9

处理空间并不一定要从平面布局入手，空间的一个节点、空间的构架、在空间中人的感受等都会成为开展设计工作的突破口。这张看似潦草却很规矩的手绘图希望打破原有售楼处呆板的格局，并且将室外的设计语言融入室内。

第三节 平面尺度的确定

设计师研究的尺寸是实际空间中的尺寸，但是展现给业主的是平面的图纸，这本身就很矛盾。所以在平面上如何体现尺度感？这里介绍 3 种方式。

一、用身体感知尺寸

设计师针对一个空间绘制出的平面图纸其实是一个非直观的系统，设计师要尝试着用身体感知空间的尺寸。当我们真实地站在一个空间里的时候，人对空间的材质、尺度的感知和看一张图是不一样的。效果图或者手绘图是二维的，但是人站在空间里会有三维的感受，因为人的两只眼睛有视觉差。如果我们尝试着闭上一只眼睛看一个物体，然后再换另外一只眼睛看这个物体，会发现这个物体在位置上发生了移动，这就是两只眼睛的视距差。正因为有这样的视距差，我们看到真实的物体才能是立体的。也就是说只有在现场，设计师才能感知到立体的空间，才能感受到空间的尺寸和人的比例关系。所以，设计师在设计之初一定要多次到现场，调动所有的器官感知空间，并且感知的不单纯是空间的尺寸，还要感知空间的温度、湿度。

空间会带给我们不同的感受，可能是愉悦的、沉闷的、阴暗的、明亮的，这样真实的感受会影响设计师的情绪，而情绪会让设计师产生对空间的最初印象和理解。比如，一个空间很明亮，就会让人感觉到愉悦，但是明亮有时又会让人感觉到没有隐私、不安静，那么这个空间的优势就在于它带给人的愉悦感，劣势在于使人没有安全感。设计师可以在这种直观的体验下，规避空间给人带来的劣势感受，优化和提升空间中的优势（图 3-10）。

二、施工现场是设计师最应该去的场所

施工现场永远都是设计师最应该去的场所。当然，施工现场一般条件比较艰苦，但是设计师必须要克服这些困难，并且形成一种习惯（图 3-11）。在设计实践的过程中，有很多细节是在图纸上表达不清楚或不完善的，那么怎样才能发现这些盲点？捷径只有一条，就是到现场去。在设计前端和设计施工过程中，每一次到现场的感受都是不一样的，而且在现场和甲方、工人针对当下的感受进行的思维碰撞最能直接解决问题。

这是一个临时的营销中心。设计师在现场实际调研后发现，项目坐落在一个繁华的商业综合体里，周围环境很现代。在这样的场所里，设计师要营造一个既有别于其他商业空间，又与周围环境融合的氛围，同时也要呼应项目的品牌调性。

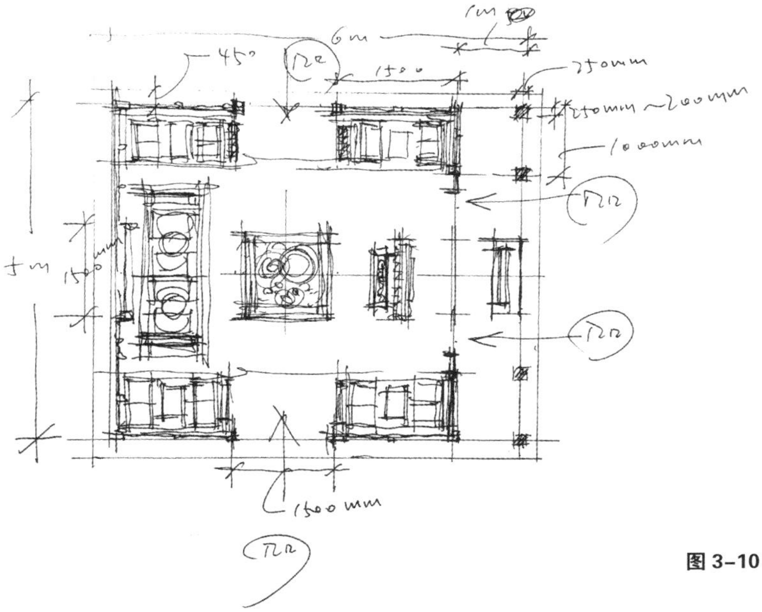

图 3-10

这张手绘图是天花板的布局。设计师考虑到使用者不仅会在地面上仰视整个空间，同时也会在空间两侧或周边的商业空间内俯瞰，于是建筑立面和顶部都兼顾了不同的角度。所以只有到现场去体验项目的空间感，才能很好地把握整个项目。

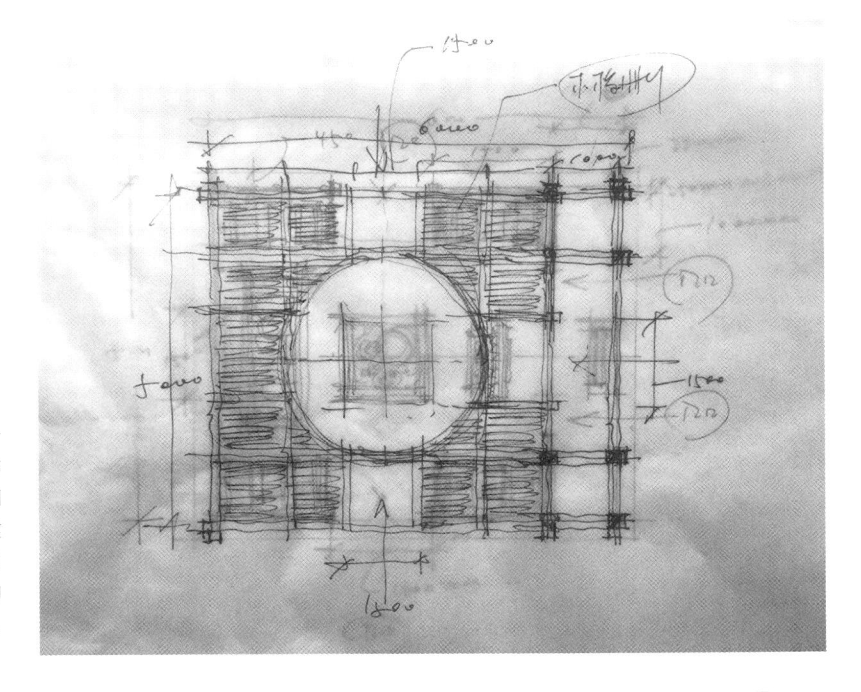

图 3-11

三、习惯二维输出的不合理性

无论是做平面图还是三维的效果图，都是运用平面的形式展现空间，所以，无论做得多么逼真、效果多么绚丽，它只是一张二维的平面图纸，甲方和设计师都不能百分之百地体验到三维的感受。如何让尺度感更加明确？那就需要在手绘图或者效果图上最大限度地明晰空间的尺度感。可以在空间中加入人物，或者进行一些概念尺寸的标注。在方案设计过程中，设计师对图纸尺寸的感知和业主的感知会有差异，这种差异有时会让设计师感觉到焦急和苦恼。所以，在设计工作中设计师要非常细致地面对各种问题，尽可能通过带有尺寸标注和人物比例说明的平面图、立面图和效果图来综合和强化三维的思路，把三维的感知传达给业主。

第四节 整体空间关系与尺度的确定

对室内设计师来说，把握空间尺度是比较困难的。核心的原因是只要我们身在空间之中，对整个空间尺度的把握一定是模糊的。如果是手里拿着的一个玩具或者一瓶水，我们对它的尺寸就会非常有概念，因为这是在物体的外部感知物体的尺寸。但是在空间之中，我们不可能感受到空间的比例和尺寸。建筑师和景观设计师都一样，对空间感受和空间尺寸的拿捏一定要在一个自然环境或一个城市、社区里存在，因此建筑或景观的比例和尺度更超脱于人的感知（图 3-12）。但是对初学者来说，在对整个空间没有感知的情况下，盲目地以点的形式进行整个空间的布局往往会出现误区。所以直接运用手绘的方式，让思路从一个超出身体尺寸的庞大空间内跳跃出来就变得尤为重要。在初期的概念设计阶段，我们可以把一个室内空间在纸面上用简单的轮廓表现出来，这样可以让思维跳跃出整个室内空间，用鸟瞰的方式理解这个空间，也就是把这个空间变成手里可以拿起的某一样物品，这样对整个空间的感知就会更加立体。得到了这样的直观感受之后，就像在下一盘棋，把空间中所需要的功能布置下去。这样的能力和思考问题的过程相对来说比较理性，这种思维方式的养成对设计师掌握整体空间的构架和状态非常有帮助。

第五节 确定角度

手绘是设计师头脑里的摄像机，但手绘角度的确定不只存在于手绘指导施

图 3-12

工图绘画或者是效果图的制作中，无论在哪个工作环节都需要角度的确定。换言之，设计师在设计一个项目的时候，要扮演的角色应该是使用者。也就是作为设计师，模拟自己是使用者，获得在空间中的主观视觉感受。

一、想象未来的能力

当我们遇到一个新的项目，站在室内空间里的时候，设计师要能看到这个项目竣工之后的样子，或者说设计师要有一种感知未来的能力。当我们在一个空间里，还没有做方案的时候，想象它落地使用之后的样子——材质的运用、色彩的实现、灯光的感受，这就是对未来的感知。我们可以把这个过程想象成看科幻电影，可以穿越时空，来到这个项目落地的时候：项目已经到了试营业阶段，设计师在空间里散步、驻足停留、坐下休息。但是我们在当下所能看到的可能是清水的房子、残破的景象、脏乱的环境，设计师假想落地后项目漂亮的样子、舒服的视觉感受，甚至可能会感受到空气和温度。所以在这个过程中，设计前端的直观、感性的感受也是一种角度的确定。在现场绘制和勾勒出这样一种假想图画也是设计师在概念方案中要经历的非常重要的一个环节——假想环境。这个环节是最直观和感性的环节，在这个环节中，整个体验和感受是非常主观的，设计师要培养的是排除杂念的能力，这样可以更好地辅助概念方案设计。在这个基础上，再回归到理性的感受中，就会更能抓住设计最原始的感受（图 3-13）。

二、手绘的随意性和附加的自我理解

在工作过程中，设计师可以在现场、可以回到办公室，或者在生活中的某一个场所随意地针对当下的项目进行一些手绘的勾勒，这些勾勒就不用在乎角度、比例和尺寸，可以用任意的角度进行主观的描绘。

这些草图有的是在项目现场绘制的，有的是在咖啡厅或者家里，它们可能表达的是非常浅显的概念，但是这些图都可以充分说明设计思路的演变（图 3-14、图 3-15）。我们也可以在项目各个阶段，在现场从不同角度拍摄一些照片，然后在照片的基础之上绘制一些设计师认为好的效果。

设计师脑子里应该有一个模拟的摄像机，在项目空间中任意游走，选择角度，捕捉空间中每一个盲点，这需要设计师有比较强的立体思维能力。这

图 3-13

种能力是自己跟自己的对话。一个项目没有落地之前，在业主的眼睛里有可能是尘土飞扬的施工现场，暂时感知不到项目落地的效果，只有完工的那一天，业主直观地看到了这个场所之后，才能和设计师同频。那么在整个空间变得好看之前，业主看到的这些脏乱差的施工景象会让他对设计师的能力产生怀疑，或者因为施工的造价，业主的合伙人，或者其他相关的工程人员会对方案提出各种各样的质疑，这个过程对设计师来说很艰辛，但在这个过程中，设计师要始终坚持自己心中的声音和最初的想法，一直坚持到这个空间变得完整、好看，直到这时设计师才有决定性的话语权。

三、支撑团队工作的手绘视角

在支撑深化设计团队工作这个层面上，角度的确定可能会更加直观一些。设计师一般能为业主呈现的是一张二维的效果图，是平面的输出。现在也会有大型建模软件能实现三维的效果，看上去更直观，但是技术还不成熟，所以在用手绘方案草图来支撑效果图表现的过程中，视角的选择尤为重要。手绘方案表现第一是要传达设计师的设计理念，包括材质和工艺的运用，第二个更重要的作用就是让做效果图的人明白设计师想要表达的角度和意义。所以在画概念手绘的过程中，就要考虑到效果图表现的实际角度问题。

1. 真实的视角感觉

手绘效果图往往要表现的是一种虚拟场景中真实的视角，那么什么是真实的视角？在用效果图表现一个室内空间时，要模拟空间中人的真正高度，如一个人在空间中站着的时候高度是 1.7 ~ 1.8 米，如果人在空间中坐着，人眼的高度是 1.2 米左右。设计师要直接把这些视点设置成效果图的视点，这样运用手绘的方式输出的时候，绘制的场景和角度就可以同时在一张手绘图上体现出来，大大减少设计师安排工作时的沟通成本。当然，这需要设计师具备非常深厚的手绘基本功，能很熟练地在头脑中虚拟出真实的场景。

2. 不真实的视角：鸟瞰、“大正”

在手绘效果图的表现中，我们也要表现出一些不真实的角度。什么是不真实的角度？就是人在空间中达不到的高度和视角，比如说很高或很低的角度。这些人观察不到的角度往往能说明设计问题，如在效果图上要表现出

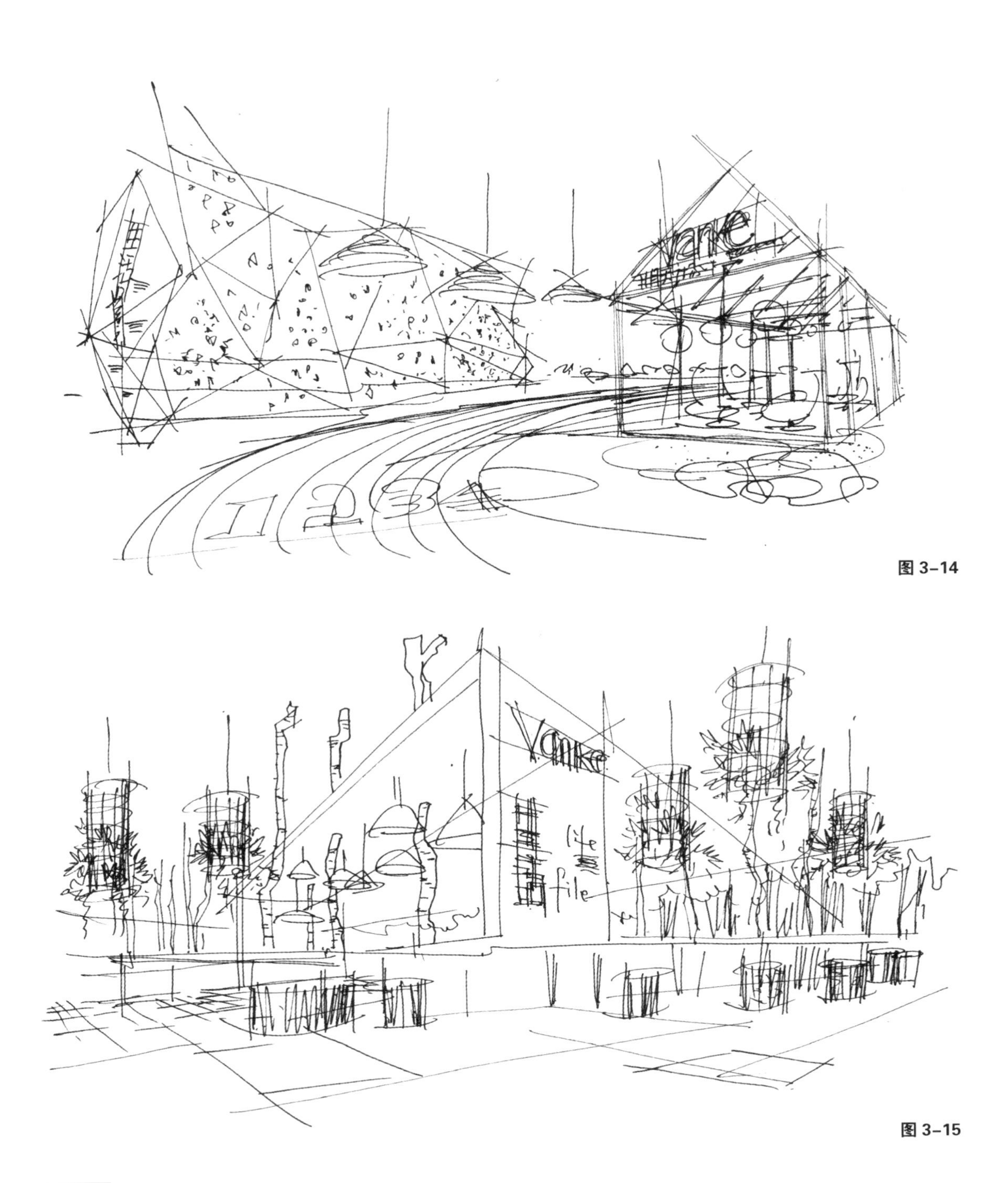

图 3–14

图 3–15

这两张图绘制的是一个项目的不同角度。上图是人在慢跑过程中看到的一个等候空间，下图是人在休息时从一侧看到的同样的空间。两种不同的视角可以让业主有身临其境的感觉，这也是手绘设计方案的一个优势。

俯视的场景，或者鸟瞰的场景，现实中人在空间里是体验不到这些场景的。但这样的效果图角度恰恰又很能说明布局问题和整个空间的构架问题，所以在手绘过程中，这些角度也要体现出来，如一些一点透视的效果图、墙体的断面图、棚顶上的剖面图和空间的透视图结合在一起，在效果图表现中我们有时候会把这些角度称为“大正”角度。这个角度可以把很多空间融合在一起，能说明问题，但是人在空间中又一定是感知不到这些角度的，所以也需要通过手稿的方式体现出来。并且这些手稿的绘制，也是设计师对整个空间强化和重新梳理的过程，同时对后期做效果图的设计师也会有直观的引导。设计师在画方案手绘的时候，要想象自己在空间中游走，随意地散步。随着人在空间中的移动，呈现在眼前的所有景象也会发生近景、中景、远景的变化，最后形成设计师头脑中虚拟的项目竣工之后的硬装、软装、灯饰等。

3. 不要懒惰

对设计师来说，手稿越详细，对自己设计思路的梳理就会越清晰，团队其他人对项目的理解就会越深，对设计细节理解的程度也会越高，项目最终呈现出来的效果和最初脑海中想象的效果就会越接近。当然从手绘稿到效果图的过程中会有很多细节的补充，也就是说越勤奋，得到的效果就会越好（图 3-16）。

在设计过程中我们会发现，在效果图中多画出一些场景就要多建很多的模型，增加很多工作。效果图是表现出设计师头脑中设计概念的唯一和最终途径，效果图也是设计师和甲方沟通的一种工具，那么效果图的比例尺寸、深化程度、丰富和简单与否也会最终影响设计师的谈单情况，当然这里还包括设计师的美学修养、沟通表达能力、过往作品、对市场的理解、对工艺的掌握等。但是最后呈现出的是这些图纸，所以效果图会成为设计师价值产品中最重要的一种。如何让效果图和设计师脑子里的设计概念保持一致？就是要坚定地在团队中养成不要偷懒的习惯和思维方式，形成相对完整、详细、深入的手绘方案草图。

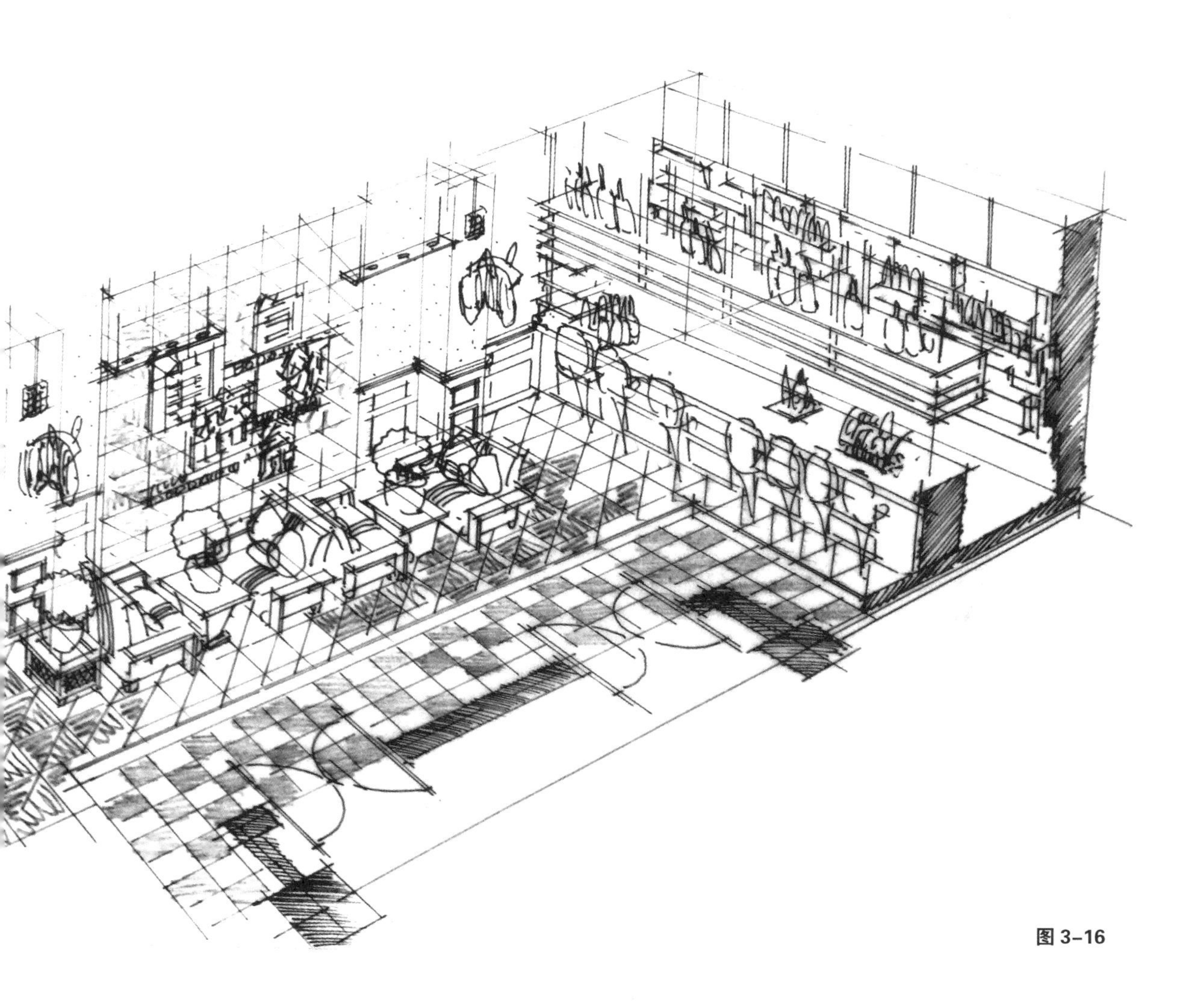

图 3–16

手绘图的细节越多，在工作的各个阶段产生的误差就会越少。这张手绘图是一个娱乐空间的鸟瞰图。为了弱化狭长空间的深度感，整个空间被分割成了几个区域。画面的下部是墙体和柱体结构的平面投影，表现了门和墙之间的关系。同时，这张图也表现了地面的铺装方式和材质、砖和地板的拼接方式、墙面的材质、柱体和墙体的凹凸关系以及家具的摆放位置和尺度。

第六节 风格定位

如果从设计角度来谈设计的风格，涉及的理论体系是非常庞大复杂的，所以这里分享的是在手绘设计表现层面上的风格。

在国内，手绘表现风格万千。比如，设计师沙沛和种夏代表着一种风格体系，他们的手绘以速写为主，线条轻快、明朗，色彩的运用和表达很轻盈、通透、干净。还有手绘艺术家马克辛教授的美院风格，这种风格的装饰意味和构图的绘画效果会更浓烈一些，主要特点是在手绘方向上，从绘画和视觉引导的角度，详细刻画空间的构成感、色彩的浓重感，也更侧重于节点和具象图形在手绘表现和规划中的丰富表达。当然，除此之外还有很多风格迥异的优秀手绘设计师。

一、表现无风格化

手绘表现的意义和作用到底是什么？手绘表现是设计工作流程中的一个节点，它最终要服务的是方案设计，并在整个设计工作中推动每一个环节。所以，基于各位前辈的经验和十多年实战设计工作的积累，本书想传达的是手绘表现在实战设计的过程中应该无风格化，手绘最重要的是凸显设计理念。

手绘作为庞大繁杂的设计流程中的一个节点，与电脑、相机等是一样的，只是设计工作中的一个工具。所以在实战设计中，手绘无论是在线条的表现上，还是在颜色的处理上，一切的初衷都是为了要说清楚设计师对设计的理解。在这个基础之上，如果设计师对当下的项目有一些自我认知和理解，可以添加部分个人对艺术和审美的输出 （图 3-17）。

二、针对具体项目做出风格的选择

针对具体项目做出风格的选择，这个风格和前面谈到的手绘表现本身的风格不同，是在做具体的方案时设计上的风格。无论是做什么样的风格都要针对项目本身，并且依据项目的类型、甲方和市场的诉求有所变化。

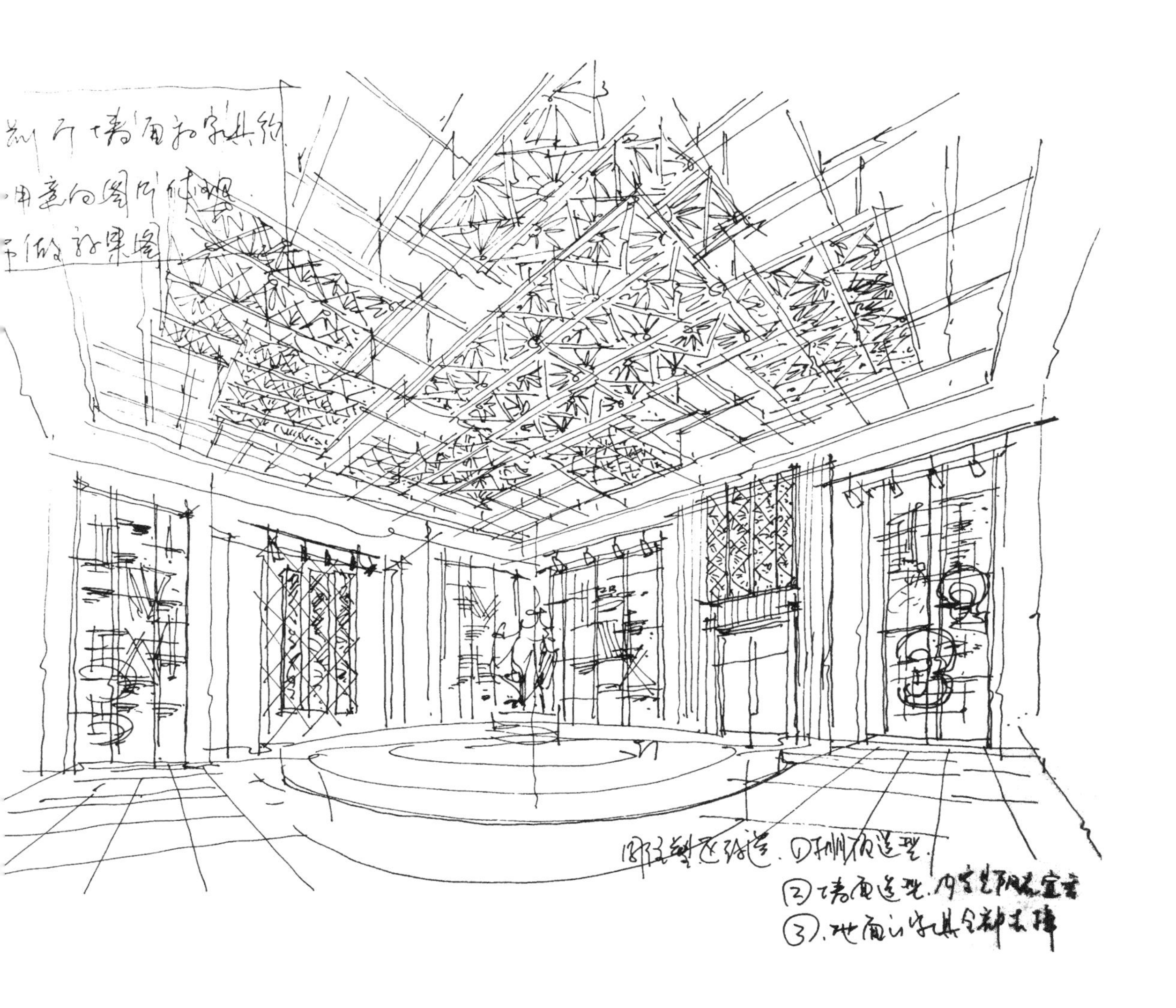

图 3–17

这是一个营销中心的改造项目，原来的空间没有得到充分利用，所以设计师想在设计方案中解决两个问题：第一，让空间的使用功能更加明确；第二，解决它的“非室内感”。设计师在还原现场比例尺度的基础上，将一些展示设计的语言融入空间，并且增加了一些装饰，分出很多区域，如雕塑区的棚顶造型和墙面上增加的配合营销的平面展示板。

三、现代主义思想之下的西方与东方风格

现代主义思想是一个庞大繁杂的体系，无论是西方风格还是东方风格，在设计层面上都源自现代主义思想。我们可以通过一些书籍来获取现代主义的相关知识，如设计理论专家王受之教授的《世界现代建筑史》《世界现代设计史》等，将现代主义设计梳理得很详细，这里不再赘述。我们从西方的现代主义发展历程上可以得到一些启示。我国的设计师并没有亲自感受到西方现代主义设计思想的演变，我们只是信息的接收者，所以我们要通过文字对设计史进行深入的了解，这样才能更好地梳理出现代设计思想的发展历程和每个历程中的代表作品，并且更重要的是，对每个阶段所产生的一些结果背后的现象有所了解，也就是“知其然”并“知其所以然”。对史论的了解和理解对设计师非常有帮助，可以使设计师在实战的项目中清晰地分辨出项目和业主所需要的设计语言有哪些。同时，如果在设计中借鉴了一些特定的形式，我们至少应该了解这是属于哪一个阶段的形式，也就是在借鉴一些成形的设计思路上做到有理可依、有据可查，这样对风格的把控就会有主动性，而不是直接的拿来主义，简单粗暴地拼贴已有的设计符号。

同时，随着我国经济的迅速发展，中国人的消费能力增强，在设计层面上带来的是东方文化的回归，这就需要设计师对东方文化有更深入的了解，作为年轻的设计师，需要更多的时间积累。更多的文化积累会让设计师有更多的储备，这样在实战设计中输出的时候，就会慢慢形成自己的语言。

四、去风格化时代与自我设计语言

一个相对成熟的设计师应该去风格化，形成自我设计语言。如何形成具有自己风格的设计语言？在初期，需要借鉴一些成功的案例，通过学习优秀设计师的作品，总结自己的语言，这是一个漫长而复杂的过程，达到一定深度和高度的时候才会有收获（图 3-18）。当有了自己的设计语言之后，展现出的作品就是去风格化的作品。这种去风格化的作品就是设计师自己的思路，这时候设计师已经不需要针对风格借鉴其他的成功案例，设计就是自然流淌出的个人对生活的理解、对业态的理解。但是我们最终的输出要有依据，要通过一定的手法来驾驭我们对生活的理解。

图 3–18

这张手绘图表现的是一个娱乐空间，空间的处理手法比较整体，墙面和棚顶的形式相互呼应，有一种阵列感，目的是让原本局促的空间看上去更开阔。家具使用了休闲的座椅、胡桃木的沙发和休闲娱乐的套装家具，灯具、镂空的铁艺屏风等其实都是融合在空间框架之内的装饰。在手绘图的表现过程中使用了尺子，目的是用硬朗的直线来营造空间感，同时也把传统和现代的语言融合在一起。

对设计专业的学生或者是刚刚开始从事设计工作的年轻设计师来说，如何能形成属于自己的风格定位？其中一个方式是加强现代艺术设计基础的重要组成部分——“三大构成”的训练，三大构成体系包括平面构成、色彩构成和立体构成，起源于德国包豪斯学院的设计课程改革。只有对三大构成深入理解，加上自我对生活、艺术的品鉴理解，并融入设计实践工作中，设计师才能走出属于自己的风格定位之路。

所以，通过手绘设计表现来谈及风格定位的时候，手绘表现是一种艺术的行为，但如果从更深层次的角度来说，去风格化的概念也就是去掉不属于自己心中理解的生活方式的设计。

针对一个项目来说，比风格属性更重要的是设计师要了解它所属的思想体系，同时要懂得项目背后所代表的文化。当我们的文化底蕴积累到一定程度的时候，设计思维的输出就是自然的流淌，而并不是特意地要针对某一个项目做出一些痕迹和符号，去痕迹、去风格化的设计需要在设计师达到一定高度的前提下才能真正做到，这样的设计方案才能让更多的人产生共鸣（图3-19）。

第七节 设计元素的提取

设计元素的提取和创新比较抽象，对设计师来说有时会没有方向，久而久之就会丧失或者减弱原创设计和设计元素提取的能力。如何才能让自己保持原创能力呢?

一、借鉴成果只能让方案看起来好看

近年来，中国设计开始倡导本土文化的回归，这是中国人对自身审美的认识和觉醒。随之而来的就是现代东方风格，或者叫新东方风格如雨后春笋般地在我们的实战设计中出现，如大型地产空间、大型商业空间、私宅等。当下比较有代表性的手法，第一种是以高明度低纯度的绚丽色彩为主要色彩体系；第二种是细线条和拱券弧线相结合的形式；第三种是在材质上，不采用昂贵的材料，运用简单质朴的材料营造整个空间。这些方式已经渗透在室内设计中，涉及硬装、软装、空间架构等各个细节。在实战的设计中，我们可以借鉴一些自己认为好看或者和自己项目审美匹配度比较高的

图 3-19

这张手绘图表现的是酒店的大堂。建筑原有的框架非常简洁，设计师对整个空间的处理是基于自己对时尚的理解。装饰上并不想通过更多的材料体现酒店高端的定位，而是将空间看成一个完整的元素，从棚顶到地面，再到灯具、雕塑和艺术品，包括酒店吧台和接待区，在满足功能的基础上，追求简单、统一的形式美。

成功案例，搜索一些同等调性的参考图片。虽然这是一种捷径，但这种方式不利于设计师形成自己的设计语言，做出能引发共鸣的、独特的作品。

二、最熟悉的事物往往是设计元素之王

在最熟悉的事物中提取元素往往更有效。如何能让设计引发共鸣，让设计变得既有趣又时尚，同时还能准确地传达感受？那就要回到我们的生活起点，如对一个修鞋匠来说，他所有的修鞋工具是他每天都能触碰到的东西，对设计师来讲，尺、笔、图纸、电脑是设计师每天都接触的工具。我们每个人对身边经常能触碰到的东西已经司空见惯，久而久之，我们对这些东西特性的感知会变得模糊。比如，我们是否知道我们每天对事物的选择和判断有多少次？早上起床是左脚先落地还是右脚先落地？左脚先穿拖鞋还是右脚先穿拖鞋？是用左手拿牙刷还是右手拿牙刷？先挤牙膏还是先开水龙头？这些细节都是大脑快速的选择和决定。为什么在这些细节的选择上我们没有意识？因为长时间重复单一的动作，大脑已经默认了这种行为，大脑只对新鲜的事物重点提示和警告，很多选择在我们长时期的生活里变成了习惯，这些下意识的习惯和我们对陌生事物的判断都是选择。所以在这种情况下，我们会在潜意识上忽略司空见惯的事物，但恰恰这些被忽略的事物才是能体现共鸣的事物。所以在设计项目里，从一些和本项目相关的、大家都熟知的事物上找到设计的创意点，也是设计元素提取的方式（图3-20）。

比如设计一家烧烤店，它的软装是不是可以由烧烤工具组成？把烤肉用的签子、箅子、煤炭重新嫁接组合，从我们最熟知的事物中提取设计元素。这样所谓的设计元素就比凭空想象一个与本项目毫无关联的东西更能引起使用者和业主的共鸣，但这也需要设计师有敏锐的洞察力。

三、去历史中找答案

如果在某一个具体项目上没有切入点和具体办法的时候，我们可以去查找历史。比如，要做一个具有现代东方特质的酒店室内空间或者私宅室内空间，我们可以追溯中国历史上的某一个朝代或某一个时间节点，从这个时期的建筑形式、服装形式、漆器皿形式上提取详细的符号。这是提炼原创设计元素的一种方法。

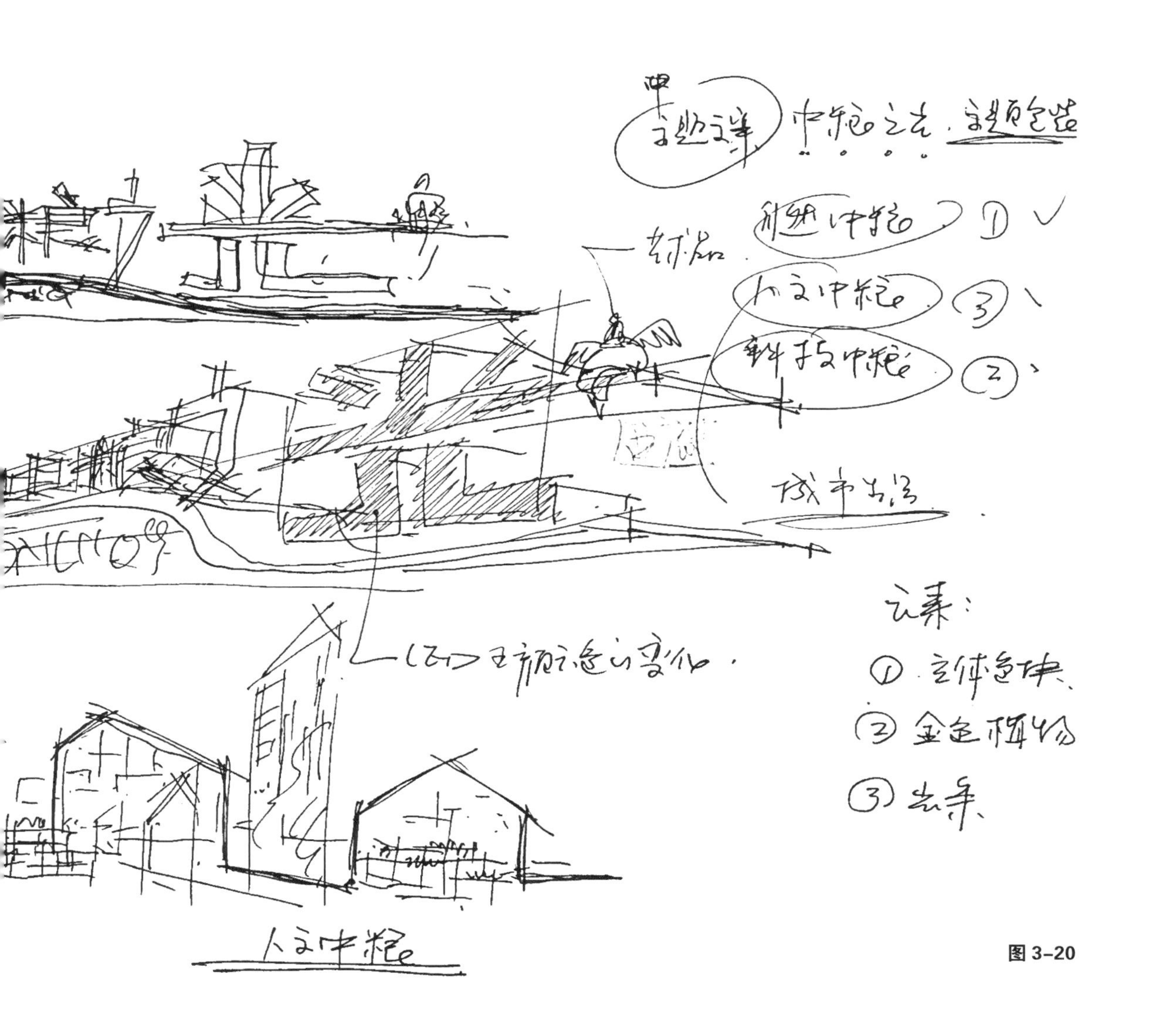

图 3–20

这张图是设计师在踏入这个行业的初期对自己想法的记录，虽然手法比较生涩，但是记录了一些有趣的思考。

四、记录点滴，制造自己的元素库

作为设计师应该养成记录生活点滴的习惯，创建属于自己的原创元素库。设计师既要研究感性的美，也要研究理性的预算、施工等问题。所以在生活中，设计师应该养成记录生活点滴，并且时时总结的习惯，这样才能让设计师有源源不断的灵感，培养富有洞察力的心和解读生活的能力。比如，我们去了新的地方、观看一部电影、阅读一本书，在接触新鲜的事物时，生活中的一点一滴都可以通过各种各样的方式记录下来（图 3-21）。

五、跳跃性思维的游戏

当我们对一个设计项目没有更好的办法时，可以回到设计项目的原点，也就是甲方的需求层面上找一个基础的词语，如说现代、时尚、东方、雅致、温馨等。这些都是看起来比较抽象的词语，如何把它们变得很具体？我们可以根据这些词语瞬间联想到另一个词，再从这个词出发，跳跃到下一个词，这就是跳跃性思维的训练。通过这样的训练方式可以得到很多看上去风马牛不相及的词语，再把这些词语变成图片，这样就会得到相关元素的颜色、材质、形式等。在初期的跳跃性思维训练中，思考问题的速度可能相对来说会慢一点，连接词组可能会短一点，但是没关系，如果一旦停顿了或者遗忘了，就相当于这一组跳跃性思维已经断开，再回到原点进行第二次、第三次反复的训练，设计师在这个过程中一定会得到想要的答案。

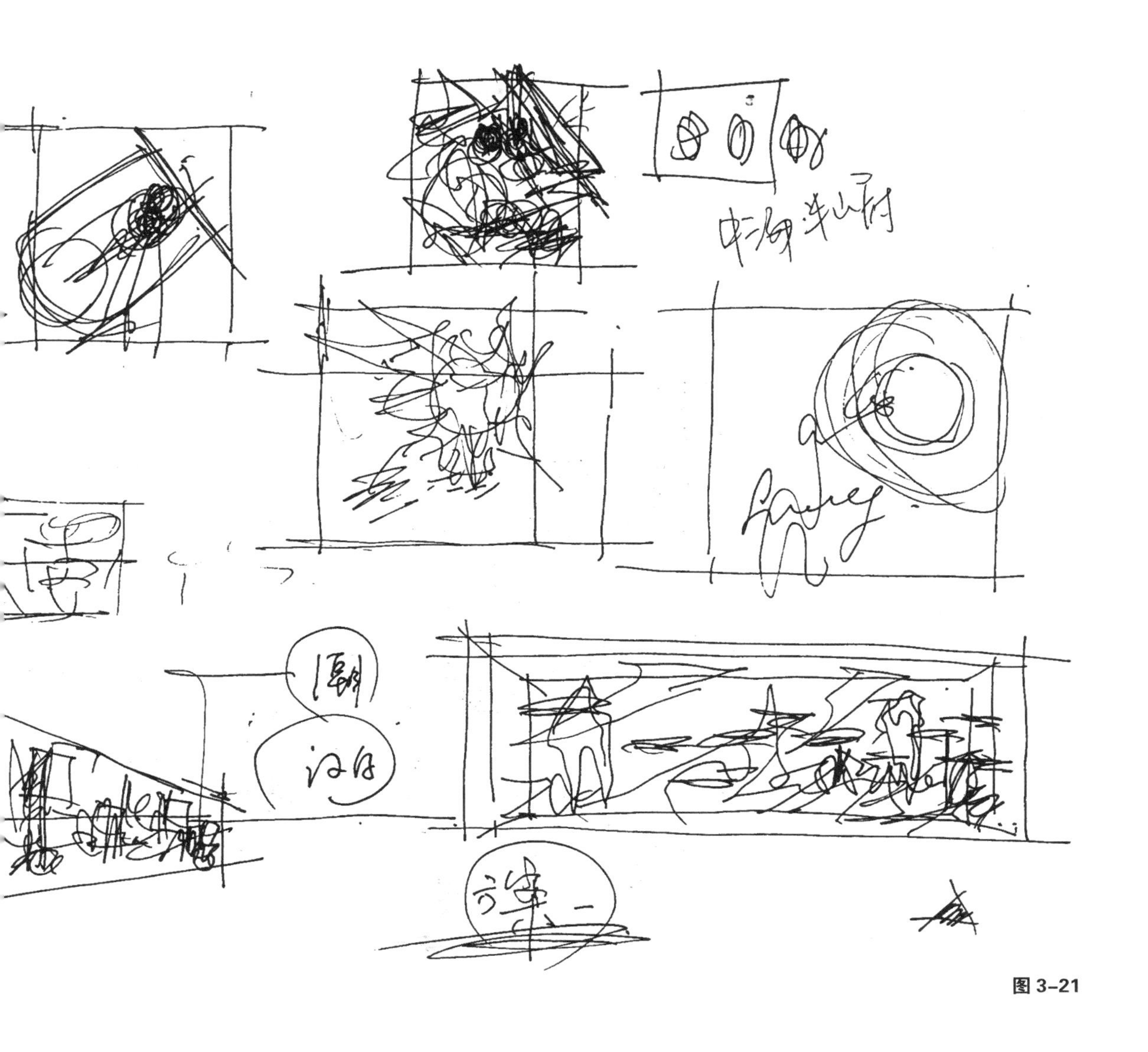

图 3–21

设计师在面对复杂的市场和设计工作时要考虑专业上的很多问题，所以有时候需要有排除杂念的能力，这时候翻看一些零散的图纸可以帮助自己找回初心。

Chapter 4

第四章
图解手绘的形式演变与设计师的自我修养

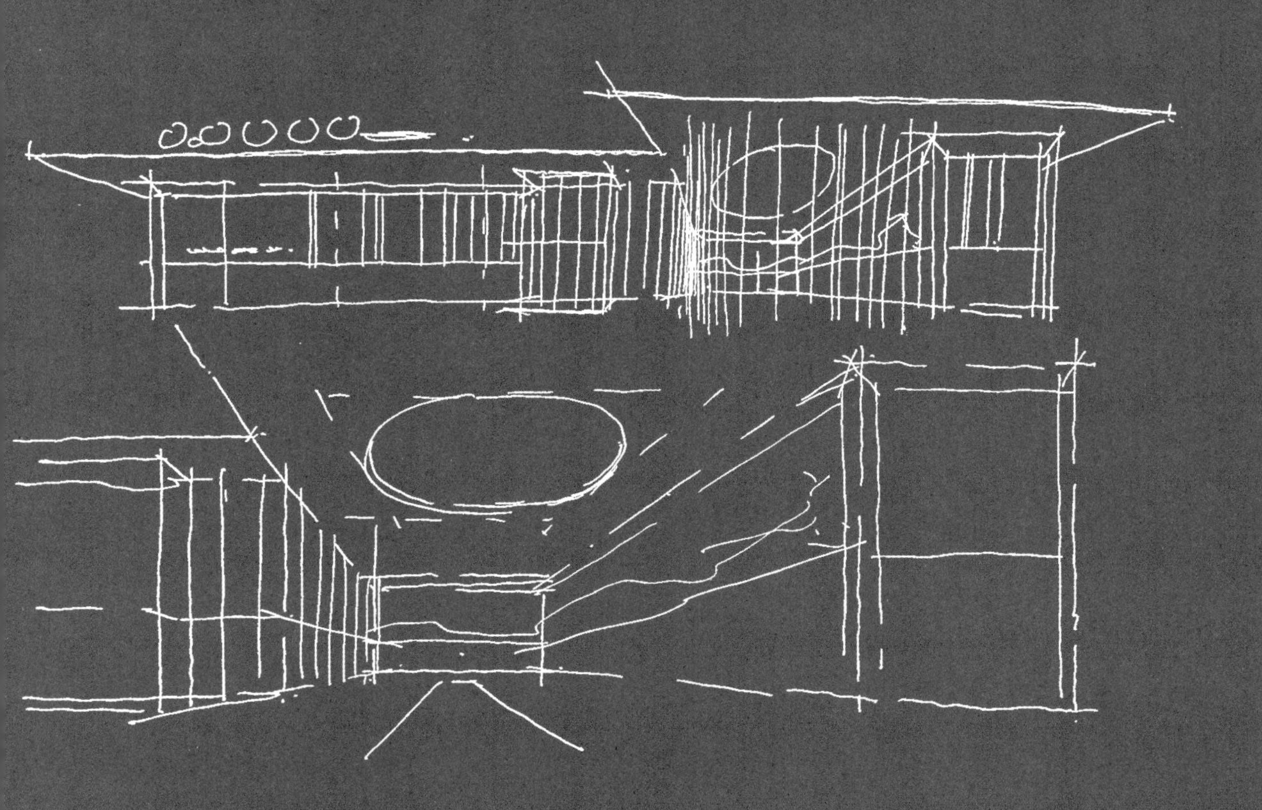

第一节 在技法中积累对设计的理解

学习手绘表现是一个漫长的过程，需要足够的耐心和毅力。手绘设计是空间设计里的一个分支，是一种基础的表现手法，是设计工作者要了解和掌握的基础技能。从初学者的角度来看，手绘设计就是绘画，它是把人眼看到的东西用透视的方式在二维的纸面上表现出来，透视是描绘物体空间关系的重要方法。

图 4-1 是一个沙发，手绘图表现的是沙发一侧的扶手。手绘表现和绘画一样，要考虑物体的背光、反光、投影等，然后把物体当作一个素描的对象，运用马克笔绘制出面体的关系。其实我们看到的所有物体上并没有图上画出的这些线，线只不过是物体面和面之间的转折。

图 4-2 是单色的手绘表现。手绘图的色彩可以很丰富，色彩可以表现物体的材质，也可以烘托气氛，但把色彩去掉之后，回归物体的造型本身，手绘图还是要解决物体形体的问题，也就是在二维的纸面上构建一个立体的形体。

单色绘制的手绘表现图可以把塑造立体的形体作为手绘表现的侧重点。每一种颜色都有明度和纯度，对一张手绘图来说，怎样利用色彩的明度和纯度来构建物体，让物体看起来立体是非常重要的。

图 4-3 表现的是酒店大堂空间。从对线的控制、对光影的把握、对颜色的处理等技法上看，这张手绘图还不算成熟，但是这张图的空间的比例、尺寸和透视技法把握得比较好。画面右侧的透视出现了错误，画面左侧的透视处理比较严谨，同时在整个画面中考虑了地面的反光材质和右侧地毯的材质。

图 4–1

图 4–2

手绘设计绝不是一个可以短时间内速成的技能，通过所谓表现的技法，设计师可以在短时期内临摹出一张比较完整的作品，但是独立运用透视手法绘制空间的能力需要长时间的积累。

图 4–4、图 4–5 是一个办公空间。这张图主要表现了空间的光线、水泥材质和几何造型，画面具有很强的空间感，并且突出了光影。图中表现的硬朗的空间关系和黑白灰的水泥材质深受日本现代主义建筑大师安藤忠雄的影响。

每一个设计行业从业者都应该了解设计史论，了解设计史的发展和其中的代表人物，这样在具体到某一个设计项目时，设计师就会对设计手法和设计元素符号有更清晰的认识。不了解设计史，相当于在设计的道路上闭目前行。以史为鉴，设计师才能在未来的道路上规避很多弯路。设计师的思路来源于对生活的理解，对生活的理解有多深、对审美的理解有多深，决定了设计师的设计能力有多高。

图 4–3

图 4–4

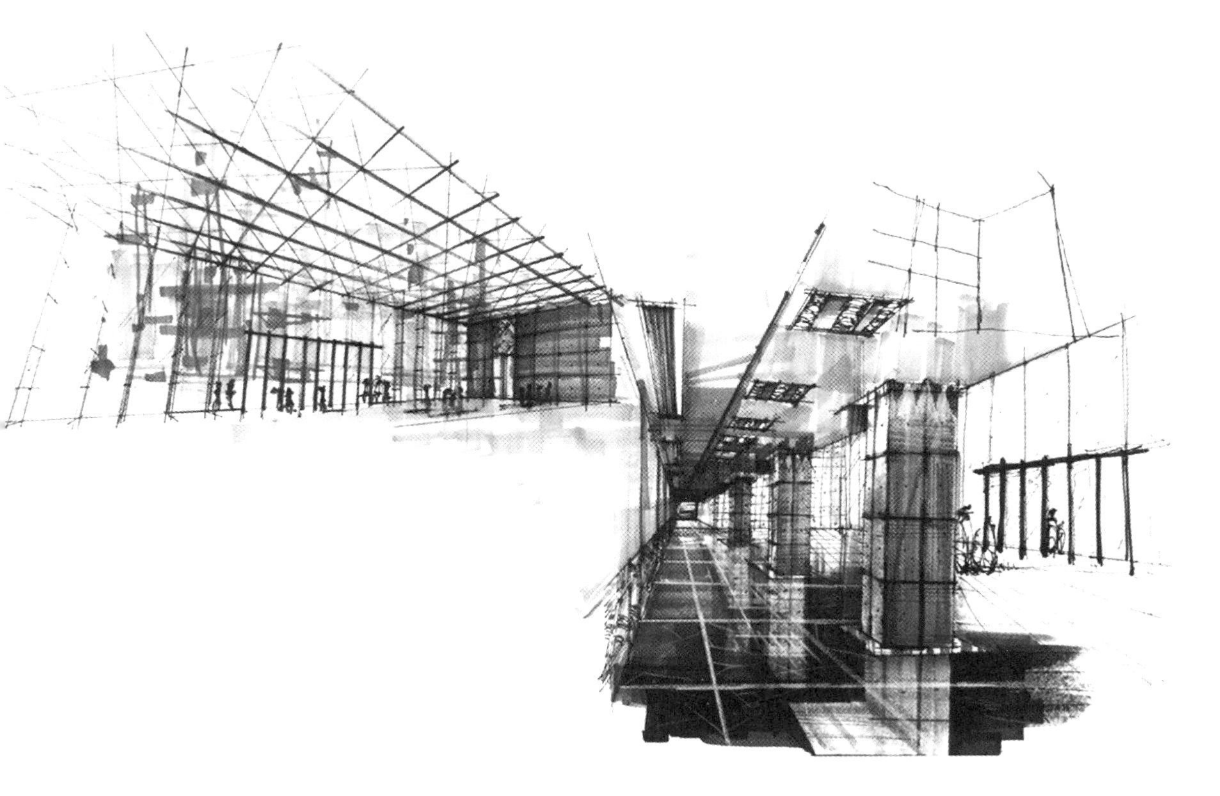

图 4–5

在手绘技法逐渐成熟了之后，设计师就应该超越对表现本身的理解，而在对现代设计思想和设计发展理解的基础之上来绘制手绘图，这样也会使手绘图在技法上更成熟。同时也可以通过手绘图的丰富和完整性来表达自己的设计思路，图本身的表现只不过是对设计思路的支撑。

图 4-6 是一个现代东方风格的茶艺空间。这张图通过空中的吊挂与地面景观之间的互相衔接营造出一种人工雕琢的氛围。墙面、地面和棚顶的处理都围绕着空间的中间部分来设计，一些家具的细节，如茶几、沙发的细节都配合了空间的整体设计思路。

图 4-7 是一个酒店的室内空间。这张手绘图的表现风格带有中国北方美院的特征——强调浓重的体量感、色彩感。图中更多体现的是设计的层面，包括建筑的结构、空间的纵深感、棚顶墙面的装饰语言，同时结合平面的处理手法。这些图用东方和西方装饰语言的结合来营造高贵而不俗气的氛围，既有西方的柱式，也有中国传统建筑的符号。

图 4-6

图 4–7

图 4-8 是对酒店设计细节的刻画，主要体现的是酒店公共空间的表现手法。酒店比起其他室内空间，在功能上是最完备的，它涉及室内设计的方方面面，可以说在室内设计这个领域，是一种“终极”的项目。所以，功能、装饰的形式、透视的严谨性、线的处理手法、平面图和空间的对应等问题都要更加细致地处理。比如，酒店主接待台使用了榆木、金属、石材和玻璃，图中体现了这些材质之间的对比关系，还有对光的运用等，从设计层面上是一个详细的参考，同时运用手绘的技法体现了出来。手绘图里面增加了人物、植物、地面的倒影等能体现出空间材质的元素。同时考虑到酒店日常接待等功能，所以绘制了一些比较轻松的元素，这也是一种更细腻的表现方式。

图 4-9 是展示设计。展示设计的主要作用是利用空间这个媒介进行信息传达，信息传达也是展示空间中最先要解决的问题。所以在这张手绘图中，设计师更多考虑的是如何将展示内容本身刻画得更细腻。设计师在版式的处理、细腻场景的刻画、展台上物品的刻画更加详细和丰富，而对于画面整体的构成形式和空间材质的刻画就弱一些。

图 4-10 是一张餐厅的手绘图，这张图运用了透明水彩和彩铅相结合的表现形式。这种表现形式是为了说明空间的进深关系和材质的变化等问题，并不是想突出手绘技法。室内手绘图一般会选择两点透视，这张图中有一

图 4-8

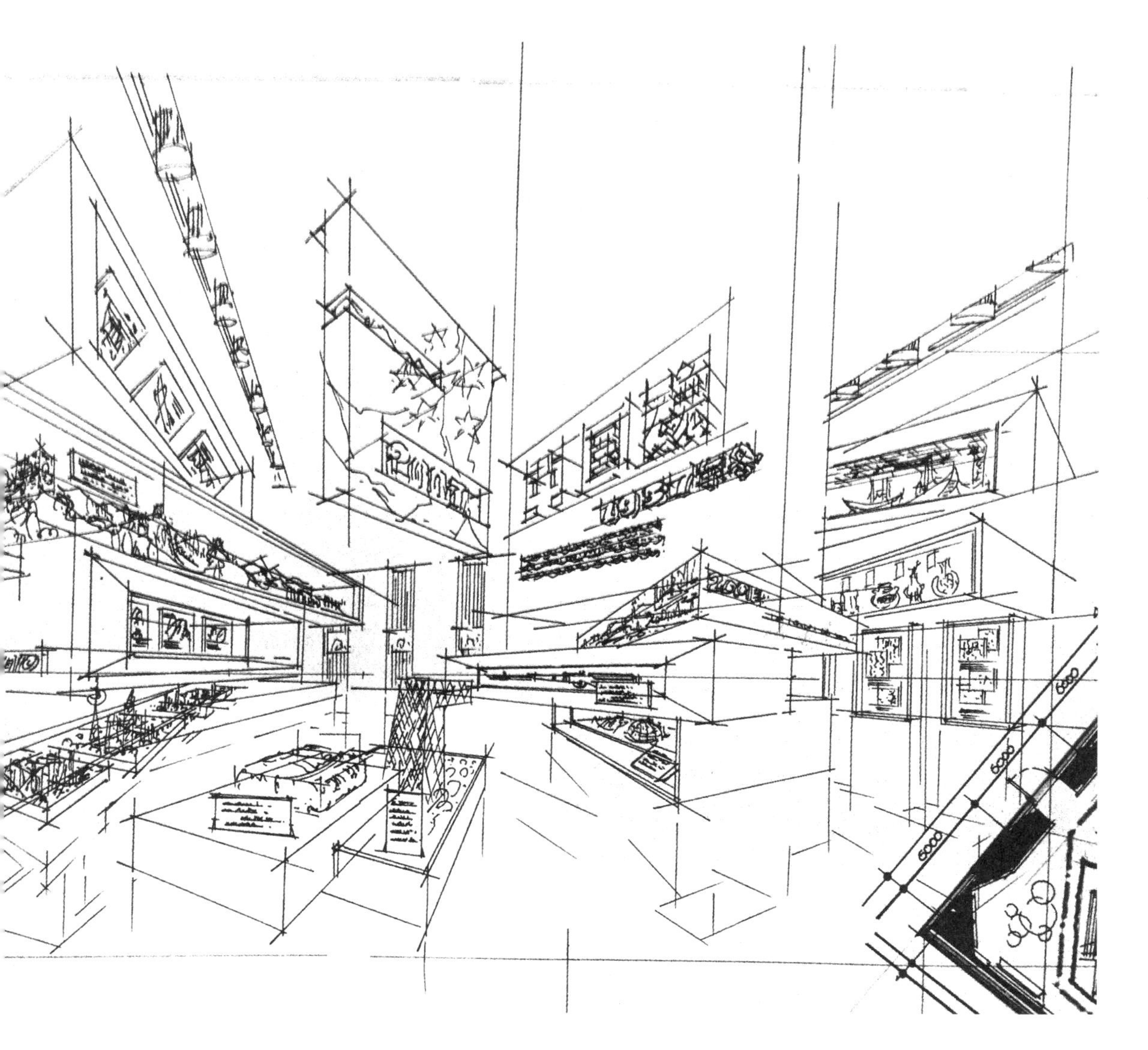

图 4-9

个灭点，另外一个灭点在图外很远的地方，这样表现出来的空间会更灵动、更立体，但是这种透视的微妙变化，在手绘经验不丰富的前提下，把握起来比较困难。

图 4-11 是两张室内空间的手绘习作。学习手绘的过程中，在技法层面上需要不断积累临摹作品，并在这个过程中逐渐形成自己对空间和对表现的理解。比如，应该以什么顺序表现空间？哪个地方用笔该重，哪个地方该轻？哪个地方在画面中心要详细刻画？这两张图的表现方式是由前向后、由地面向空间，再到天棚。

图 4-12 包含了两张手绘图，一张是室外空间，一张是室内空间。室外空间先画前景，再画中景和远景，但是在动笔之前，就应该在自己的头脑中形成一个相对完善的思路。室内空间需要设计师对各元素比例和尺寸的把握更准确一些。下面这张图看上去是一个复杂的空间，但从透视角度来分析，它只是一个简单的两点透视，只不过这个画面中所有的墙面都不是垂直的。绘制这种空间的手绘图要注意，所有的灭点一定要在一个视平线上，因为在同一视平线上的物体会全部落在一个空间里，如果灭点不在同一视平线上，物体就会飘浮在空间中，或者说融不到这个空间里，这是手绘表现的一个基本常识。另外，这张图中也表现了空间中各元素的材质，如橡木、砖、沙发布艺等，还有空间中的软装，如挂画、地面的摆件、植物等。在绘制手绘图时，首先考虑设计上的问题，空间中应该存在哪些东西；其

图 4-10

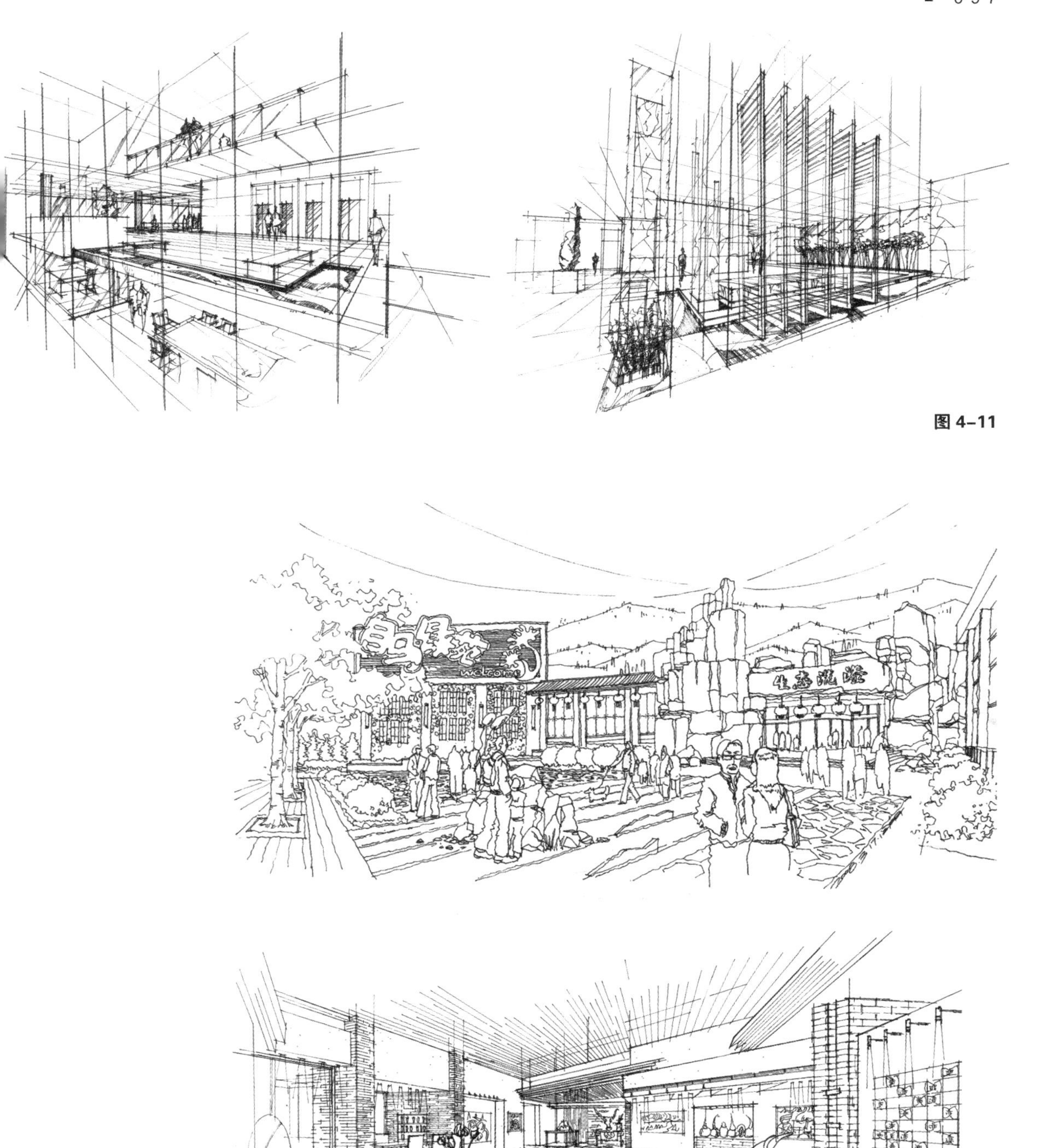

图 4–11

图 4–12

次需要考虑空间中物体的表现，怎样能使画面看上去有层次感。如果临摹一个复杂的画面，不知道如何下手，可以首先把画面的透视分析清楚，确定哪里是视平线，视平线的高是多少，把透视分析清楚后才能建立空间的框架，在这个基础之上，分步骤添加其他元素，如软装搭配等。

图 4–13 是室外的街景和室内的办公空间。室外的街景更多营造的是热闹的商业气氛。办公空间更多考虑了室内的光感和家具的尺度，并且用色彩来打造空间中各元素的形体，用色彩的分布和空间中的光影相配合来表现物体。

图 4–14 表现的是一个住宅空间内的餐厅。餐厅中的家具需要体现出非常严格的比例，如餐桌的高度、吧台的高度、吧凳的高度。厨房内空调位置、出风口的高度、棚顶灯具位置等也有非常严格的要求，所以在手绘图的表现上要非常严谨。

图 4–15 表现的是一个住宅的卧室。在设计上，这个卧室比较大胆，跳出了传统的背景墙的模式。设计师有时需要跳出固定的思维模式，在设计中融入自己对生活的理解，也可以把非家居生活中的元素融入住宅空间里，同时也要符合消费者的审美需求。

图 4–16 是餐厅空间的设计图。这张图主要表现的是对传统材质的理解和运用，青砖、紫檀木、竹子的材质在空间中被重点提炼出来。对新手设计师来说，需要积累一些对空间的碎片化的印象，并且把这些印象变成可以随意调取的符号放在自己的“思维库”里，用来支撑具体的设计方案，这样原创出来的设计比起拼凑出来的方案更有说服力。

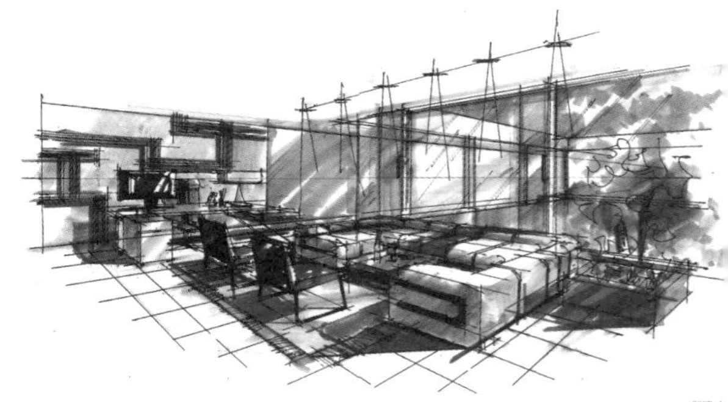

图 4–13

图 4–14

图 4–15

图 4–16

图 4-17 是一个军事博物馆的大厅。手绘图需要表现出室内空间恢宏的气势，所以从透视手法上，一个灭点在画面中心的位置，另外一个灭点在画面之外非常远的地方。这样的透视比较难控制，需要经验的积累。这张图是通过墙体和墙体在空间中的变化来营造空间的尺度感。局部的花纹和样式在表现方式上比较轻松。

图 4-18 是一个室外的大型空间和室内的中小型空间融合在一起的画面。室外空间有下沉广场、雕塑、台阶景观。室内是一个二层挑空的办公空间，里面有家具、植物等元素，地面用不同的材质分隔空间，玻璃幕墙断续的形式让空间看起来更通透，阳台上的人物体现了空间的尺度。另外，图中也有丰富的局部细节，如栏杆扶手、灯光、办公室内的建筑模型等。绘制这样内容丰富的手绘图，首先画面要有严谨的透视，其次要对空间各元素的材料和工艺有充分的理解，再次是对建筑、景观和室内空间在设计上有所把控。也就是说，设计师要有足够的信息支撑，才能输出画面丰富的手绘图。

图 4-19 是一个工业风的室内空间。图中包括一个俯视的空间和一个平视的空间。这两种空间融合在一张图里，尺度感需要把握得更准确，如楼梯的比例和尺寸、家具的尺寸等。图中没有使用过多手绘上的技法，只是简单交代了空间的关系和家具之间的关系。

图 4-17

图 4–18

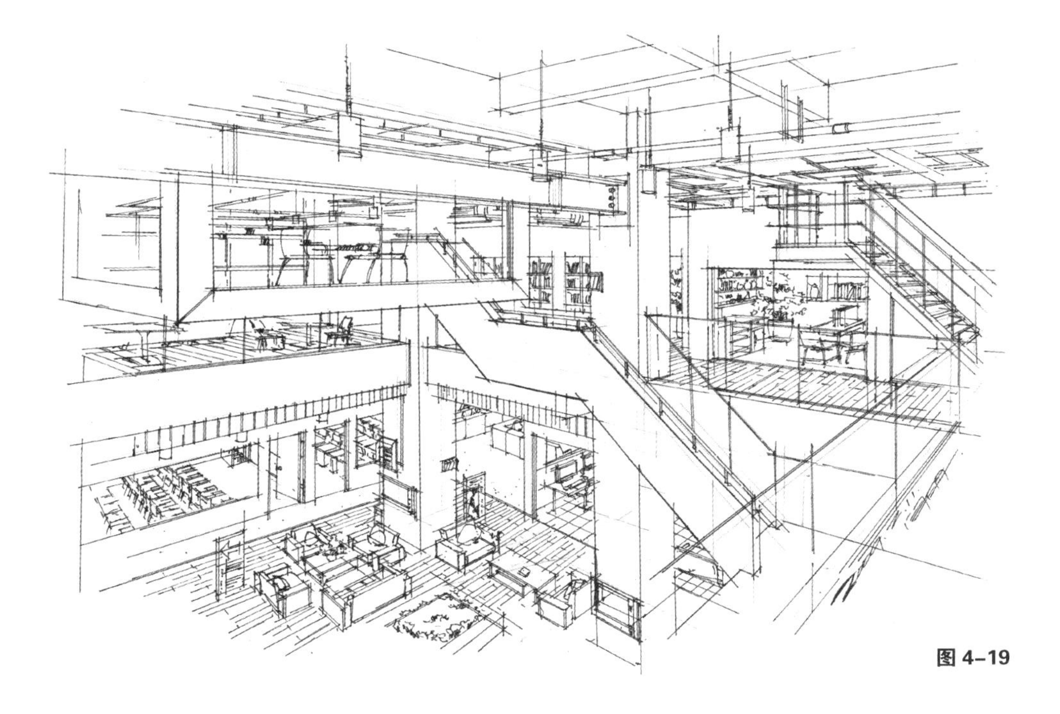

图 4–19

图 4-20 是针对设计方案中的盲点绘制的手绘图。设计师在执行设计方案时，有时候会遇到项目周期比较短，没有很多的时间推敲设计方案、做效果图的情况，在这样的情况下，要针对设计方案中的盲点，在施工现场绘制图纸。这样的图纸考虑更多的是施工工艺的处理方式和材料的应用，如墙面和地面之间转角收口的处理工艺。这里，手绘图要表达的不是手绘技法，而是设计师对材料的理解。比如，此图中地面运用了石材，墙面使用了马赛克，图中还表现出了材料的镂空花纹等细节。这样的手绘图不过多强调技法，图中的元素都是设计师对设计方案的补充和表达，这些表达在绘制过程中会自然而然地流露出来。

图 4-21 是一个酒店大堂。这是在施工现场用炭条绘制的手绘图，表现了墙面造型、雕塑、水面，大堂里面有悬挂的水晶吊灯，装饰上给人一种类似壁画的感受。

图 4-20

图 4-21

图 4-22 是一个商场的入口。这样的手绘图需要重点表现商场的气氛，从技法的角度，需要对透视掌握得更准确，重点表现其中的人物，绘制的过程也是从前景开始的。

图 4-23 是一个超现实的游戏场景，类似于游戏里面的场景化游乐场，这些场景有魔幻的感觉。这也是一种速写的形式。

学习手绘设计需要耐心 ，不能急躁，还要对生活、对市场有更多尊重和理解，不断积累跨行业的知识，才能找到属于自己的风格，并且输出自己的设计思路。

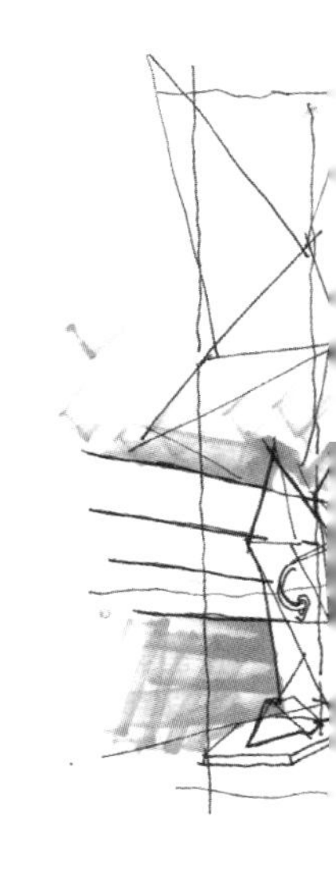

图 4-22

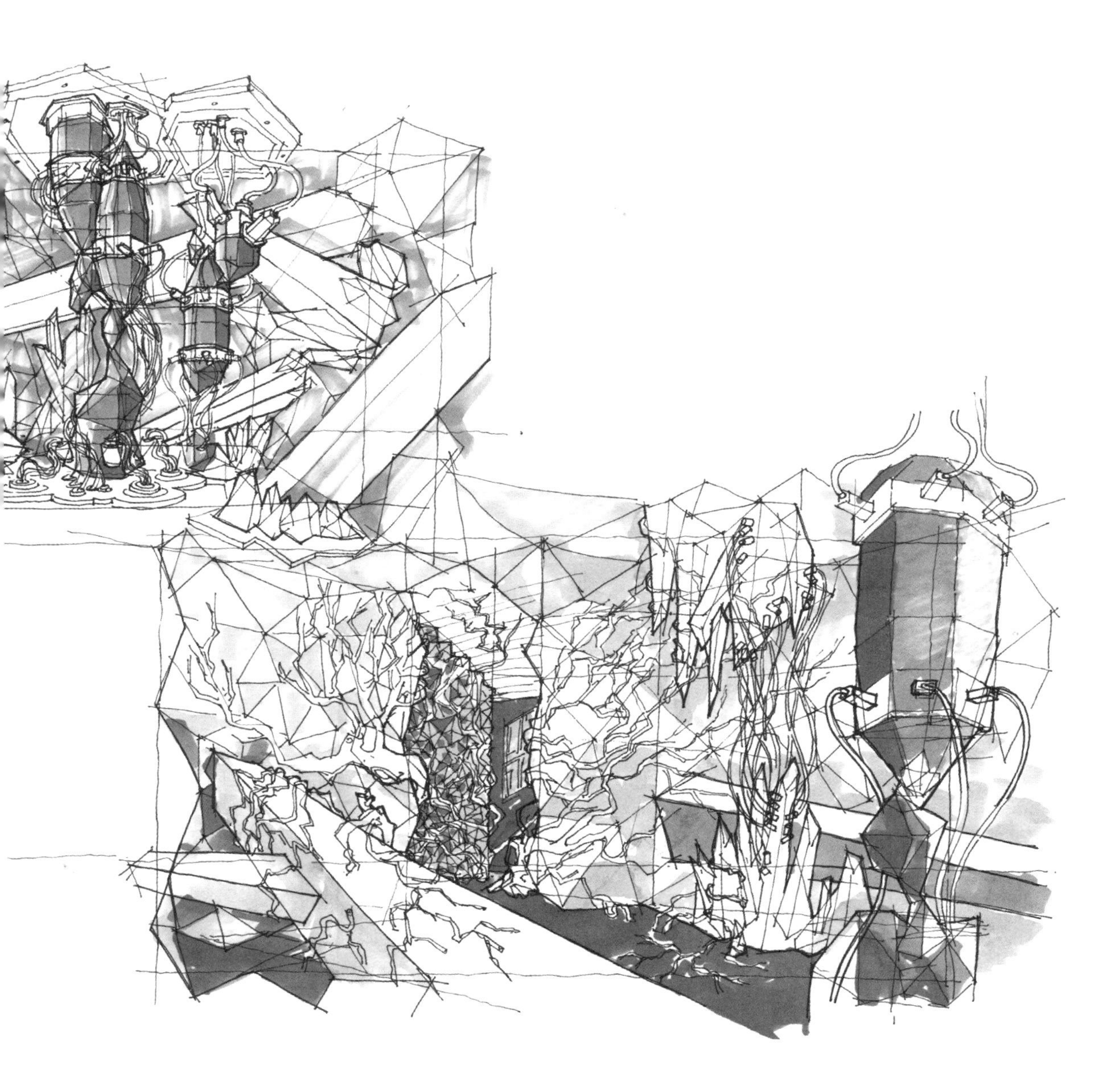

图 4–23

第二节 让手绘成为设计的工具

手绘在设计工作中是推动团队运行的一种工具。如果是在人员配备还不够完善的小团队中，或者是团队成员实战经验还不够多时，手绘图相对来说需要更详细一些，如在材质的表现、细节的交代甚至是汇报文件上需要尽可能细致。在实战设计中，手绘图追求的也并不是表现技法的娴熟，更注重的是针对不同的项目进行对方案的理解和输出，同时还有对甲方思维方式和诉求的理解。

所以，本节中介绍的手绘图更多表现的是对设计师思路的细化、提炼和整理，图中考虑更多的是项目背后需要承载的内容，所以手绘作品也会更细腻，更有利于推动设计工作的进行。

图 4-24 是一些博物馆的手绘图，由于项目是一个煤矿博物馆，所以在整个空间设计里要展示出中国煤矿勘探和开采中发生的一些重大事件和发生的时间，还有采矿运用的设备仪器等，所以手绘图是在不同的时间节点上表现不同的展示空间，当然，这是在平面布局相对来说比较完善的情况下完成的。这里的手绘图纸更加细致，这样对效果图设计师来说就可以把更多的精力放在软件应用或者方案层面的材质搭配上。

在方案的设计上，由于要向参观者展现中国煤炭行业在不同年代发生的重大的事件,所以如何将一些枯燥的文字性介绍用相对直观的形式体现出来，是设计中的难点。在方案设计中，设计师使用了柱子作为文字的载体，将不同年份开采出来的矿产刻在柱体上展示。这是一个由抽象到具象的过程，把文字、数字等元素用一些材料体现出来，让抽象的文字看上去更直观。另外，方案中还包括一些在煤炭行业中出现的场景和模型，通过这样的形式直观地还原了煤炭开采的过程。

在一个空间中传达信息就是要把内容和形式很好地结合在一起，让人有视觉上的冲击，同时也能与内容产生共鸣。在这个方案中，就是把空间的构成形式和空间的主题内容相结合。在制定方案的过程中，手绘图扮演的角色就是准确地输出设计师要表达的内容，如方案中要体现矿场开采中使用的设备模型，还有一些艺术品，这就可以通过手绘图中不同的表现体现出来。

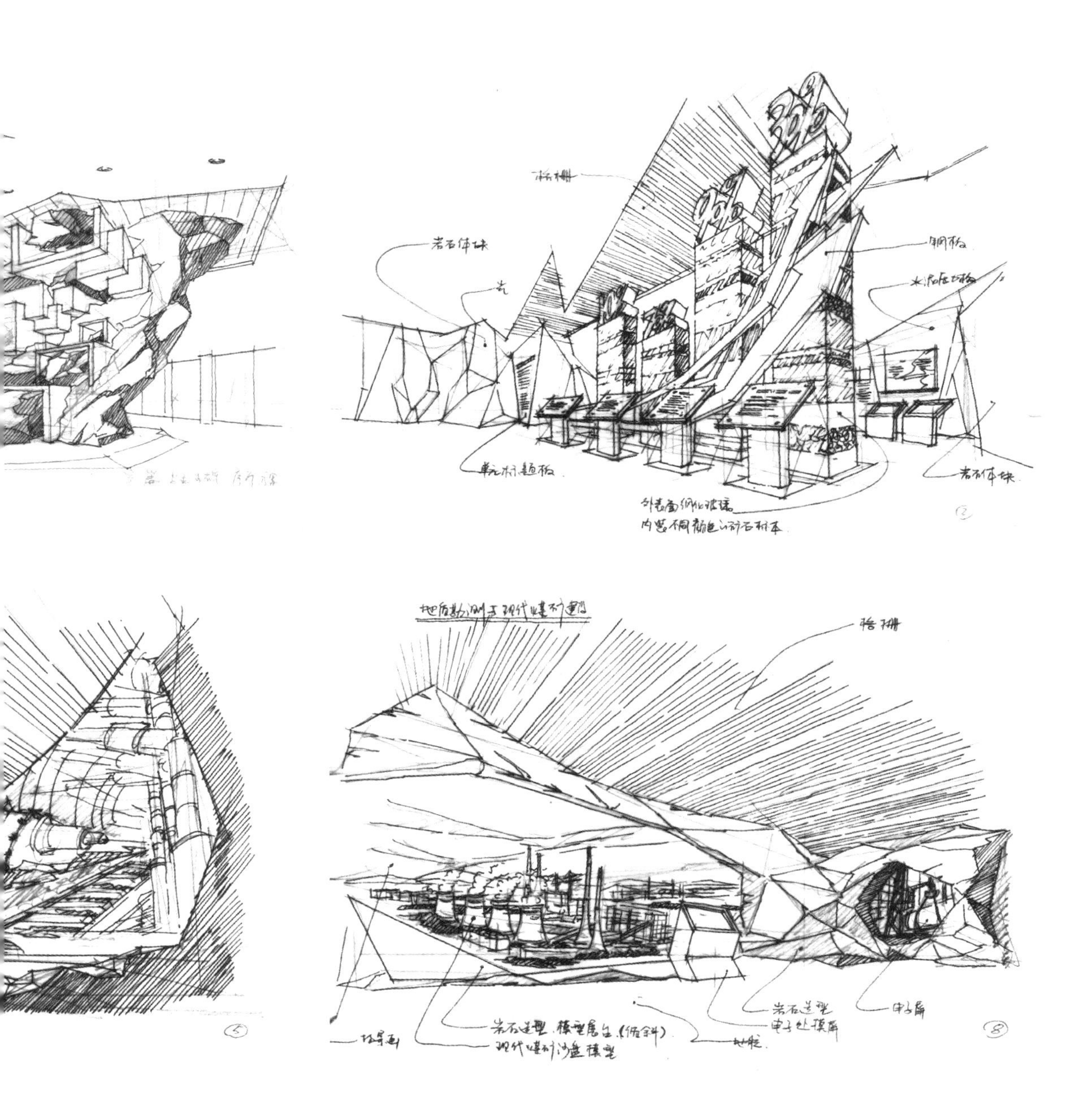

图 4–24

图 4-25、图 4-26 是一个地质馆的室内展示空间方案。这种展示空间的设计需要对建筑平面有深入的理解，在平面的规划时期，也要对展示内容有非常清晰的了解，并且把静态展示和动态展示结合在空间中应用，体现在平面布局上，形成比较完整的设计。

这组图中也包括轴测图和鸟瞰图。轴测图是设计细节的梳理， 在一个庞大的空间里，会有很多细节需要体现出来，设计团队也需要很清晰地知道一个比较复杂的空间里各种设计形式之间的衔接方式，这些都需要通过手绘图表现出来。

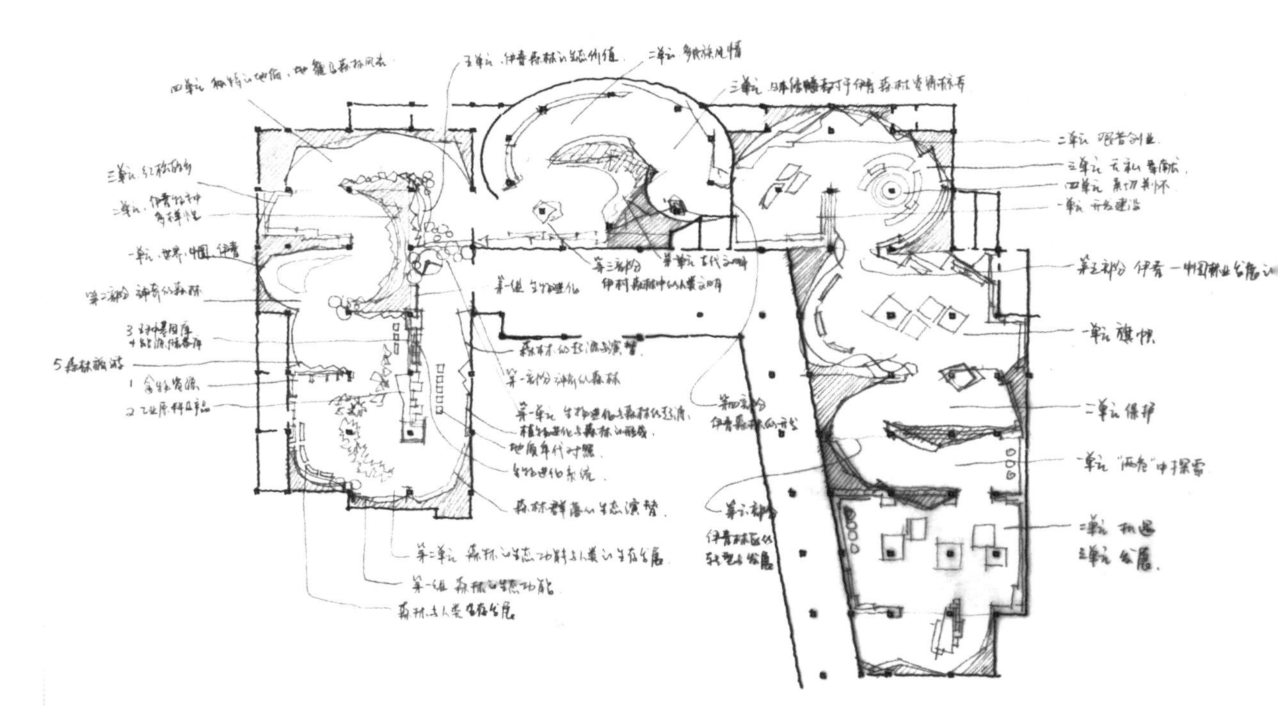

图 4–25

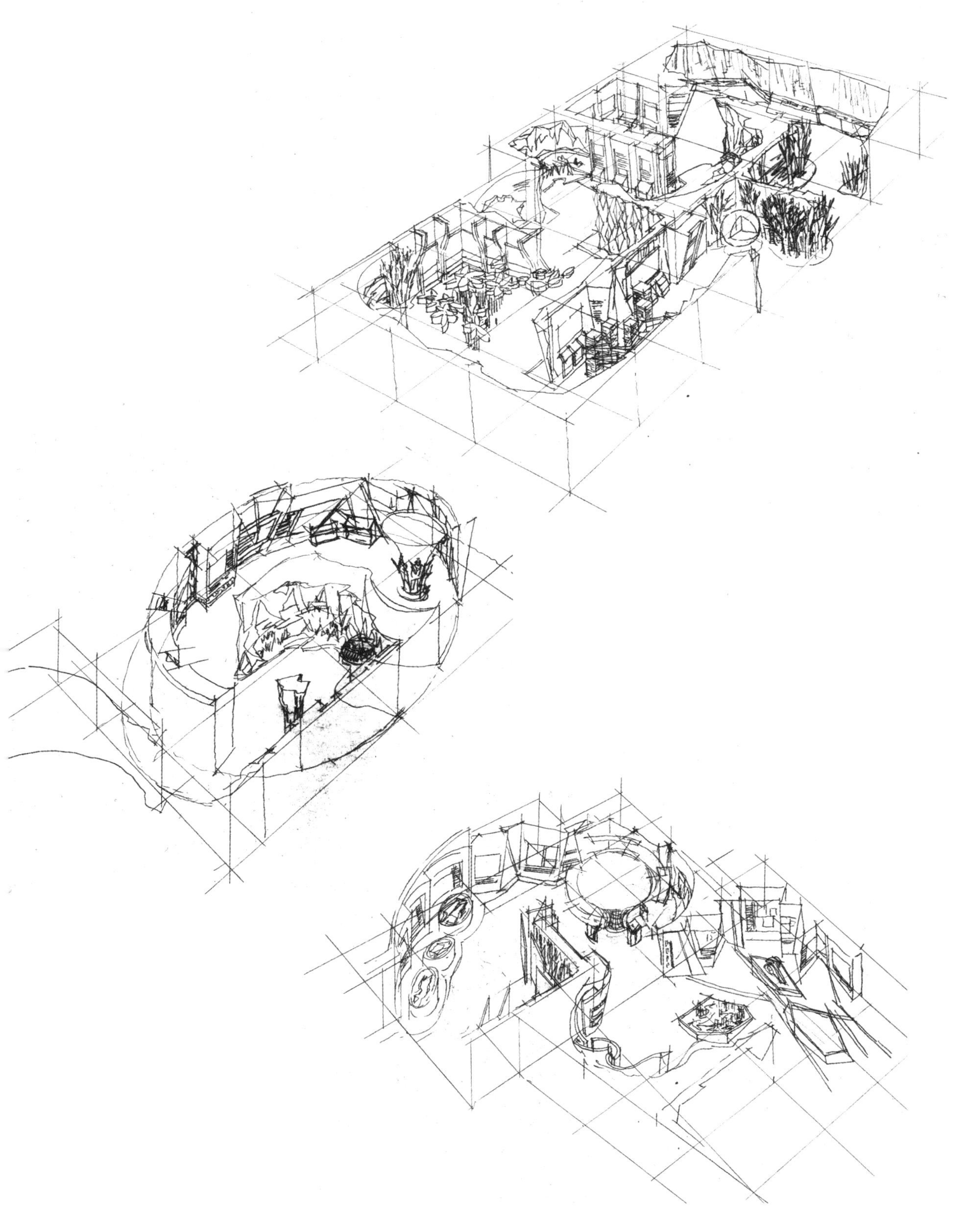

图 4-26

图 4-27、图 4-28 表现的是室内的娱乐空间和会议室，在绘制上相对更严谨，这样，制作效果图的团队会更能理解设计方案的定位，在尺寸的把握上也可以更准确。为了保证方案的输出效果，里面也会有一些彩色的渲染，用来指导效果图团队对材质的把握。沙发、茶几、桌子、椅子这些家具材质的变化，还有墙面石材、软装布艺、灯具、镂空的绘画等这些细节也都可以在手绘图中体现出来。

图 4-29~ 图 4-34 是室内的展厅设计。客户想通过不同的场景来营造展厅的氛围，所以展厅的不同风格和不同场景都要在方案里有所体现，手绘在这里起到的作用就是要表达设计方案的完整性，同时还要保证设计风格的统一。

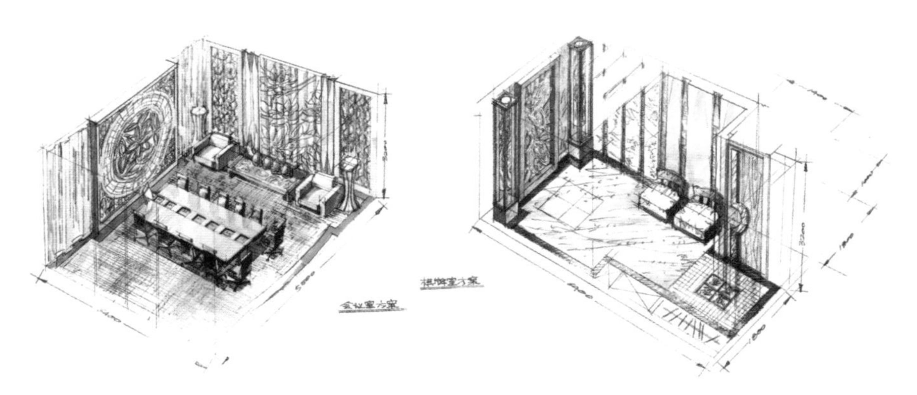

图 4–27

图 4–28

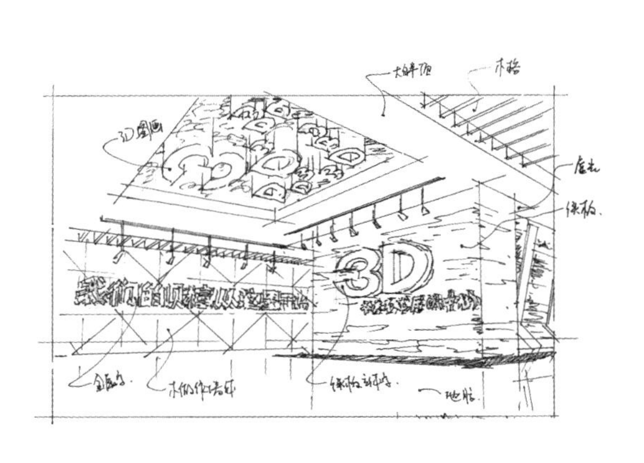

图 4–29

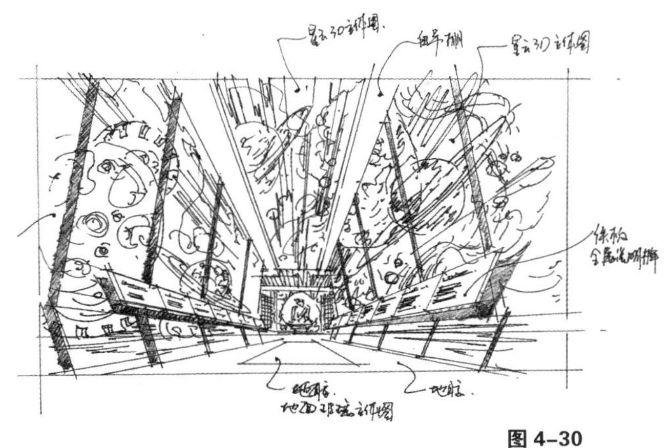

图 4–30

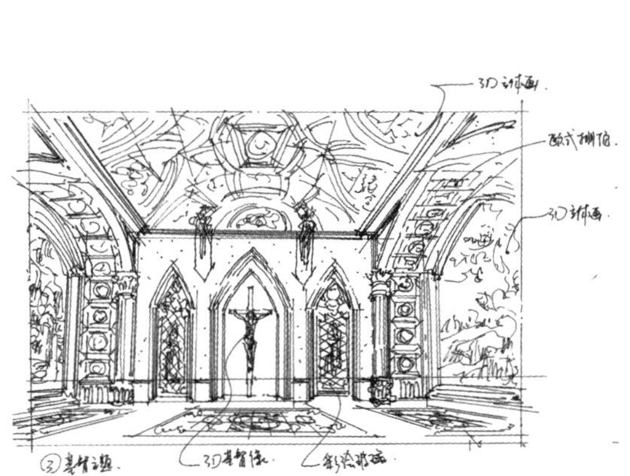

图 4–31

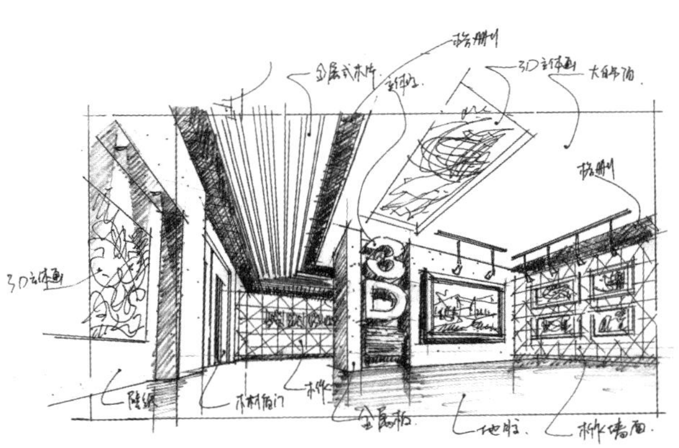

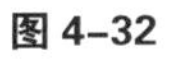

图 4–32

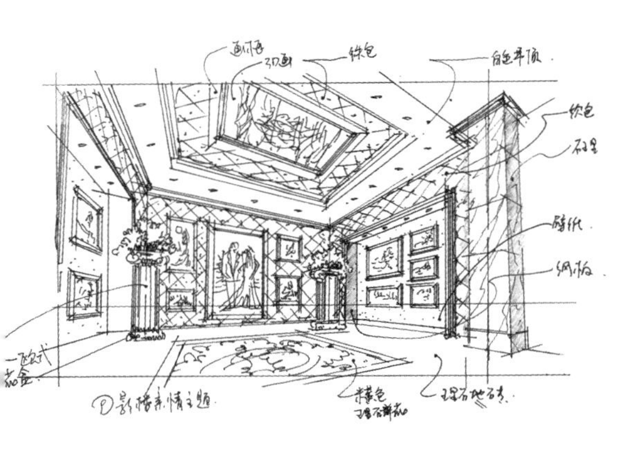

图 4–33

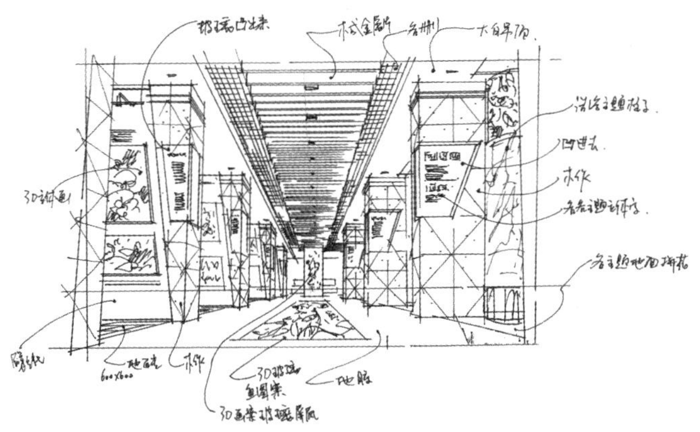

图 4–34

图 4-35 表现的是比较大的空间，图中用不同深浅的线来营造空间的氛围，也以此说明整个空间的层级的关系，这样不同的线条对比能使手绘图看起来更直观、主次更分明、结构更清晰、尺度更准确。

图 4-36 是大型的娱乐度假酒店，手绘图中需要表现的重点是把大场景空间中的吊顶和地面的装饰物很好地体现出来。具有象征意义的装饰和空间形式以及通过这些形式体现出的不同的风格和文化贯穿在整个空间中，所以手绘图需要通过更多细节传达方案中的符号，如吧台上的纹样和符号、吊灯上的装饰都是支撑空间设计的重要元素。在透视上，大空间需要相对准确一些，如水晶吊灯仰角的角度。

手绘图的表现首先要考虑到方案的深度和对方案的输出，其次也要考虑到设计的可实现程度和预算造价等。

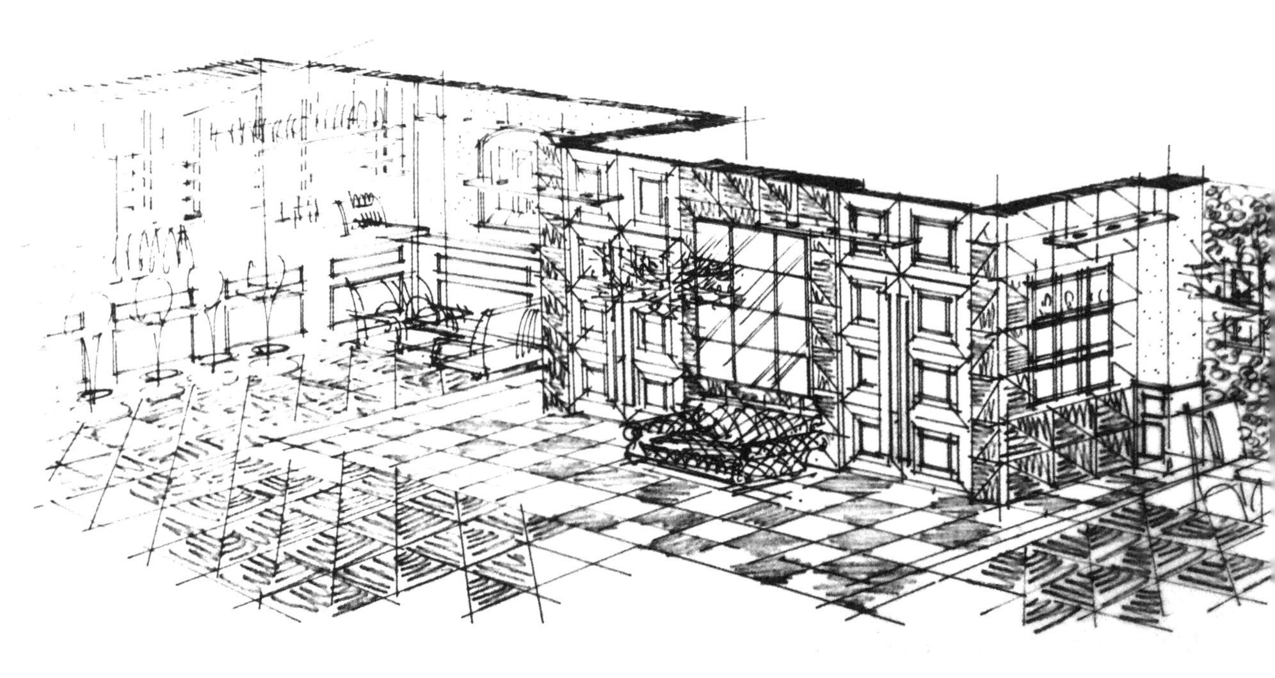

图 4-3

图 4–36

图 4-37、图 4-38 是营销中心室内外的设计图，表现建筑的图纸主要表达建筑表皮的块面关系和材质尺寸，室内图表现材质之间的相互衔接，并用一些轮廓线来体现出方案的完整性。室内手绘图的表达相对更直观。

图 4-39、图 4-40 是关于室内设计的详细图纸。这些图纸更多要表现的是对空间材质、比例尺寸的研究。比如像美式风格的设计方案，可能需要一些口线、木作花纹等元素，所以会通过一些轴测图说明比例尺寸问题和空间的进深关系。在中小型的设计团队中，手绘设计在制订方案的前期更多的是起到交代空间比例尺寸、材质和功能分区情况的作用，后期的手绘还可以绘制一些立面图，在里面标明室内家具详细的尺寸、地面的高低差等，还可以配合墙面 logo 的手绘图，标明字体设计和材质的使用，使方案的表达更加详细和丰富。在对空间布局、比例、材料等有更多了解的情况下，手绘图就会很自然地展现出来，如果在对设计方案细节不了解的情况下，手绘图对整个项目推进的意义就没有那么大。

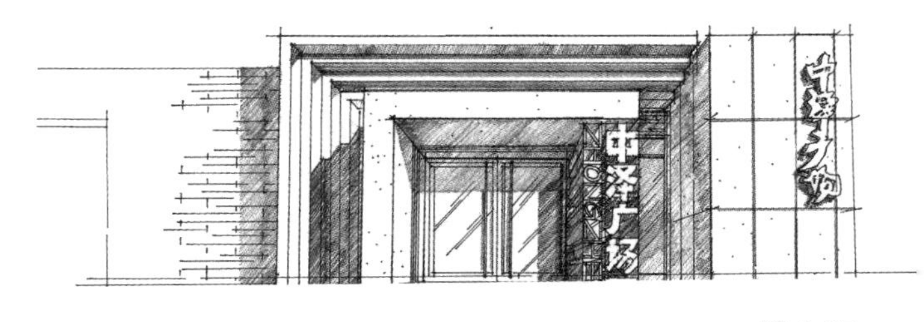

图 4-37

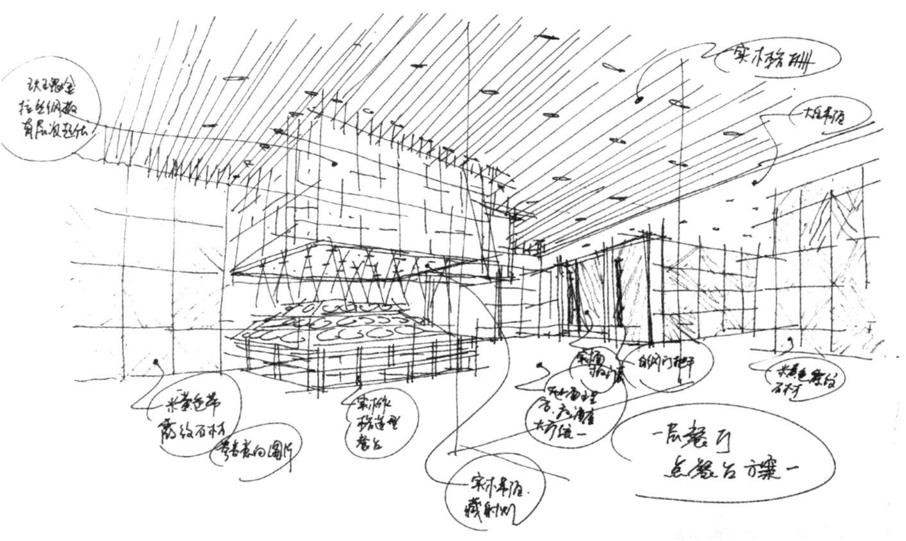

图 4-38

图 4-39

图 4-40

第三节 用手绘促进团队合作

随着业务量的增长、设计团队的扩大，设计师有时候需要扮演更多角色，把更多的精力分配到团队运营上，这就需要设计师在非常密集的工作中精确地划分自己的时间，快速地转变思维，同时，还要快速地提高团队的执行力。

如果是超过 20 个人的设计团队，一般就会分组。比如，有核心方案组、表现组、软装组、施工图组、平面组等，每一个新的项目都由一两名方案组的设计师带队，抽调不同组的成员组成临时的项目小组来完成。这样的管理模式会大大提升工作效率，反馈时间也更短。但是这对设计师来说，可能就会没有过多精力用在一个单体图的表现上。手绘表现有时会在一个非常极端和快速的情况下完成，所以在一个中大型的设计团队中，手绘设计往往是庞大的工作体系中的一个前端思路的表达。有的时候手绘设计是在经过了深思熟虑的情况下绘制的，但是有的时候可能是在平面方案还没有确立的情况下就开始了，也就是对空间一个整体的理解和直观的印象。所以设计师不要纠结于手绘设计是发生在什么场合或者在设计的哪一个阶段，它是设计师对当下项目的理解，在没有任何平面布局支撑的情况下，它是设计师对空间最直观的感受。同时，手绘设计也是设计师表达自己和与人沟通的一件“利器”，这件“利器”可以让设计师在不同场合、不同心境下随心所欲地表达思想和逻辑。这样的手绘承载着设计师内心的感受，已经远远超过表现本身的意义。

手绘图运用的是感性的绘画的表现形式，表达的却是理性的专业内容，就像水和火的交融。表现在纸面上，手绘图可以有各种各样的形式，如有些图很规整，有些设计大师的手绘图看上去很潦草，因为每张图创作的环境不一样，绘画者的心情也不一样。

本节中分享的是在方案设计前期绘制的手绘图，从这些图中可以看出概念前期的手绘图是什么样的状态。

图 4-41 ~ 图 4-43 画的是一个售楼处。绘制这些图的时候，设计师在和客户一起探讨关于地产营销和服务的想法。其中提到的关于地产营销的理念有助于设计师理解售楼处空间，在这样的情况下，设计师随手勾勒出一

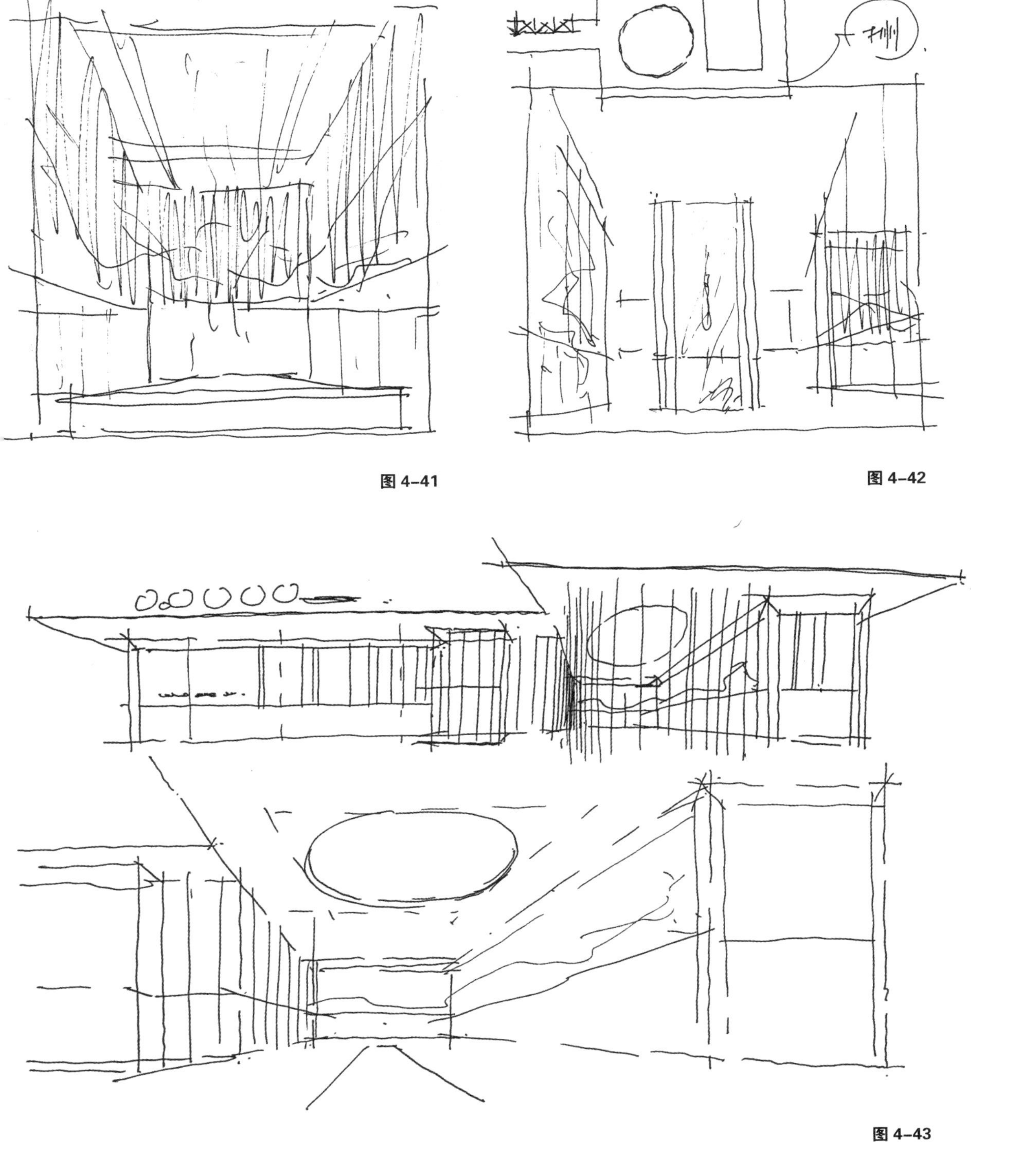

图 4-41

图 4-42

图 4-43

些对未来空间的想法，如沙盘上方应该是什么样。图中画了一些竖向的木纹，还表现了棚顶和墙面之间连接处的处理、屏风和玻璃的处理。另外一张草图勾勒了建筑的外观，让室内外空间能互相融合，用玻璃材质模糊了室内和室外的界限。

设计师的方案除了要表现美之外，也要有对市场的理解和对营销理念的理解，并能满足客户的造价要求。

图 4-44 画的是一间咖啡厅。设计师在与一位咖啡厅的女老板聊天时，这位优雅的女士谈到她梦想中的咖啡厅应该是什么样子——咖啡厅就像一个透明的玻璃盒子，里面要有一棵大树，还有清新的空气，咖啡厅里能闻到湿润的泥土的芬芳。在聊天的过程中，设计师就把这个唯美的场所绘制出来了。图中表现了很多元素，有天空、玻璃、植物等，画天空是为了表现玻璃的透光，画植物是为了表现自然的植物与木头材质如何结合。地面上还绘有一些石头和苔藓，整个画面很舒适，把人脑海中的形象直观地表现了出来，这就是一种自然的流露。

对设计师来说，各个阶段的手绘图、效果图、施工图，甚至包括设计费，往往都没有一个项目真正落地后带给他的精神愉悦更多，但并不是其他环节都不重要，正是每一个重要的环节叠加在一起，才产生了一个更好的结果。

图 4–44

图 4-45 表现了一个餐厅空间。设计师在一个餐厅中走过的一瞬间，觉得这个空间应该是图中的样子——吧台在拱门的左侧，右侧拱门旁边有植物墙。

图 4-46 是一个 logo 设计。这是一个以“桃花源记”为主题的餐厅 logo，logo 中的四个字是“桃花源记”的变形。提到这个四个字，设计师脑海中浮现出了粉白色的桃花，一片一片地在风中散落，所以 logo 的设计想要营造出一种轻盈曼妙的感觉，字体的设计舒展、流畅，也很立体。

图 4-47~ 图 4-49 是一个售楼处。对于以营销为主要目的的空间来说，人们在室内的感受和体验非常重要，所以设计方案的思路是如何带给使用者舒适感。设计师希望把室内空间和室外空间融合在一起，把室内空间的设计语言拿到室外，在室外做一些叠加和超现实主义的元素。

图 4-45

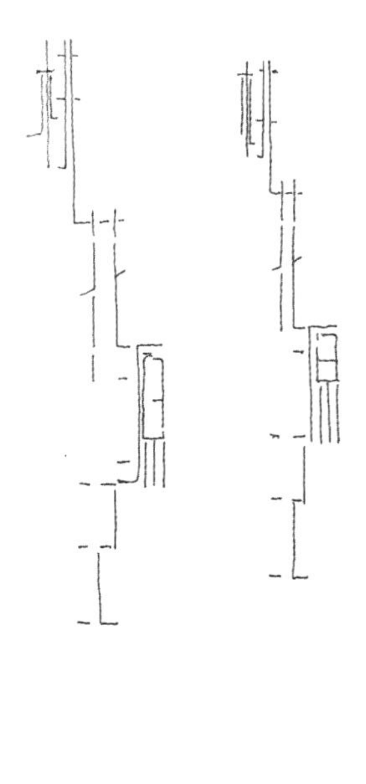

图 4-46

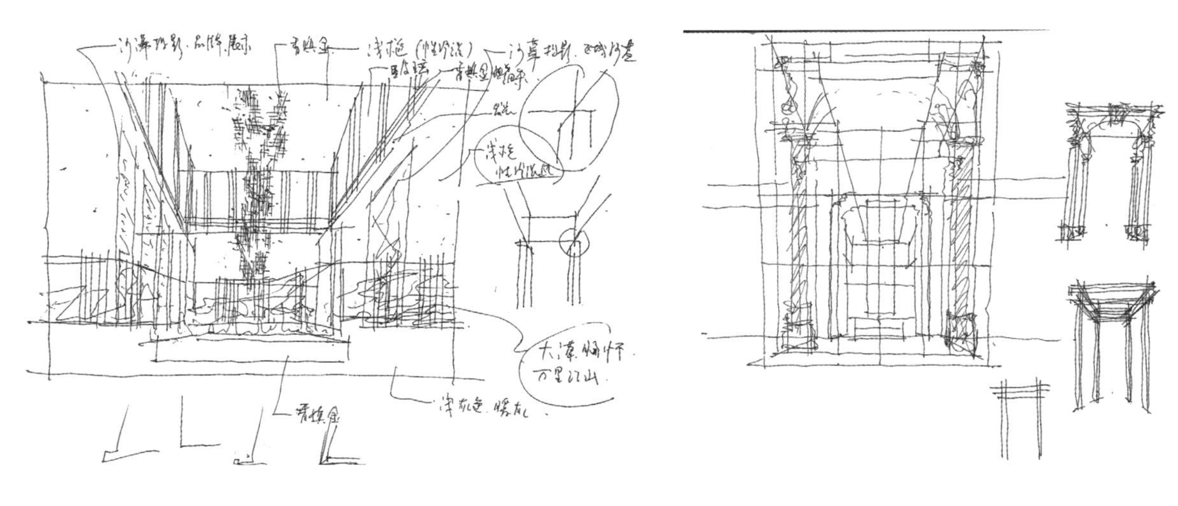

图 4-47

图 4-48

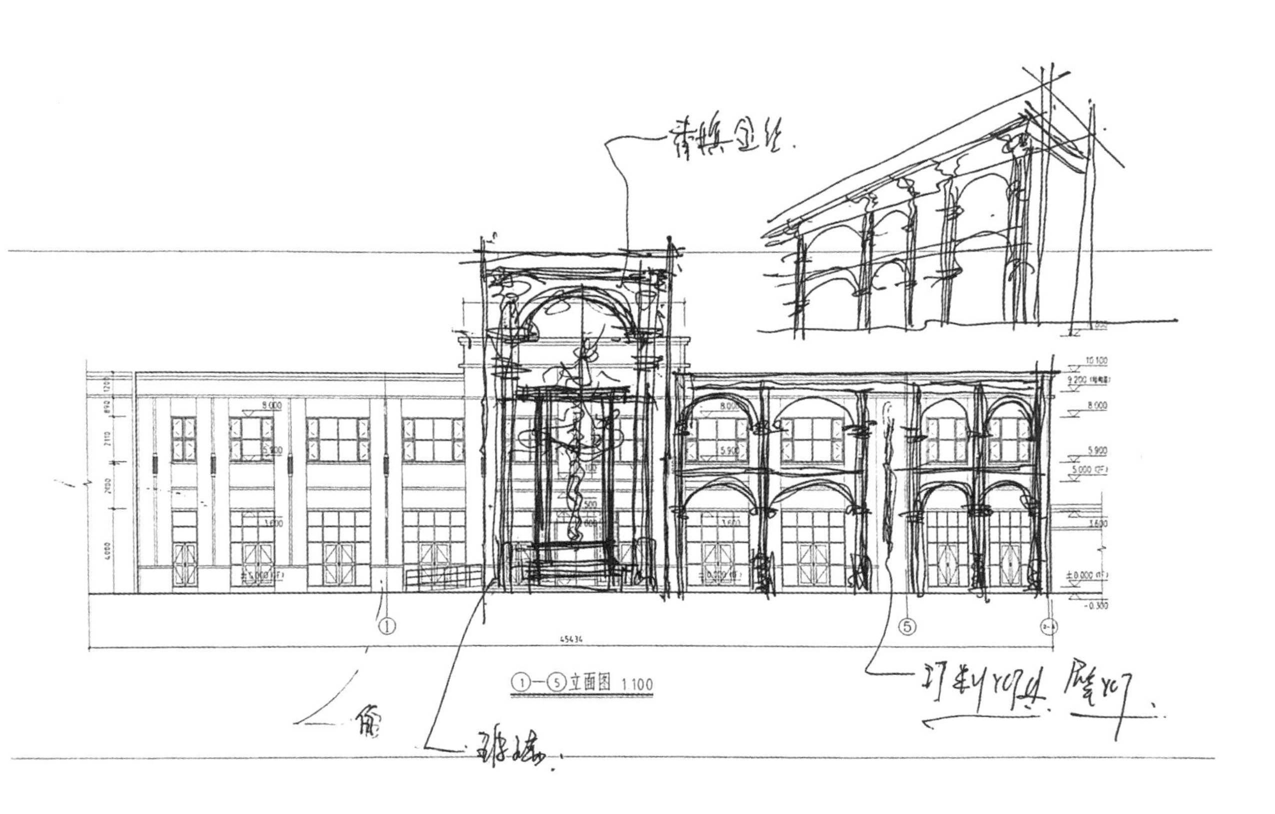

图 4-49

图 4-50 是一些在工地绘制的立体的空间。这些草图比较抽象和凌乱，对业主来说很难识别，但这是设计师互相之间交流和沟通的工具。

图 4-51、图 4-52 是一些有戏剧性效果的设计图纸。通过这组图意图探讨这样的问题：人进入一个空间中第一眼会看到哪些东西？是先看到地面、墙面、棚顶，还是先看到空间中的艺术品、雕塑等主体装饰？

图 4-53 是一个餐厅建筑，它的外立面是上下贯通的，墙面是玻璃和白墙的结合，搭配一些植物，这些植物也是组成空间的一部分。把这些元素融合在一起，就形成了相对来说比较完整的空间结构。

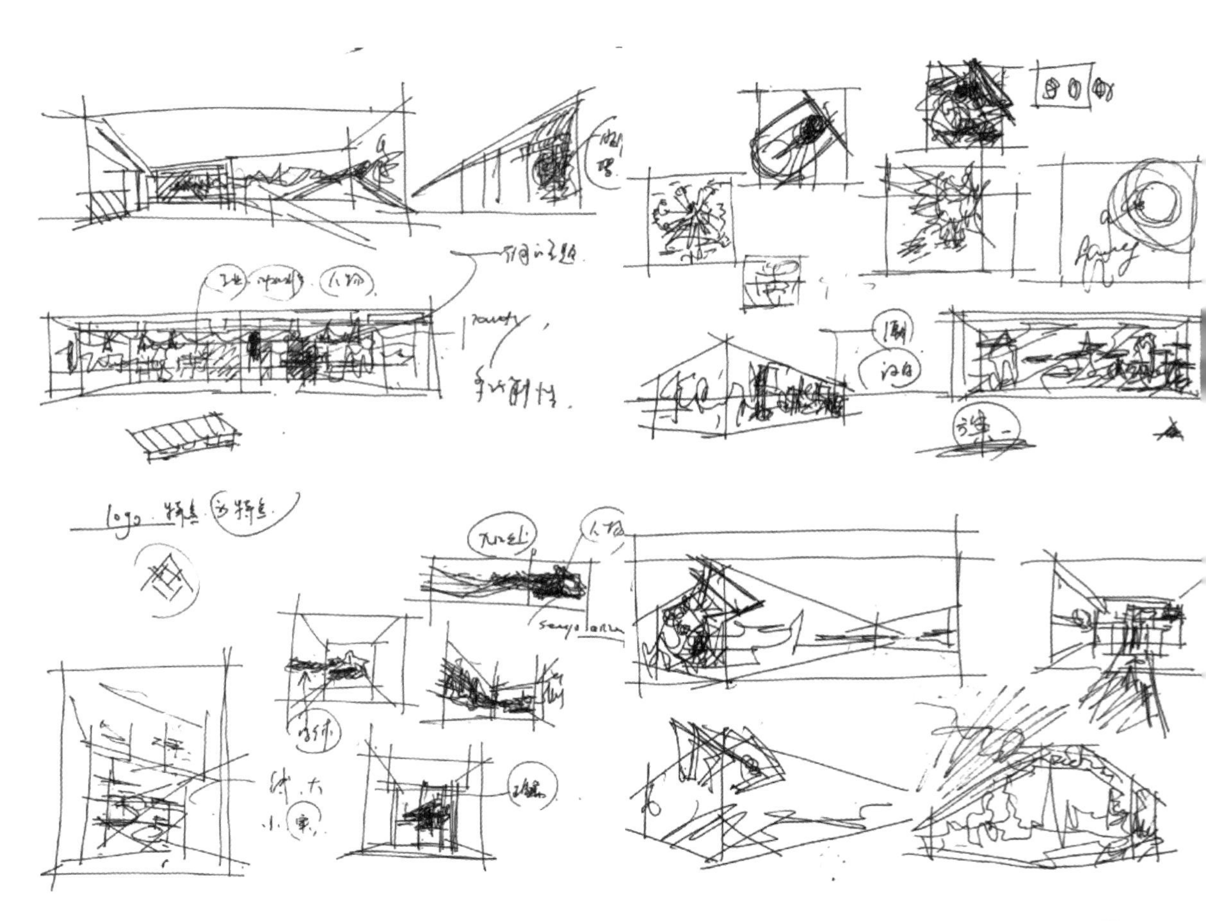

图 4-50

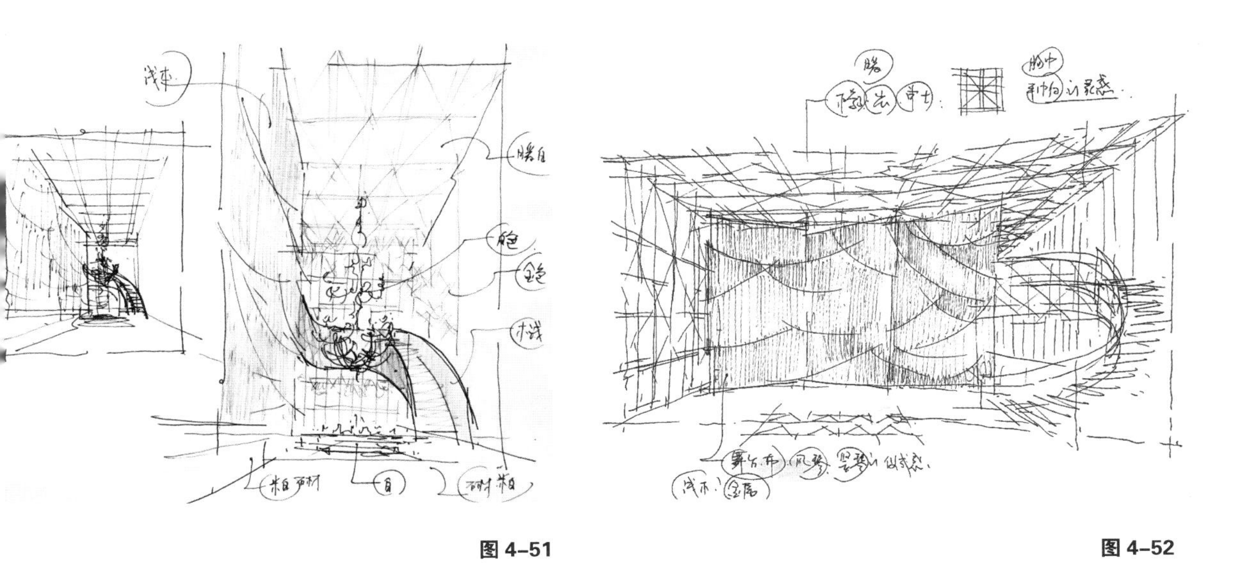

图 4–51

图 4–52

门制设计logo。
一层二层上下贯通的

水泥墙。
不事抹的太平

玻璃上下通透
一层二层对应，落地。

logo

浅木色，粗糙木板。

木板，墙面和一层
初的门的下线

logo

青基金色。

有粗糙感。
木板，浅色。

谷花色

· 落地玻璃
· 水泥墙
· 粗糙浅木
· 沙漠植物
· logo

* 夜间照明：logo亮
植物亮
水泥墙亮。
木板面也亮。

澳洲沙漠植物。
植物的外侧和内侧
都有季而也。

主入口，是粗糙的拉门，
浅粗色，保温道
内有门厅。

澳洲沙漠植物

大范围的
理念

图 4–53

图 4-54 是一张学生的习作。图中表现的是一个立体构成，通过这个形式表现一个人在不同年龄段的经历，就像一个人生阶梯，不同的高度表现人的不同年龄段，在某个时间段人会经历坎坷，在某段时间会迎来人生中重要的转折，表现在画面中，有时候阶梯会在空中悬浮，有时候阶梯是一个垂落的装置。虽然这只是一个抽象的想法，但是非常有创造性。

图 4-55 是一个手盆的设计，对室内设计师来说，属于跨界的产品设计。手盆这样的洁具与每个人的生活都息息相关，人们每天早晨要使用，晚上也会使用，就像一个循环。这个产品的设计理念来源于设计师对人生的理解：手盆的外形方方正正，从两侧慢慢向中间深下去，就像人的一生有时表面看上去很顺利，但也会遇到坎坷，有起有伏。这样的寓意使这个产品看上去有趣了很多。

图 4-56、图 4-57 是一系列不同角度的美发空间。两张手绘图连续性很强，是设计师在与客户沟通后，回家的路上绘制出来的。这个美发空间比较小，设计师想把很多不同的元素融合在一起，使这个空间看上去更时尚。

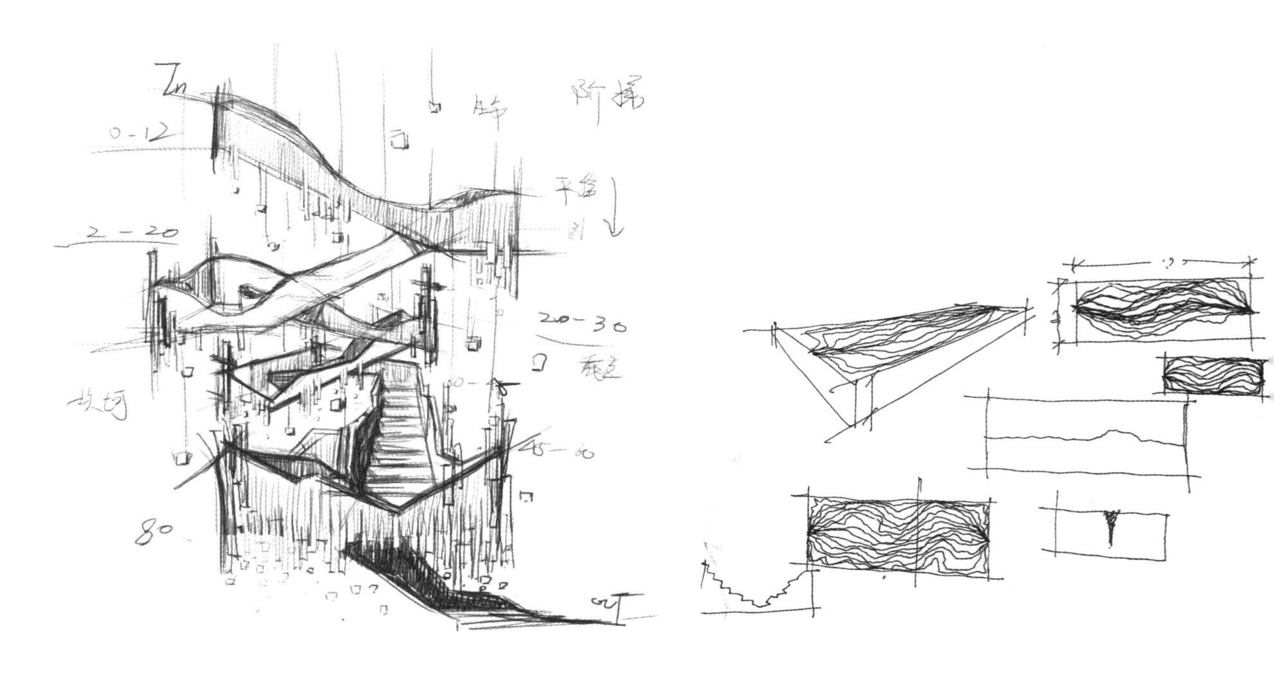

图 4-54

图 4-55

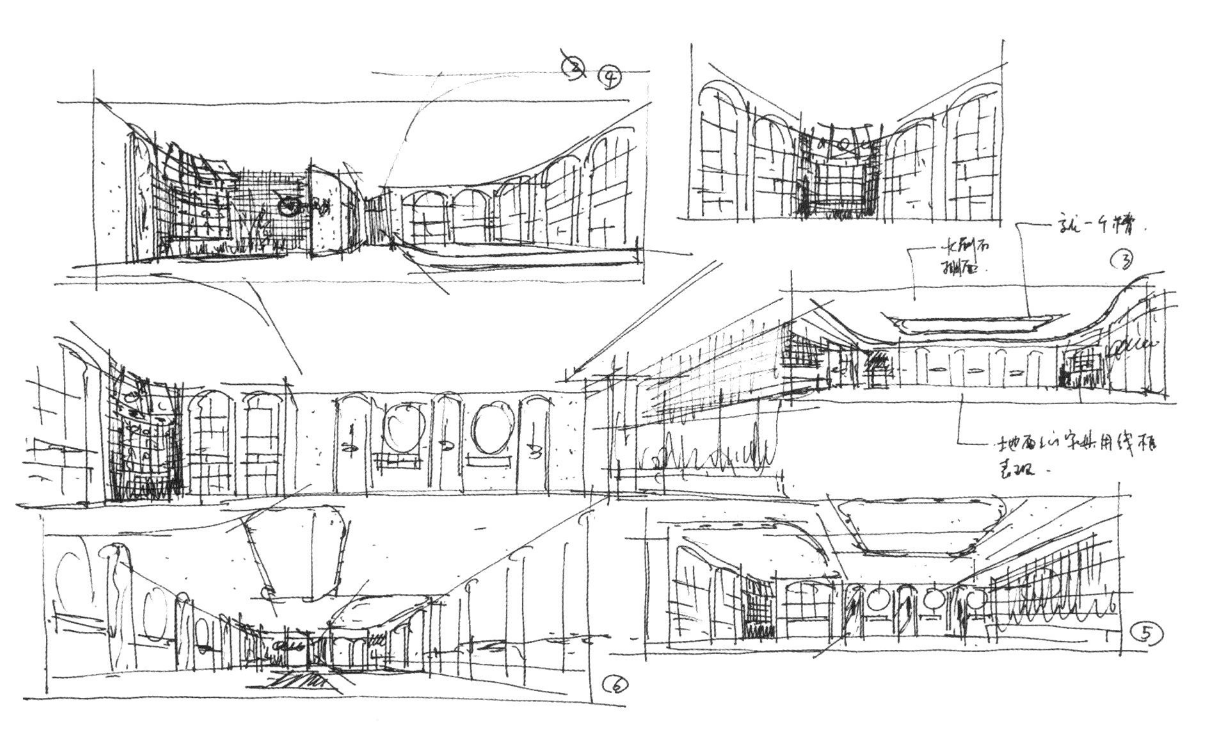

图 4–56

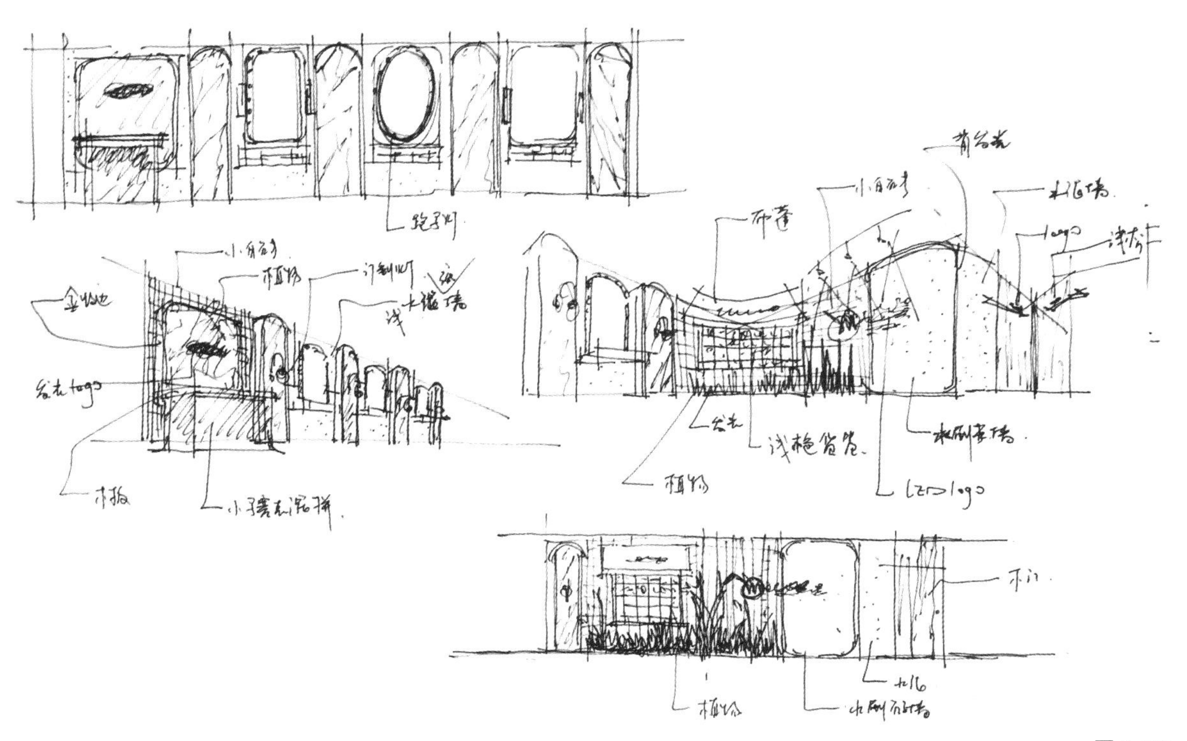

图 4–57

图 4–58 是一个商业建筑。图中想表达一种商业氛围，这就需要考虑到建筑的比例和尺度。人在离建筑较近或较远的时候，对建筑体量的感知会有不同，会影响到人对建筑比例和尺寸的把握，所以设计师要从一个宏观的视角审视自己要表现的物体的形态，也就是在图中表现出“空间感”更重要。同时从这样的草图上也能看出设计师的工作安排，在不同的工作状态下，人的心理和生理上会有变化，多多少少都会对手绘表达产生影响。

图 4–59 表现的是一个室内休闲和展示空间。设计方案想表达舒适的感觉，在表现层面上，图中有立面的节点，局部的构成和整体空间的搭建，还有座椅、灯具、铺装之间的比例关系，这些在手绘图上交代的“轮廓”会使设计师对空间有一种直观的认知，这种认知是设计师最初始的感觉。

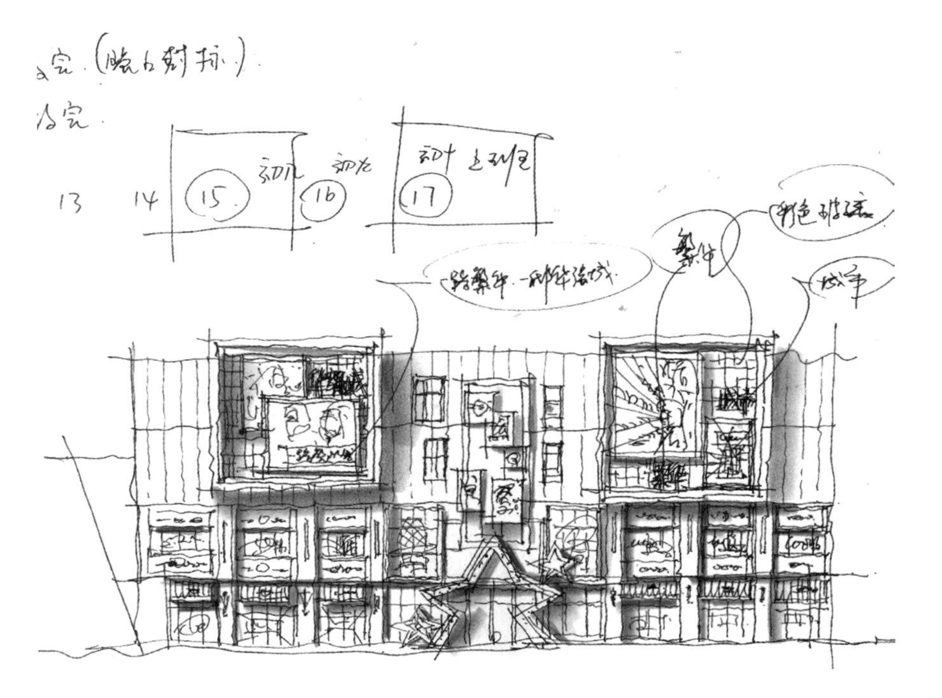

图 4–58

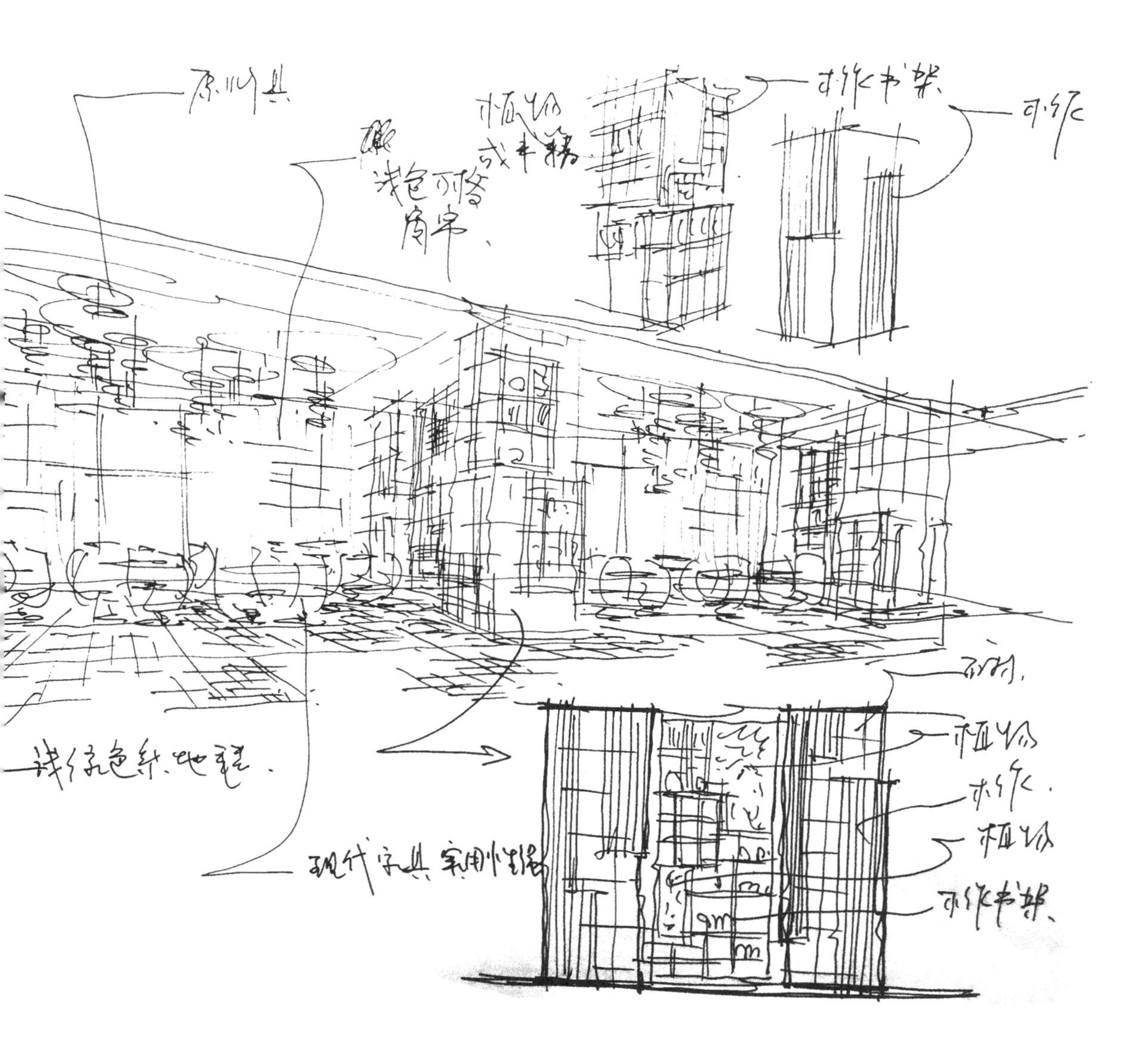

图 4–59

图 4-60 表现的是一个地产品牌的展厅。展厅把传统展示、新媒体展示和人在其中的互动体验融合在一起，从平面布局到空间构成一气呵成。空间非常有序，立体构成的形式像折纸一样可以打开、折叠。设计师还提取了一些地产品牌原有的设计元素——VI 形象、标志性色彩等用在空间里。

图 4-61、图 4-62 表现的是一个地产展厅。设计方案需要能代表地产品牌的调性——年轻化的客户群、极简的生活态度、都市“轻生活”、可批量生产的模式。怎么能在画面中体现这样的调性？如何能在符合地产品牌调性的基础上打动客户，迎合市场？这就需要设计师在出方案之前就对整个项目有充分的了解，包括项目本身和它背后的客户。这个项目的材质使用比较简单，空间中使用了大量的浅色，想通过单色营造整体空间。

设计方案的创新是基于设计师对业主和业主所对接的市场的认知，这是在设计师原有认知上的一种提升。无论从哪里作为切入点，其实都是解决问题的方式，设计师不应该拘泥于解决问题的方式，更应该深入思考如何解决问题，这种逻辑思考的过程是设计师进行创新和迎合市场的手段。而经过了逻辑思考之后，用手绘表现的形式输出想法这个过程也会变得更自然。

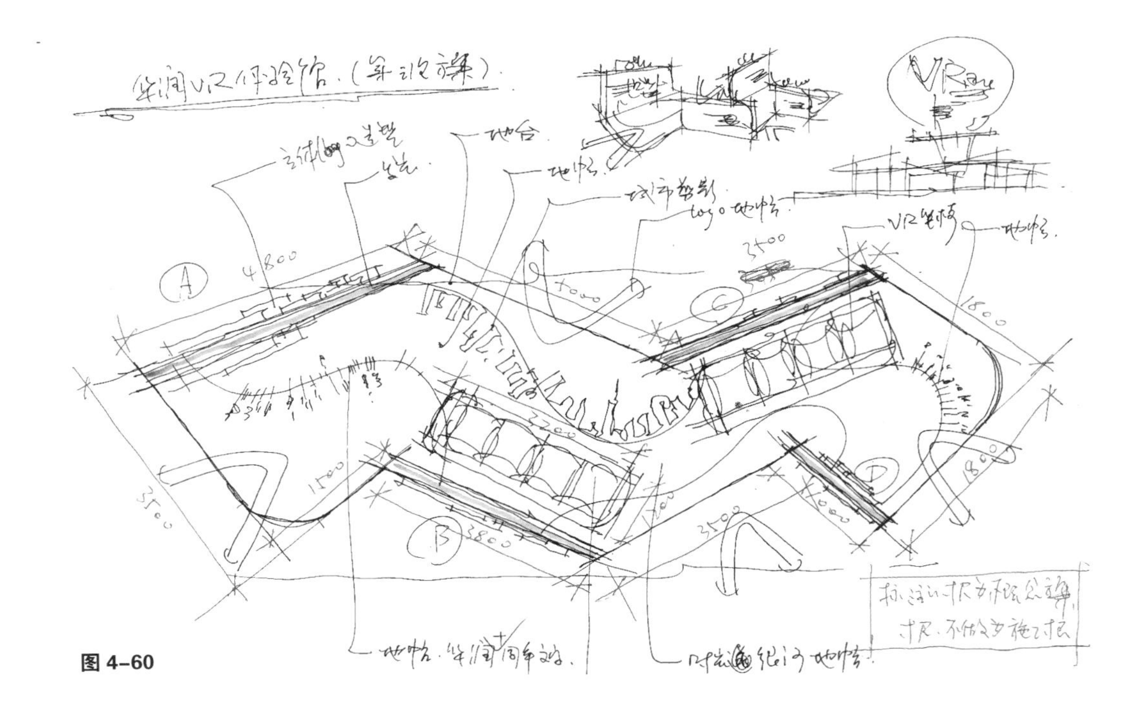

图 4-60

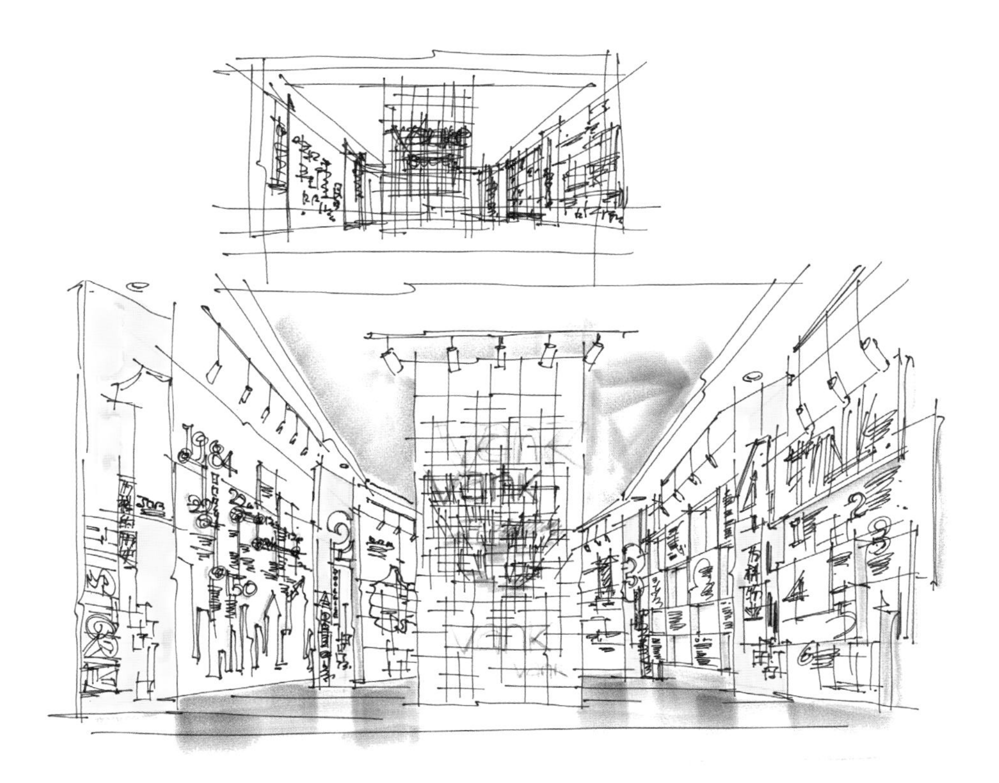

图 4-61

图 4-62

图 4-63 是一个商业建筑的外立面。在设计上难度并不大，但是在立面的尺寸、节点的尺寸上需要考虑得更加细致。在表现形式上，设计师采用了比较轻松的速写形式，想营造出一个简约、时尚的空间。这也是设计师对生活的理解和诠释，手绘表现只是一个输出的结果。

图 4-64、图 4-65 画的是一个展示空间。设计师想在这个项目里面更多地体现现代城市中的科技发展和城市的生活，如 3D 打印、裸眼 4D 技术，还有信息无障碍交流为生活带来的便利及以对都市生活的改变。

在这个基础上。图中表现了设计师对于空间造型和空间形式的一些思考——把线性的或者重叠化的语言符号罗列出来，将通透的材质和多媒体的互动手段结合在一起，体现一种科幻的感觉。这些思考也是帮助设计师提升认知的手段。在思考的过程中随时勾画一些草图，这些草图中的内容不一定是一个成熟的思路，有些还需要探讨，但是草图可以辅助设计师思考，完善设计师的思路，也可以帮助设计师和团队进行沟通。

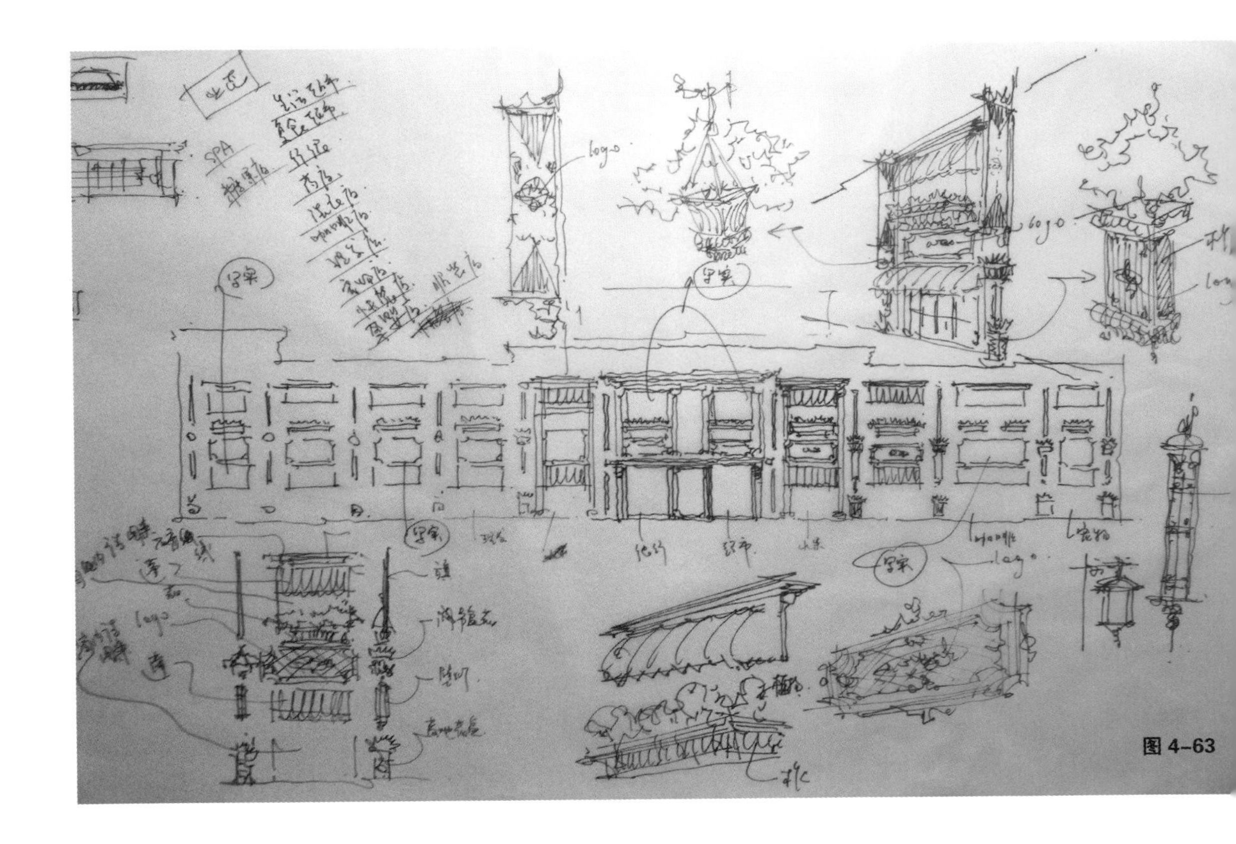

图 4–63

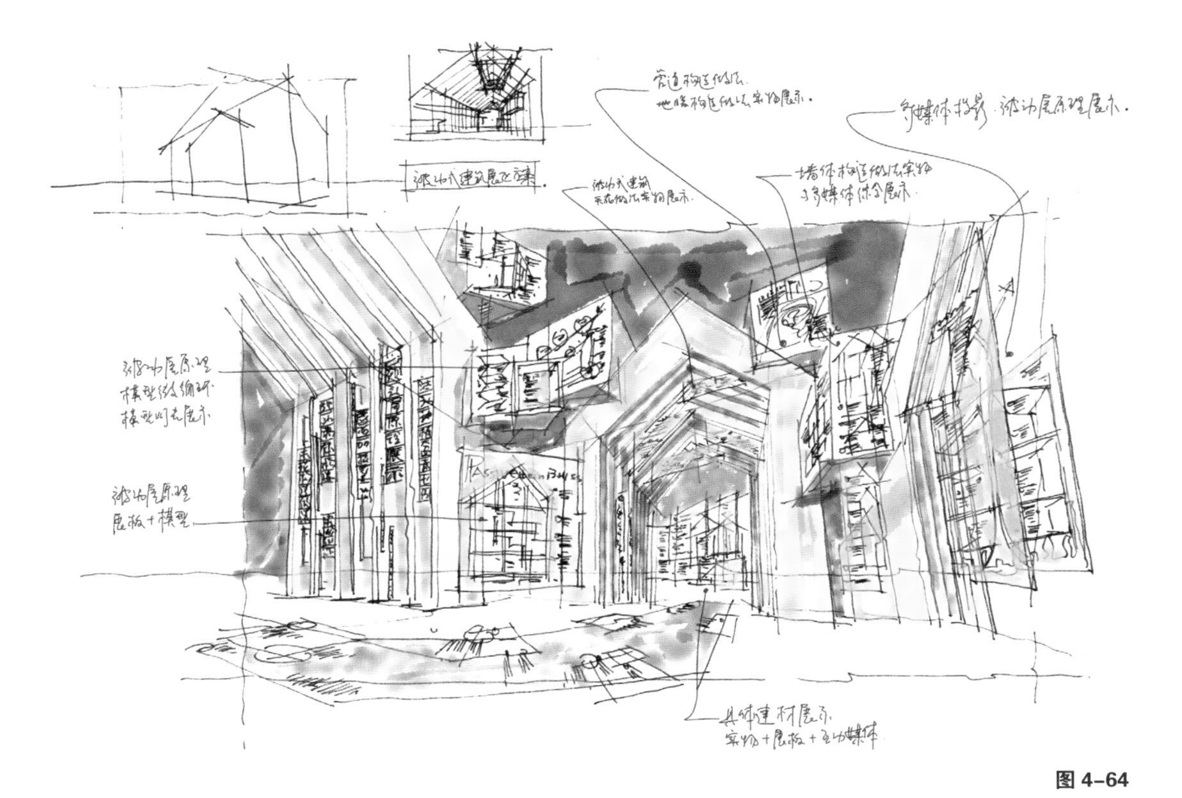

图 4–64

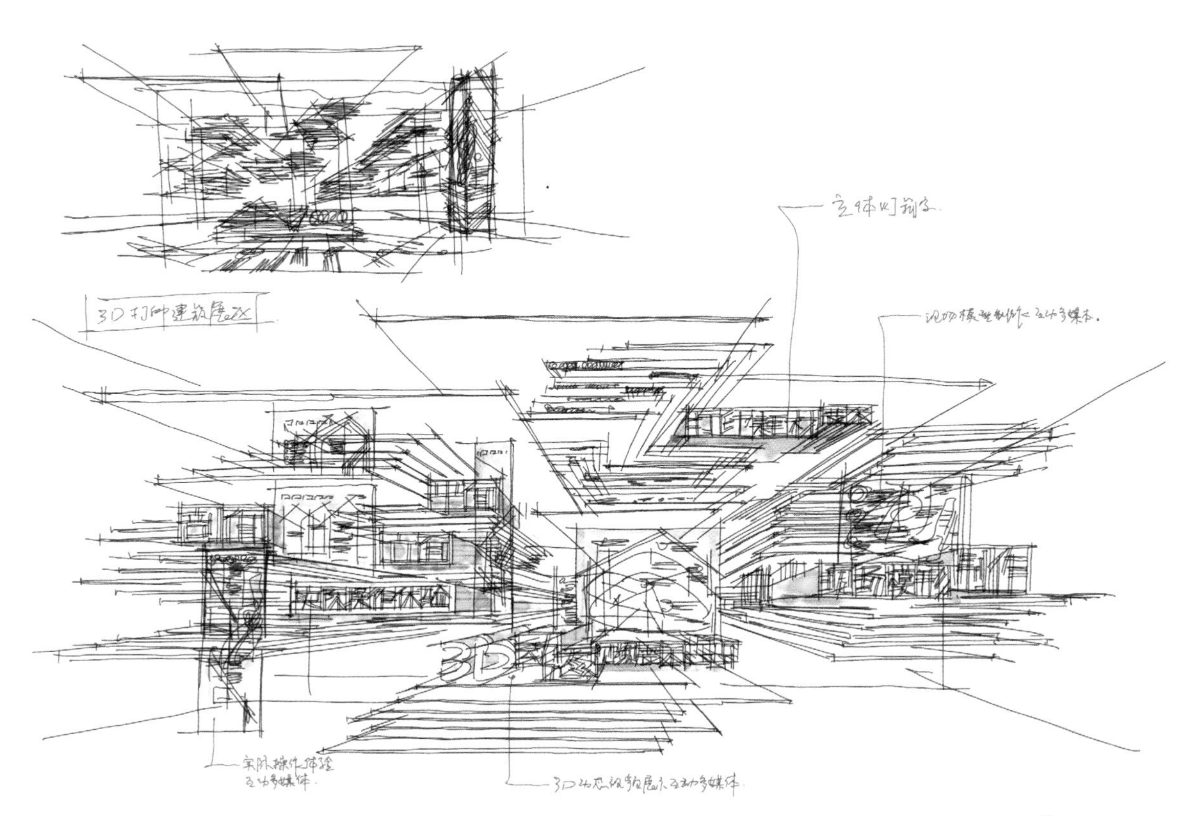

图 4–65

图 4-66 也是一个展厅的设计。设计语言很统一也很轻松，从中可以看出，有些图纸绘制得比较生涩，有些图纸看上去绘制得比较轻松，用线准确，像绘画一样自然，这些都反映了设计师当下的状态，有时在表达之前，对表达本身并没有做过多思考，有时思考会更完善一些。

图 4-67、图 4-68 是一些比较规整的室内展厅空间。设计师想通过统一的设计语言营造这些空间，但又需要有超出常规的形式。所以，设计师使用了一些重叠的符号和不同的材质使设计方案看上去既和谐又统一，同时也能在设计师的审美和大众审美之间取得平衡。

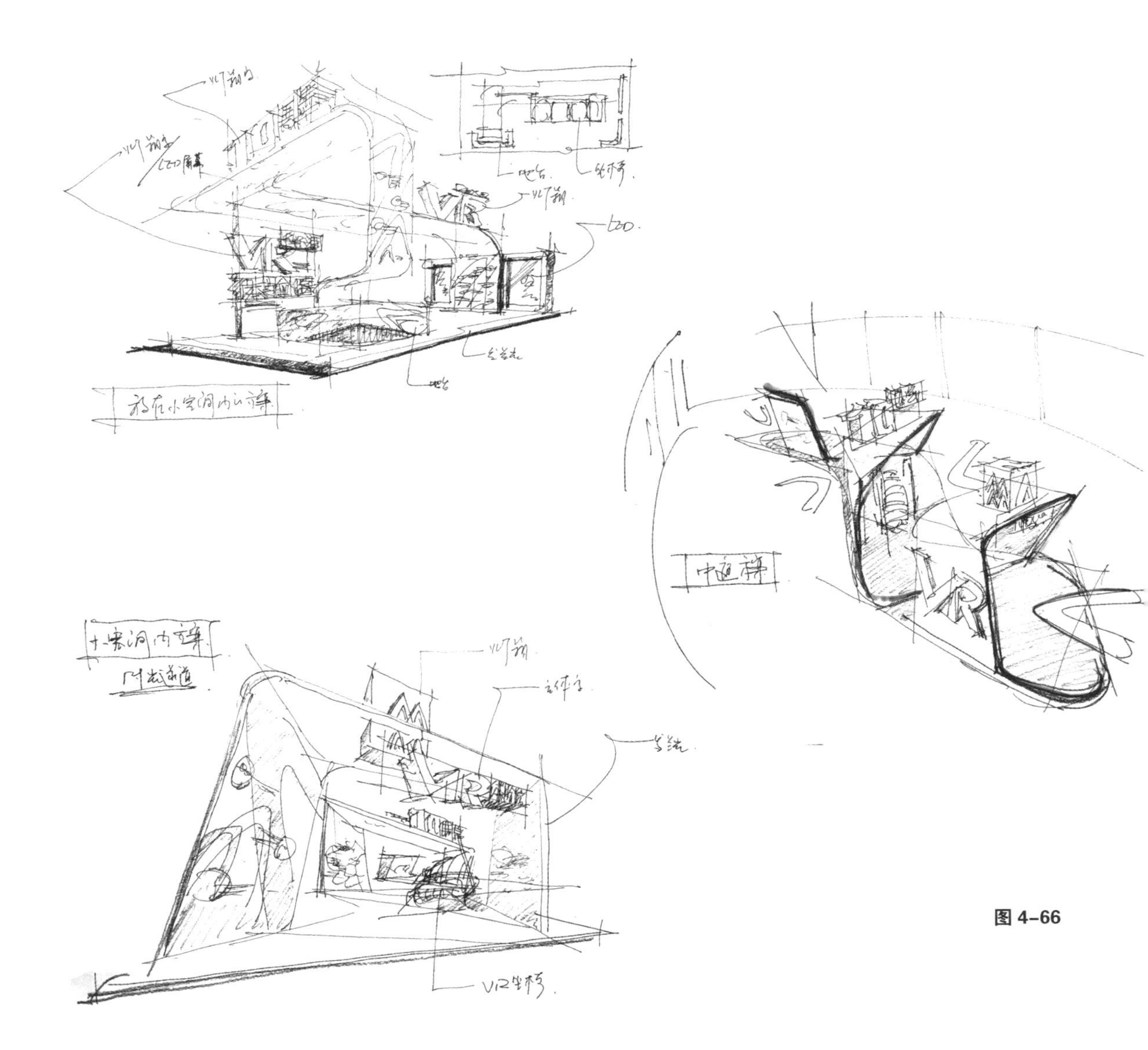

图 4-66

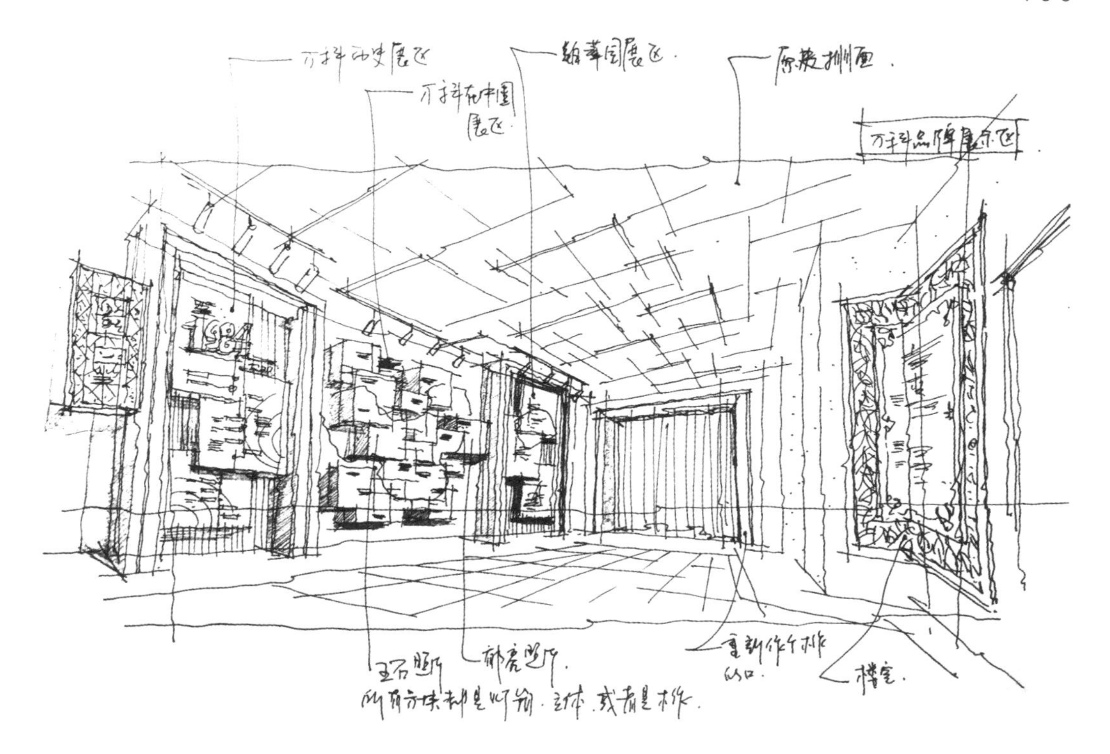

图 4–67

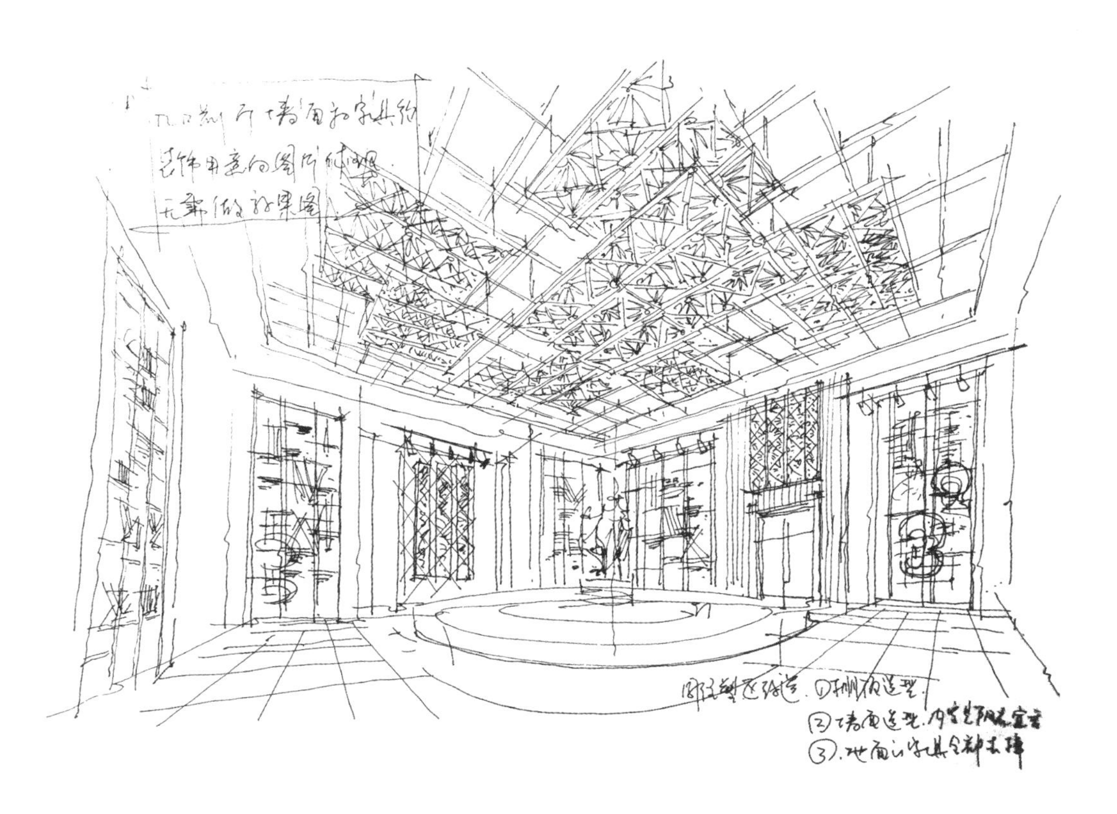

图 4–68

图 4-69~ 图 4-71 表现的是一个营销中心的室内和室外。这个项目在室外要保证景观的品质感，室内功能上要解决的是营销动线和展示、装饰在一个空间里结合的问题。从形式上看，这三张图看起来并不统一，室内主要用矩形和直线条表现展示空间，但室外要体现设计语言的整体流畅感，所以用了一些曲线营造返璞归真的感觉。室外的手绘图在表现上也运用了很多自然的元素。但是怎么把直线和曲线融合在一起，让参观者从室外走到室内能体会到设计的思路？这就需要在空间中提炼出统一的设计语言或元素。在这个项目里，虽然直线和曲线的形式有很大差异，但室内和室外的材质是一致的，木质元素从室外一直沿用到室内，而且在手绘表现的层面上没有过多强调空间中的其他颜色，画面非常干净。

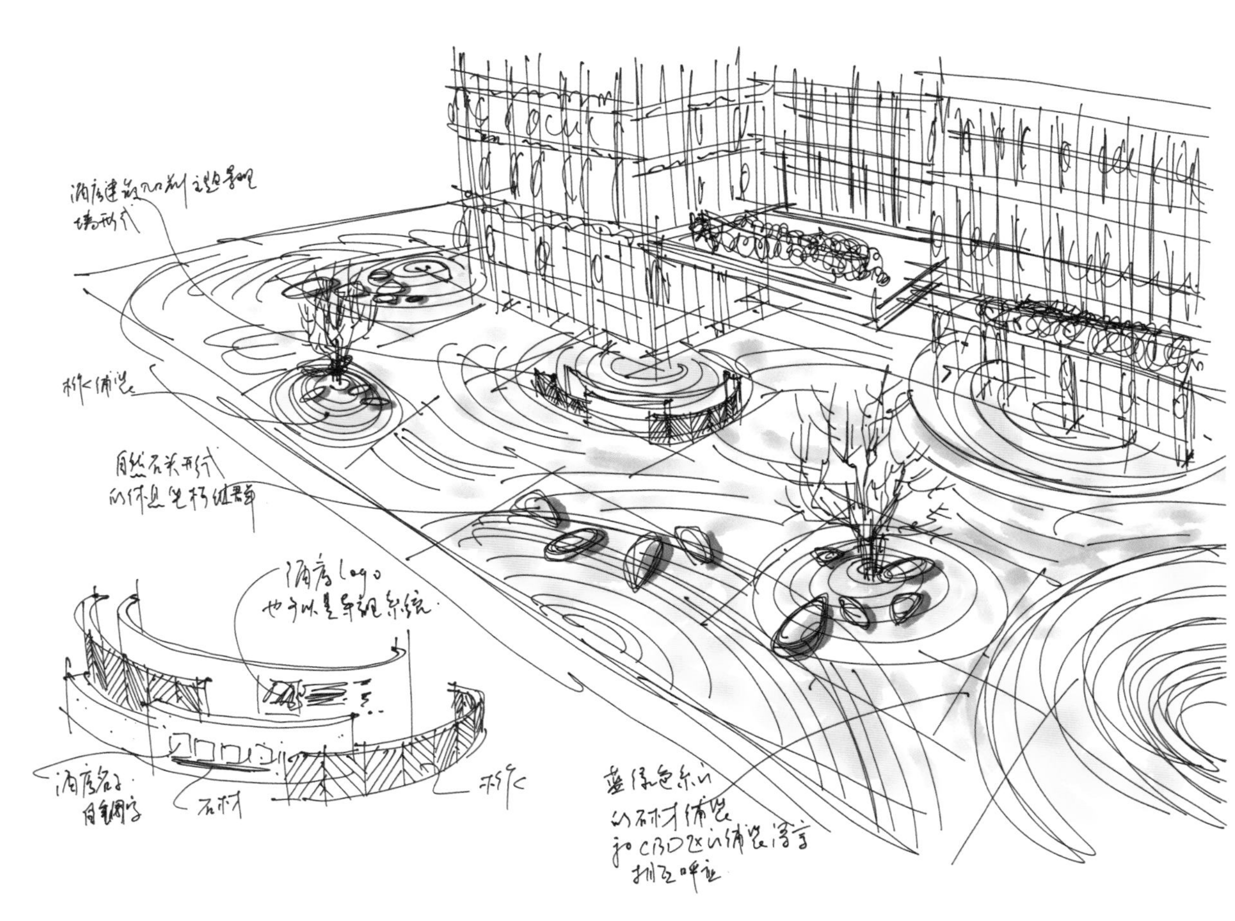

图 4-69

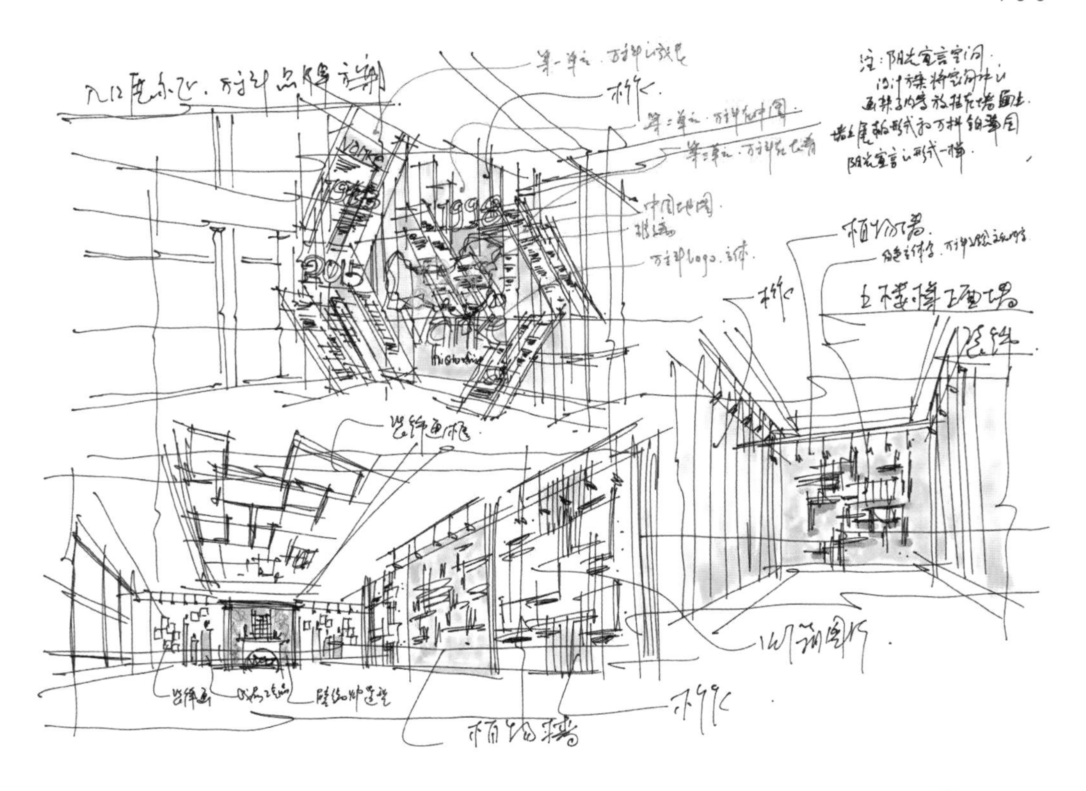

图 4–70

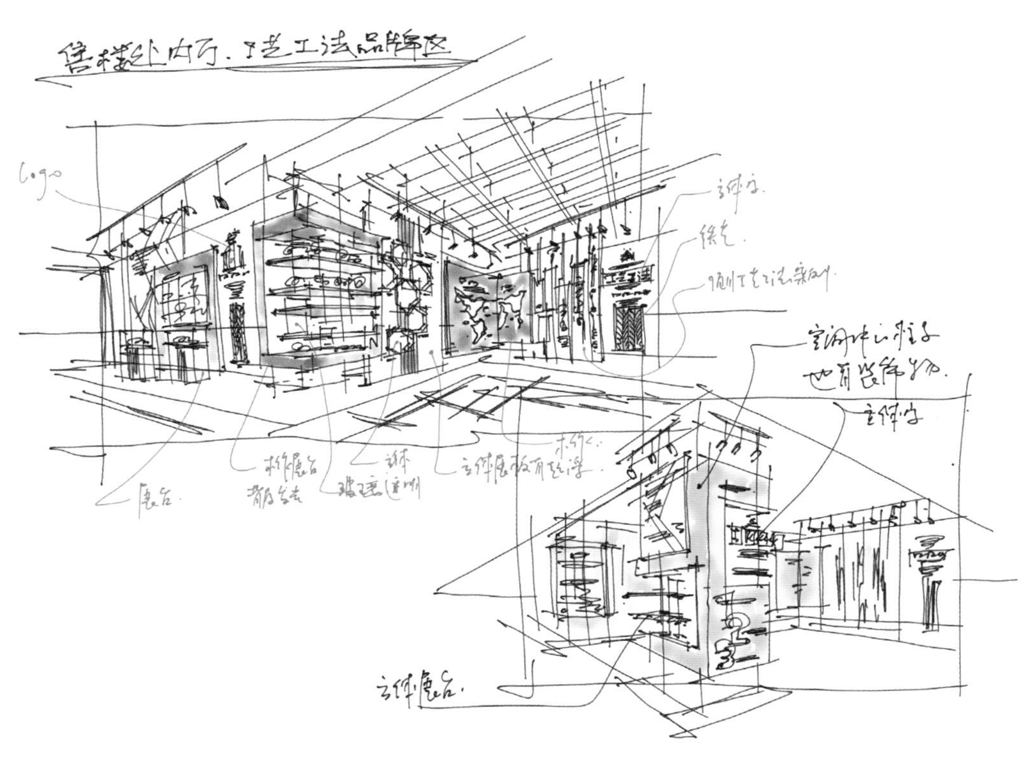

图 4–71

图 4-72 表现的是一个小展厅。设计师希望它的空间感和体量感都很清晰，所以把这里的墙体当作一个空间来看待：不仅在立面上有凸起和凹陷，同时在高度上也有变化。这样人在远距离观看的时候，就会看到几个不同的墙面结合在一起。

图 4-73、图 4-74 是比较详细的展厅手绘图。这两张图，第一可以告诉团队效果图的角度；第二可以表现出空间的构成形式，展示空间墙面上展示信息的排布情况，如展板的形式、尺寸、材质，展板上图片和文字的位置。

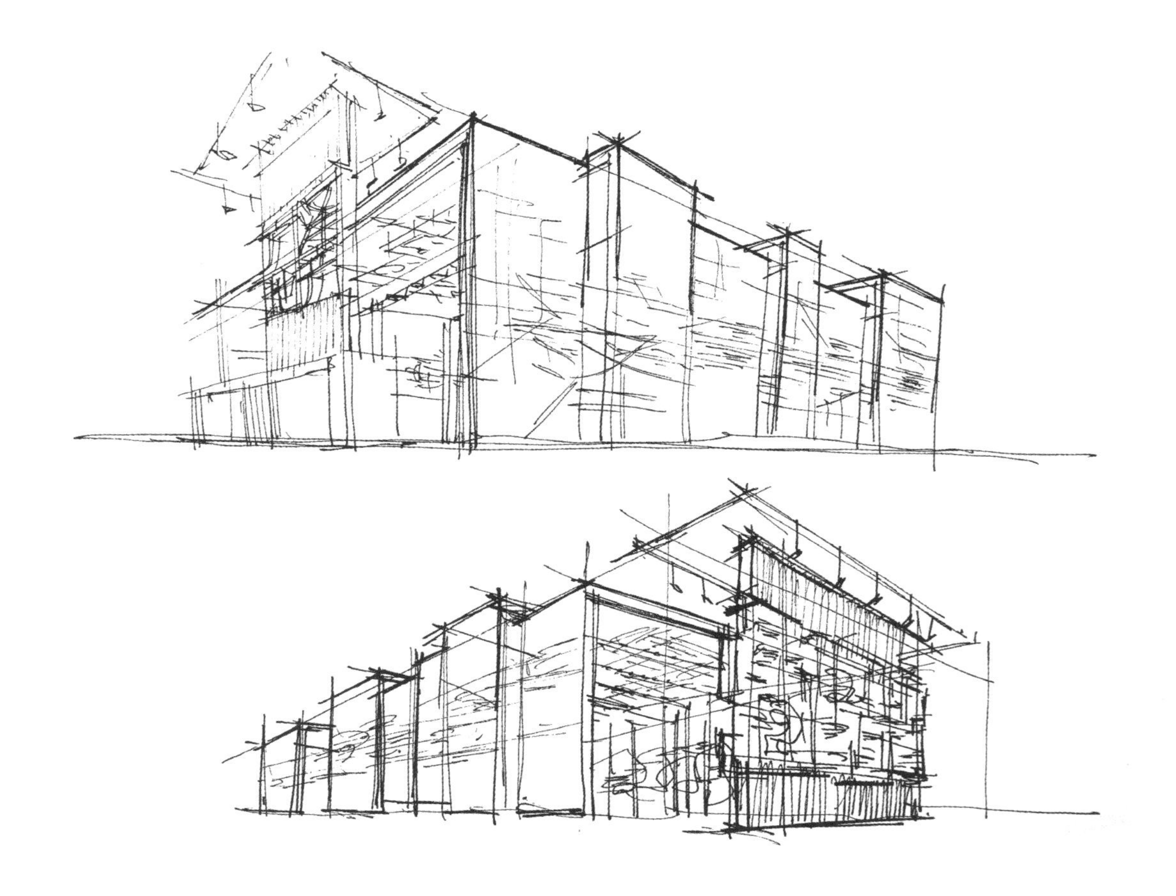

图 4-72

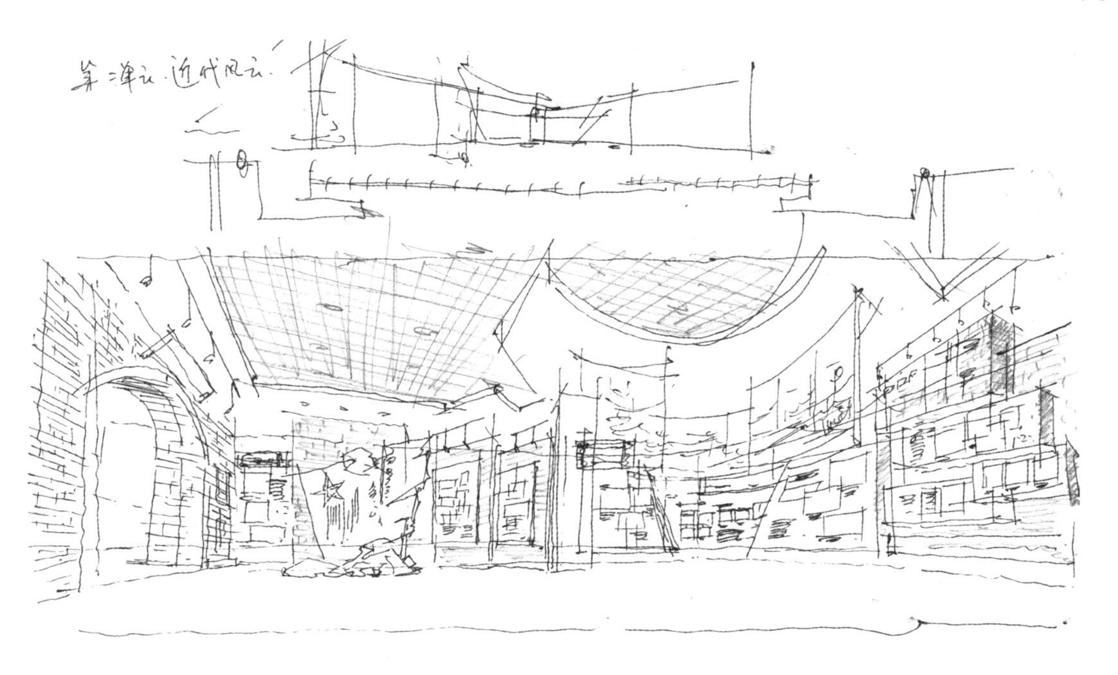

图 4–73

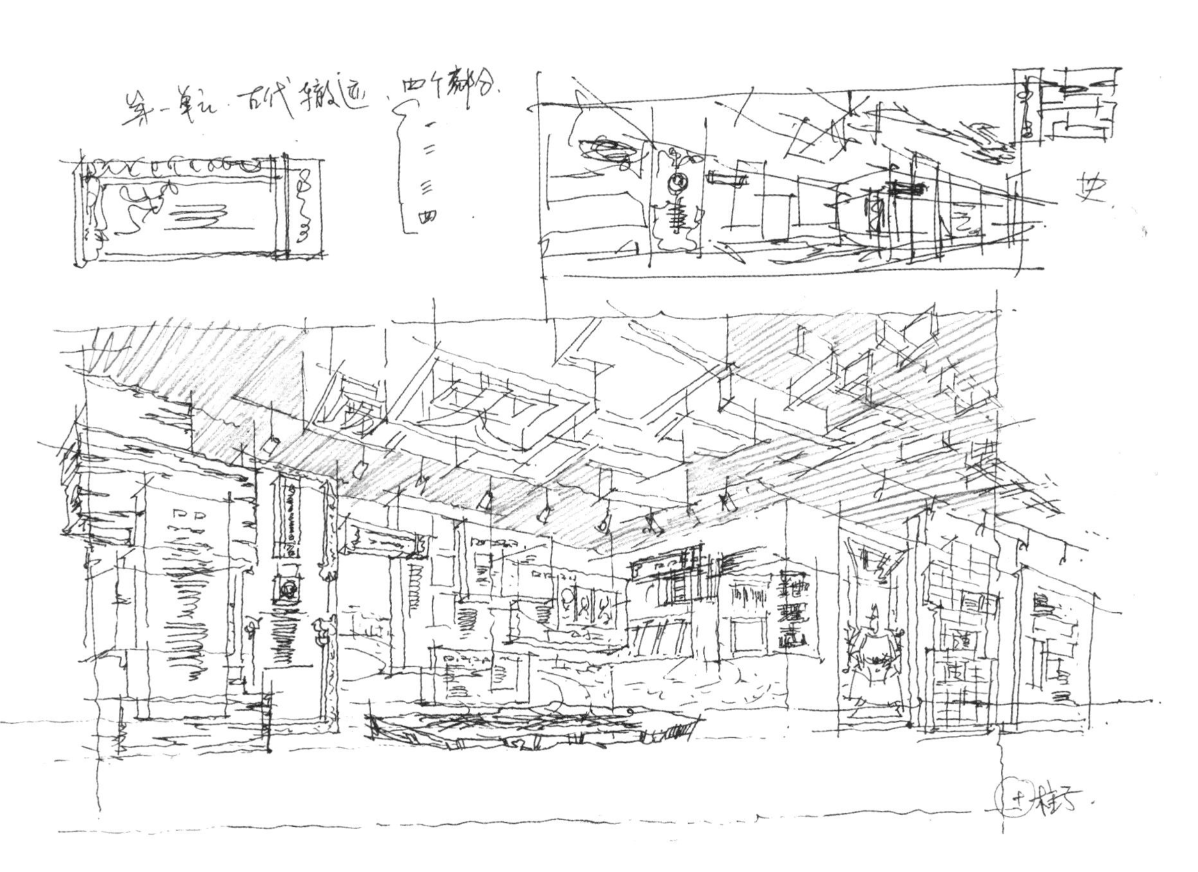

图 4–74

图 4-75 是一个营销中心的接待区。装饰语言方面比较常规，但在材质的运用上下了很多功夫。手绘图中重点表现了墙面的比例关系，吧台和背景墙上的 logo 的关系，沙盘区沙盘的材质，品牌展示墙面的比例关系，吊灯和棚顶之间的关系。图中各元素的比例和尺度推敲得很详细，目的是让效果图团队更清晰地了解项目。图中对主要材质的标注是随机填充进去的，这样的图纸单张图绘制时间在 30 分钟左右，是一个相对省时省力的表现方式。

图 4-76 表现的是一个临时搭建的展厅项目。项目想体现的是现代都市文化和商业展示的结合。在设计理念上，业主也希望能更前沿、更深入，所以设计师把地产品牌的商业思维看成一个现代的商业符号，探讨它为城市生活带来了哪些影响，从这个角度开展展厅的设计。手绘图推敲了立面的比例关系和不同的节点透视，也表现了展厅的体量。

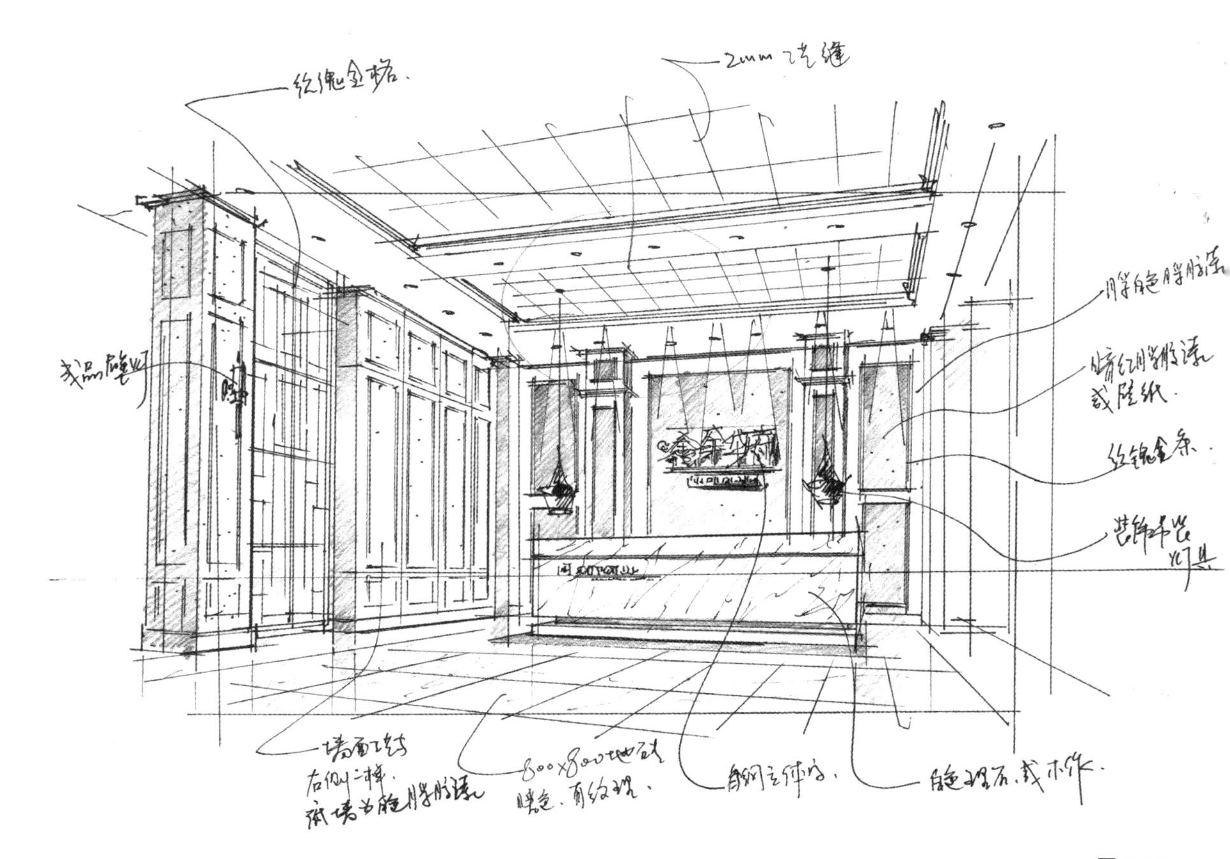

图 4-75

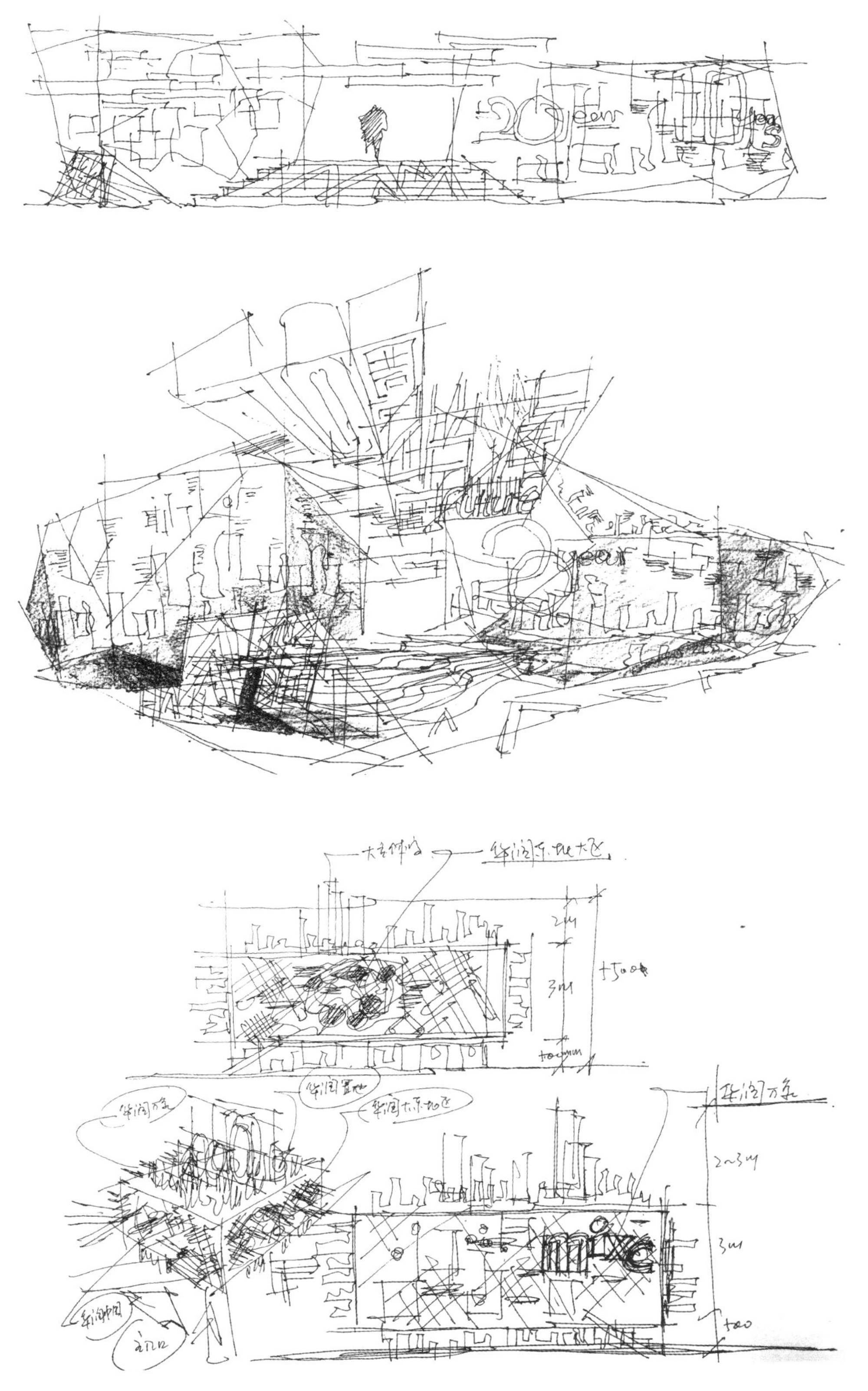

图 4–76

图 4-77~ 图 4-79 表现的同样是一个展厅项目。因为空间面积比较大，所以在平面上需要比较严谨的梳理思路，也要注意空间的疏密关系和人流动线。在绘制手绘时，不仅要考虑视觉上的问题，同时也要考虑空间构架。这个项目在构架空间的时候，设计师把入口设计得很有仪式感，室内从地面到墙面再到棚顶使用了同样的符号，很有连贯性和视觉冲击力，在空间中起到指引的作用，这也是空间中最主要的形式。图 4-79 是整个展厅中比较重要的节点，主要体现的是一个开敞的空间，四周有围合的展示，与中央的实物展示相结合。同时空间中还通过台阶表现出了高低的变化，让参观者的视觉感受更加丰富立体。手绘图上采用的是俯视的角度，这个角度能更清晰地看到整个空间的构架，地面和四周围合的墙面以及中间的墙面之间的关系一目了然，在材料上，棚顶和地面有呼应和融合。这个空间的重点是信息的传达和展示，所以手绘图更多传达了设计师对空间的感受和理解，这也是概念方案阶段手绘图最需要体现的内容。

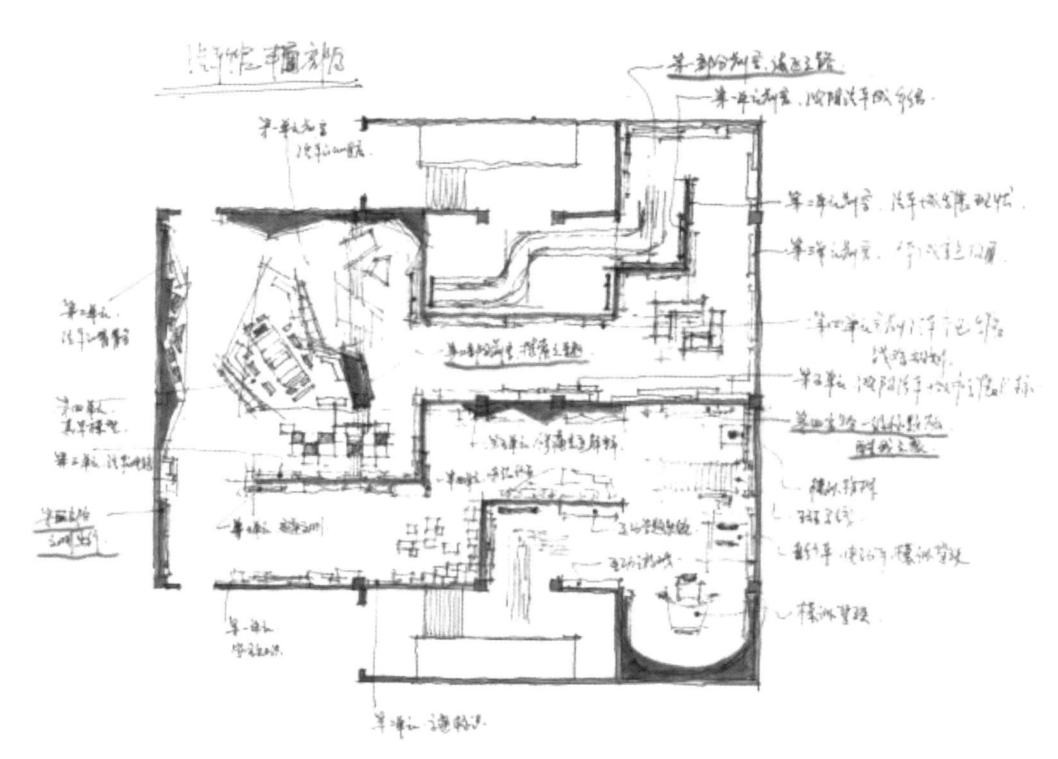

图 4–77

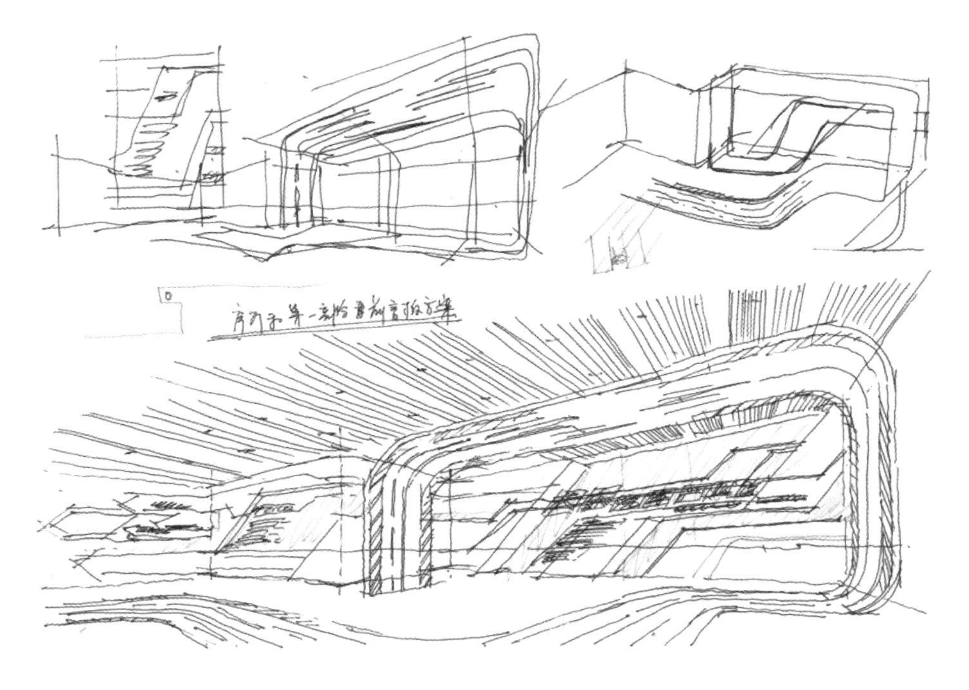

图 4–78

图 4–79

图 4–80 表现的是室内的几面展示墙面。这种手绘图的输出其实是为了让团队转换思维，并将团队直接带入快速和细致的工作状态。图中关于材质、墙面上信息的排版方式、文字的字体、墙面尺度、空间和人之间的关系等的交代都是设计师要传达给团队的观点，如残破异形的墙体的运用，以及它和整体形式的衔接。

图 4–81、图 4–82 表现了一个室内外相结合的项目。项目想营造一种森林的感觉，所以在材质上选择了实木。通过木质材料和具有人工构成感的形式结合在一起，营造自然环境和人工环境相结合的氛围。图中详细绘制了铁艺景观灯具，目的是让它的体量和在环境中的位置更清晰。在设计细节上，突出的是地产品牌的文化。

所以对设计师来说，手绘表现不仅要掌控整个项目的全局，也要有对细节的输出。这些细节会在后续施工过程中起到非常重要的作用。

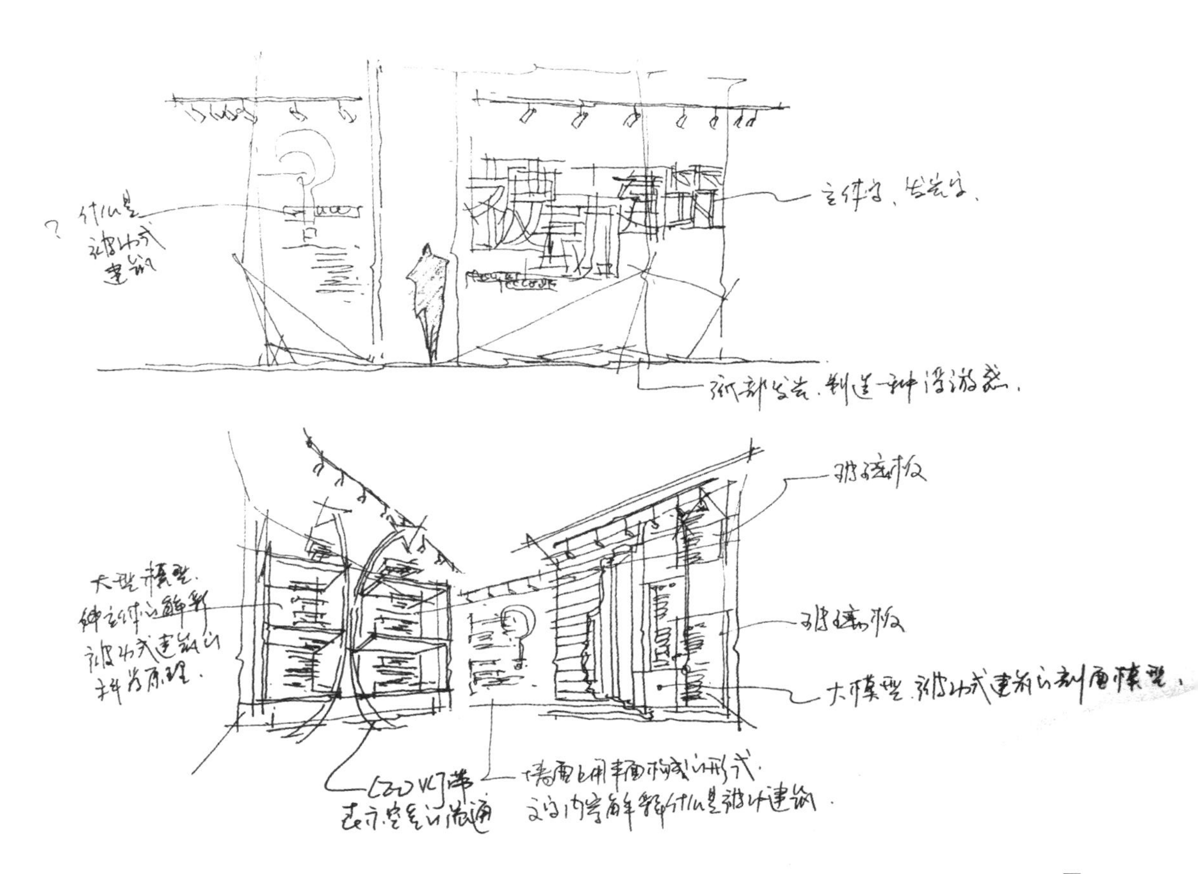

图 4–80

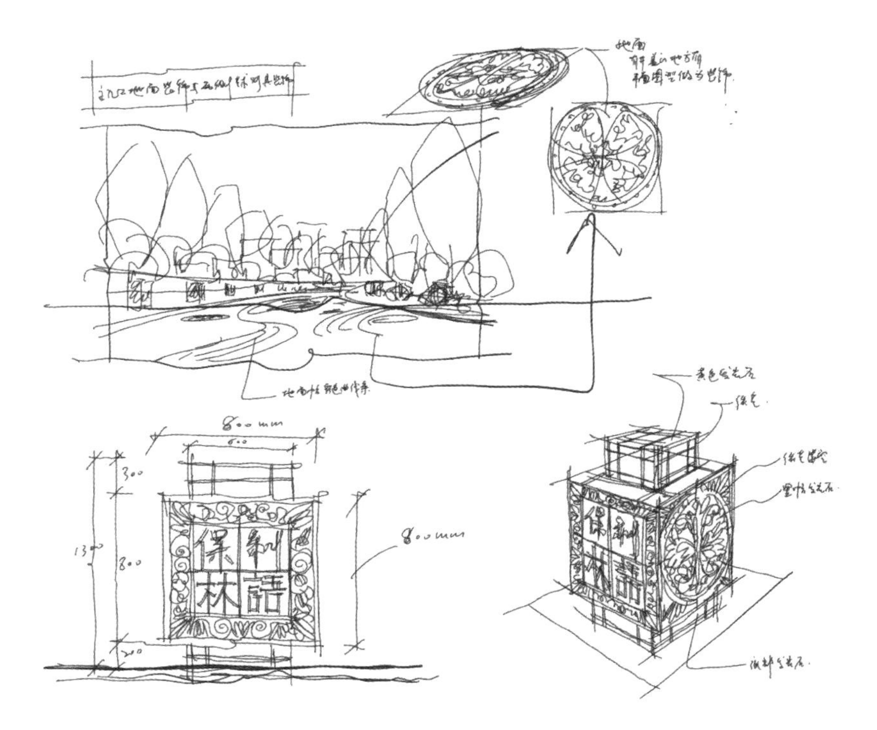

图 4–81

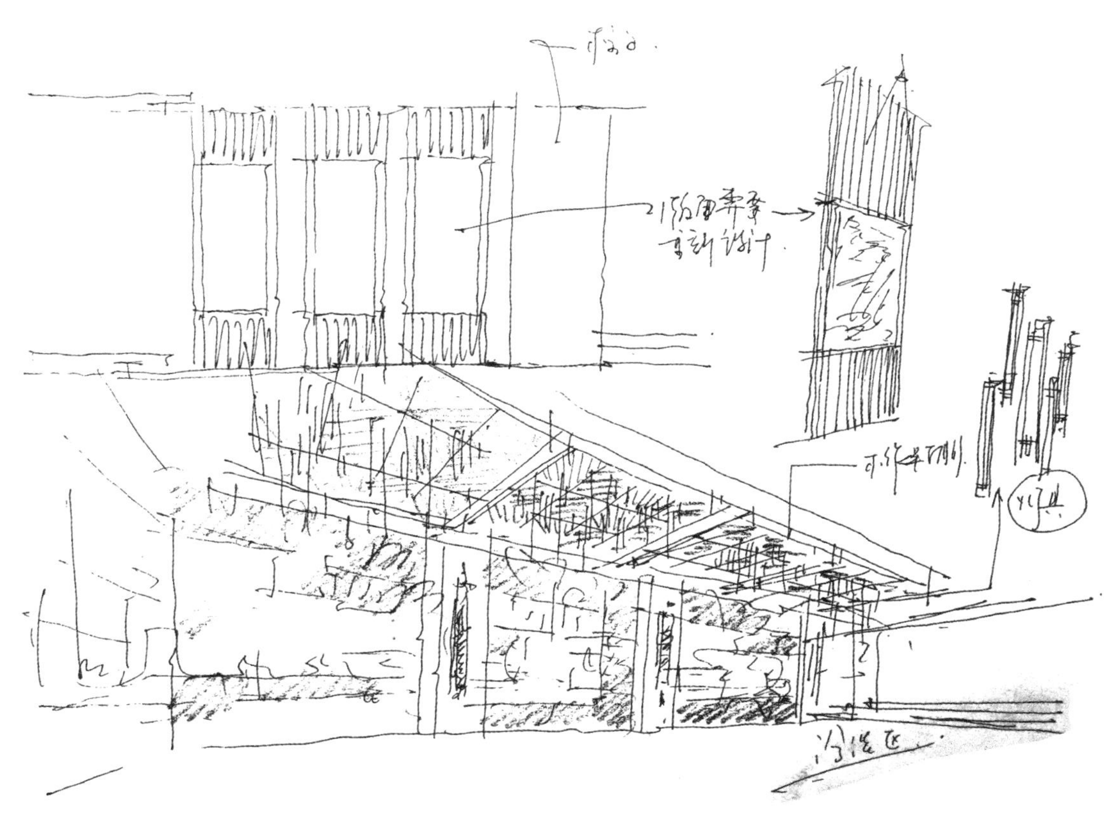

图 4–82

图 4-83~ 图 4-85 是一个商业建筑外立面的深化设计。设计师要在建筑结构维持原状的情况下，对外立面进行升级，所以设计师希望在建筑本体没有改动的情况下，通过建筑横向的延展性来创造一个开放的建筑立面，这种延展会让尺度很长的建筑立面更有节奏感。同时，还要考虑建筑立面的色彩关系——色彩是建筑给城市和街道带来的一种非常重要的视觉感受。在这样的基础上，手绘图对建筑立面进行了严谨的尺度推敲，重点表现了立面清晰的结构和建筑的转角关系，同时强化转角上的仰角关系，让建筑更有立体感。

图 4-86、图 4-87 是一个室内展厅项目，这个展厅是商业空间与文化展示的结合。业主对这个综合的空间要求非常苛刻，对成本也有严格的要求。所以在空间的构架上，设计师利用了空间的不规则感和穿插感，并且在这个基础上，使用了一些展示空间的排布手法，然后结合时尚的家具、流行的艺术品，共同在一个相对狭小的空间内将展示功能和软装形式融合，让展示空间更具有生活的气息。图 4-87 中甚至加入了棚顶的投影机和投影机的光线，这样的细节的追加是设计师在输出设计思路的过程中自我完善的方式。

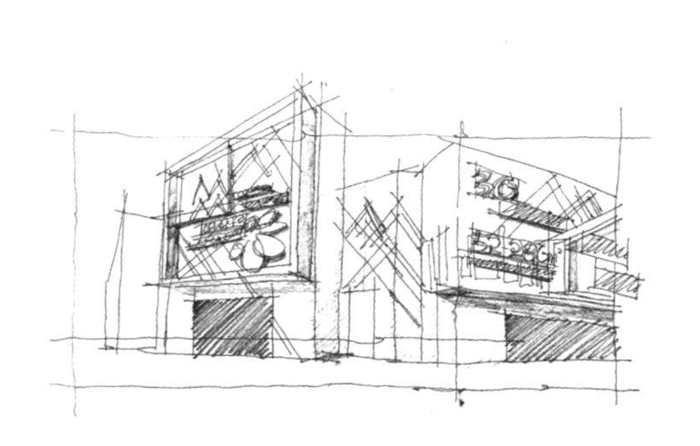

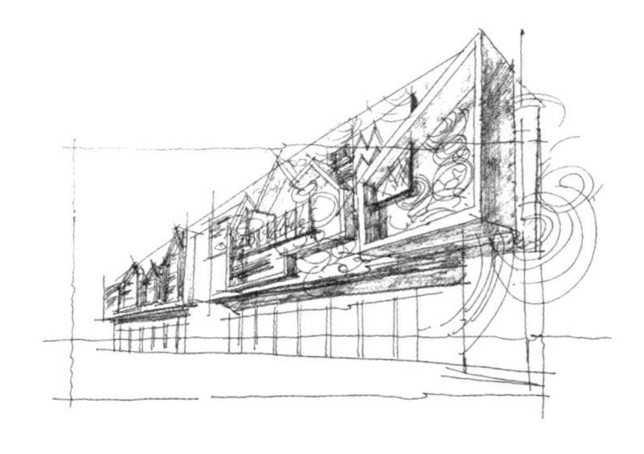

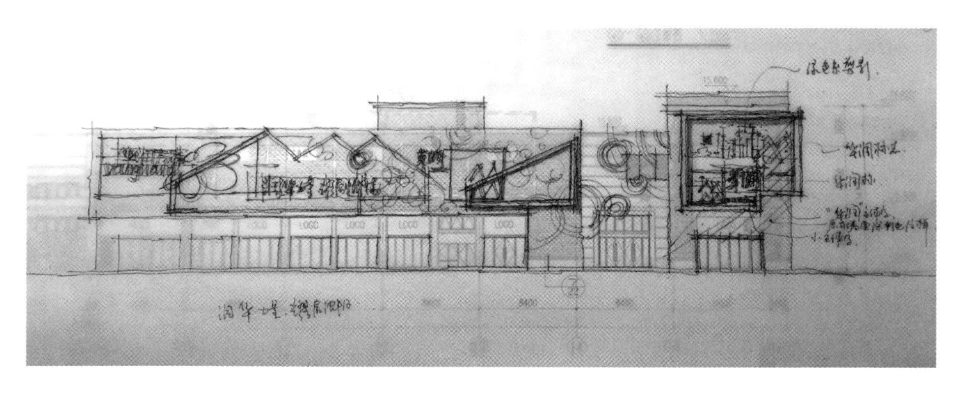

图 4-83~ 图 4-85

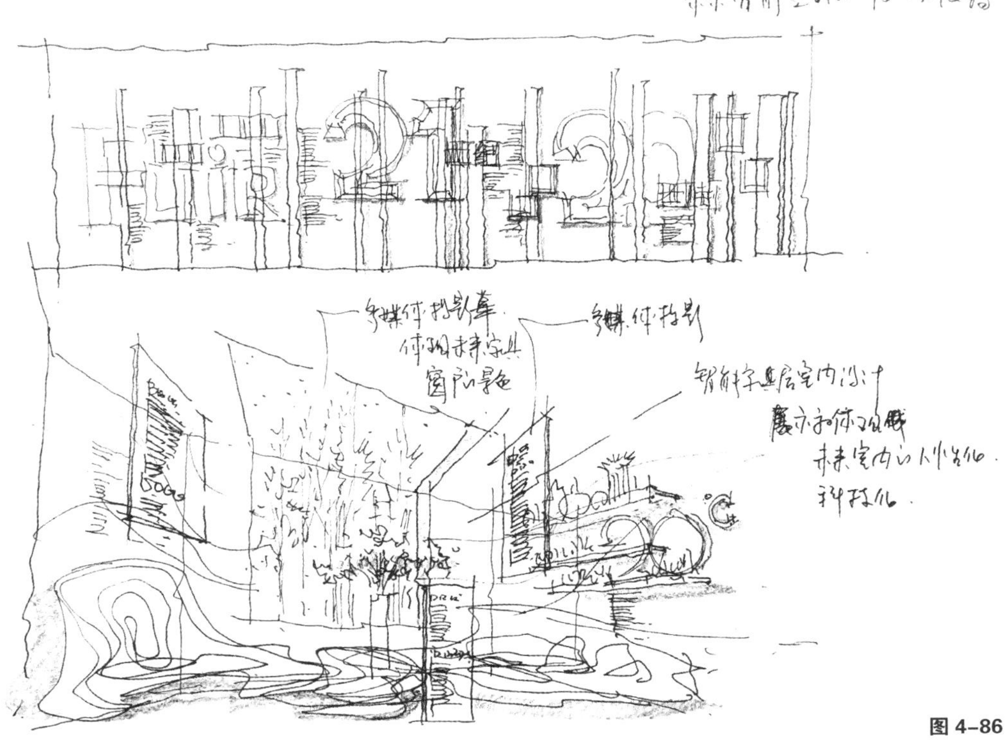
多媒体投影幕
体现未来空间
多媒体投影
展示和体验
未来室内的人性化
科技化
图 4-86

投影墙. 多媒体展现未来的感
科幻的建筑
图 4-87

第四节 表现的繁到简是设计的浅到深

德国现代主义建筑大师密斯·凡·德·罗曾说过："少即是多"。这个理念也适用于每一个设计学科。在设计师不同的工作状态和思维状态下，少和多、简和繁的定义是不同的，应该用辩证的方式审视这两个词背后代表的意义。比如，从生活的角度来看，很多人都希望自己的生活更简单、更纯粹，但是我们在工作、家庭中需要扮演各种角色，也需要处理各种繁杂的问题。

本节图 4-88 ~ 图 4-92 表达的内容比较繁复，但是在设计的理念上比较纯粹，手绘图本身更偏重于表现技法，如透视、光影、材质、空间感、投影等，其实这和生活中的感知是相通的，我们在图纸上投入了耐心和精力，它也会给我们更多反馈。

手绘表现初期与绘画类似，其实是传达一种观念。比如，图 4-88 是作者研究生时期绘制的酒店建筑规划图，记录了那个时期对手绘的理解。这张图主要考虑的是滨水关系、广场、车行道。在建筑上要考虑建筑的形式以及建筑和环境的融合，所以建筑材料以天然材料为主，并且和景观相搭配。

很多建筑师的设计手法和思路会在一张图里表达出来。这张图也一样，在绘制之初，作者抱着一种对环境的综合理解和对手绘的敬畏心，希望能让甲方对这个环境有一个全新的认识，所以这张图营造了一种四季交替的感觉，近处的景观建筑表现出盛夏或是初秋的色彩关系，远处把雪山和秋冬的景色融合在一起。这其实是一种蒙太奇的表现手法，更多地是想突出建筑和景观之间的关系，环形广场、人行道和车行道的分离，在景观之中又有构筑物，景观和建筑、交通功能很自然地融合，整个画面是三角形的构图。

这张图表现的其实是对自然的尊重，对生活的尊重。为什么很多设计从业者的手绘作品看上去很生涩，或者是很有痕迹感？就是在对设计的理解上出现了问题，设计应该回归生活，设计师应该有一种孤独感，或者习惯品味孤独，有孤独感才会超脱自我，有更多的时间和精力与大地对话，与天空对话，与森林对话，与湖泊对话，与日出对话，与清晨的露水对话，同时我们也可以和自己的内心对话。这是一个舒适、宁静的过程，也是一个自我梳理的过程。

图 4-88

在表现手法上，繁复并不一定是不对的，如果我们的灵感主题是东方的话，就会联想到很多主题性很强的理念和元素，如东方的建筑、服饰等，这些形式也会很繁复，而我们提炼可用元素的过程也很复杂。符号的运用、材料的运用、光影的运用都在支撑我们的设计方案，所以表达方案也是一个繁杂的过程，方案的“繁”也应该理解成厚重和丰富，经过长时间的思考和整理。但是在思维上，我们的目的是要将思路厘清，将设计概念变得简洁，同时在表达上需要简化很多东西。所以对“繁”的理解应该是中立的，我们不可能通过单一的形式表达方案，如果一个方案没有夜间人造灯光的氛围营造，没有材质的表达，也没有人的参与，那么从设计的角度上讲，它没有被使用，它是简单的。但是如果方案中其他元素综合在一起，从另外的角度看，它也可能是繁杂的。

图 4–89 表现的是一个大空间，它主要想体现的是室内和室外模糊的界限。在构图上，体现的是一个人的视角，他观察到的景色，同时也是近似于鸟瞰的视角。这样可以看出景观规划和建筑之间的关系，同时又有一种场景的代入感。这是在表现初期从策划层面上想带给观者的感觉。在这样的思路下，所有的透视技法、阴影关系都是在一个宏观的角度上表现的。所以，这张图在表现技法上很复杂，同时这张图背后思考问题的方式也很复杂。

设计师想将景观和建筑、雕塑结合在一起。巨大的钢结构飘棚是建筑的一部分，也是景观的一部分，它融合在室内外的空间之中。所以在画面左上角露出天空的位置，设计师主观地在画面的右下角布置了一个和人的尺度非常相近的玻璃形式，这样就会让整个画面形成对角的构图。画面左下角也是一个与人尺度接近的扶手，画面右上角的细节处理推敲的时间最长，这里运用了一种光影技法，既表达了柱面的阴影关系，又表达了一种材质关系，同时这也是画面中不可缺少的近景。

在画面中央的位置，也就是画面的视觉核心区主要想体现出设计上的理念，所以将景观的设计集中在这里体现，其实在构图上是一种围合的关系。同时通过材质变化体现了手绘技法的处理。图中高大的乔木和灌木搭配在一起，其实在空间中会产生很多遮挡，所以在表现上想采用一种写意和水彩的方式，将植物背面的结构表达得更清晰，这样既使空间有一种层次关系，也可以通过植物看到更多线条。在画面的中心有一个亮色的主题雕塑，在

图 4–89

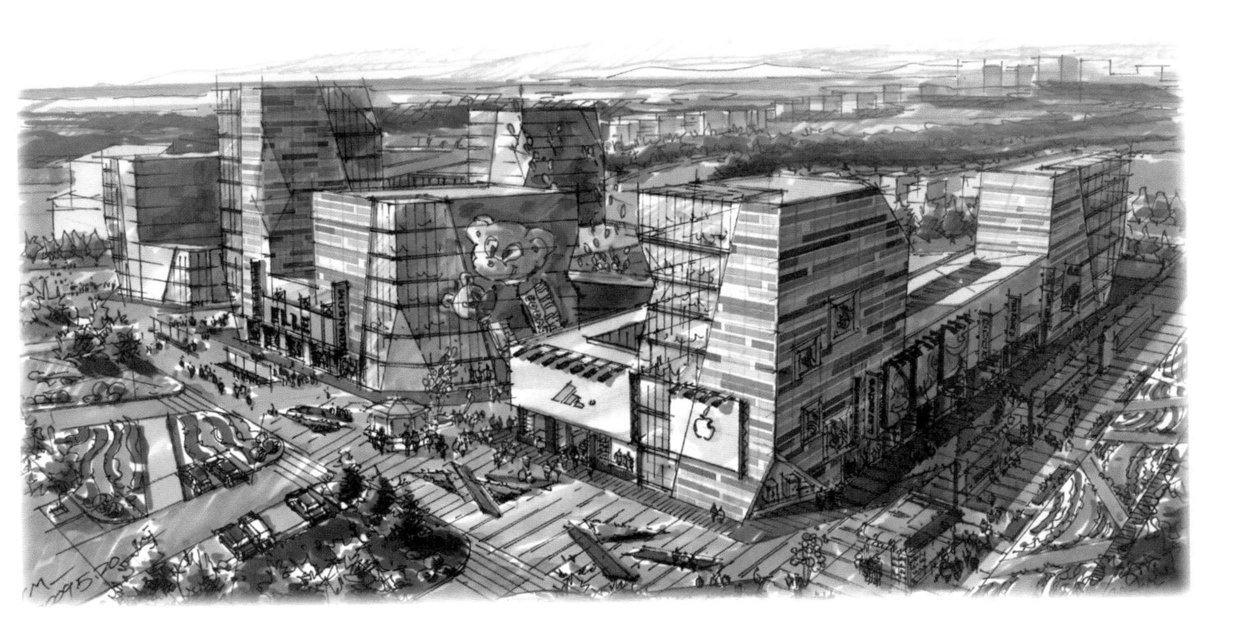

图 4–90

画面中它在正中心的位置，这样的处理在构图上相对来说比较有风险，但是在整个景观中，雕塑处在黄金分割点的位置，这样就会弱化中心构图的形式，弥补构图上的不足。所以这张图无论在表现上还是在设计的思路上都考虑得比较全面。

图 4-90 主要想要表现的是浓厚的商业氛围。如何更好地传达商业氛围？就是要通过很多细节，如空中飘浮的气球、商业气息比较浓的构筑物、建筑上的灯箱细节、街上的人群等，这些细节叠加在一起，让整个构图看起来更丰富。但是有一个表达的难点就是无论多么丰富的细节，它的尺度都是遵照人的尺度设定的，相对于商业建筑的体量而言，建筑的体量会更大，这就产生了一个矛盾——如何将庞大的建筑和繁杂丰富的商业氛围形成对比和统一？所以为了营造出一个既统一又丰富的画面效果，设计师将侧重点放在了更具有体量感的建筑上，这样能使画面看起来更加丰富立体。整个画面由 5 个中高层建筑组成，这些建筑前后叠加咬合的关系是整个画面的重点。同时，建筑立面的色彩、彩色金属板和玻璃的材质，表现了建筑立面的丰富程度，在画面中也尤为重要。在思考了这些问题之后，整个手绘图绘制过程的思路就会变得更清晰。剩下的工作就是主次分清，兼顾建筑立面的复杂性和完整性，在景观和商业氛围的细节上注意统一性，同时注意画面中各种细节存在的合理性。

图 4-91 是一个竞赛的设计，表现的是一个地标建筑。这里更多考虑的是大场景内的“空气感”。如何体现“空气感”是大场景表现图中非常重要的问题。这张图同时也体现了由繁到简的过程，表达了设计师在进入设计实践工作早期对设计的总体理解。这是一个参赛作品，主要表现的是建筑和城市之间的关系。这样的表现其实也是对设计师情怀的记录，记录了设计师对建筑的理解、对设计的理解、对现代设计思想的理解。这张图在表现上非常细致，在形式上，设计师更多考虑的是现代建筑和传统建筑的关系，现代商业综合体和传统民宅之间的关系，还有建筑对城市天际线的改变。这张图中间是一个偏结构主义形态的建筑，由钢架、玻璃组成。如果把建筑的概念扩展开，对一个城市来说，建筑是一个符号，这个符号对城市会有影响。建筑存在于空间中，人们被迫地去接受它。对于一个城市来说，建筑的意义会超越它的使用功能本身，它更大的意义在精神层面上——它的象征性为城市带来的潜移默化的影响和对城市精神的引领。所以这张

图 4–91

图 4–92

图也带着设计师自己对符号的理解，把设计师对现代设计和对现代城市的理解融合在了一起，在表达上还是比较完备的。

这个作品记录了一个设计师从初期对设计的爱好和执着，到后来更专注于主观的自我表达。这种表达表现在两个层面上，一是手绘表现上的表达，二是对建筑设计、室内设计和表现设计等综合理解层面之上的输出。这种输出是带有情怀的，但是这种情怀对于实战设计师来说是一把双刃剑，既有利又有弊。

图 4-92 是作者研究生毕业设计作品，这个作品参加了一个竞赛。这张图表现的是设计师对城市的理解和对中国现代建筑的理解。通过这种手绘图的表现形式，设计师将城市的文脉、建筑、交通景观、人文景观和自然景观结合在一起。

中国的现代主义设计思想其实是站在西方相对完善的设计思想基础之上的，现代主义的思想不仅体现在室内设计和建筑设计上，它更包罗万象，对各文化层面都有深刻的影响，这种影响是现代主义带给全世界的一种精神财富。现在，很多中国的“50 后”“60 后”“70 后”的优秀建筑设计师和室内设计师也已经做出了非常优秀的作品,取得了被世界认可的成绩。作为年轻设计师，应该怀着敬畏的心，不断地充实自己，丰富自己对设计的理解，这也是文化的传承。现在我们的传承也是对现代主义思想的完善。就如日本在第二次世界大战之后，建筑设计和室内设计都得到了很好的发展和传承。但是在中国，我们的一些传统文化和西方的舶来文化有一些矛盾，日本的现代设计反而更具有东方特性，所以这张图想表达的也是中国设计师对东方风格的探索。在具体处理手法上，将景观规划和建筑综合在了一起。

图 4-93 表现的是一个博物馆里面的序厅，图 4-94 是茶楼建筑和景观，这两张图其实都是室内项目，但是图 4-94 的项目在做方案的时候，设计师想达到室内和室外融合在一起的形态。本书里经常会提到关于室内和室外空间界限的模糊，其实这在北方很难做到，因为室内外有温差，所以对北方的设计师来说，更重要的是要秉承这种思路，可以在功能上弱化这种状态，但是在形式上强化它。

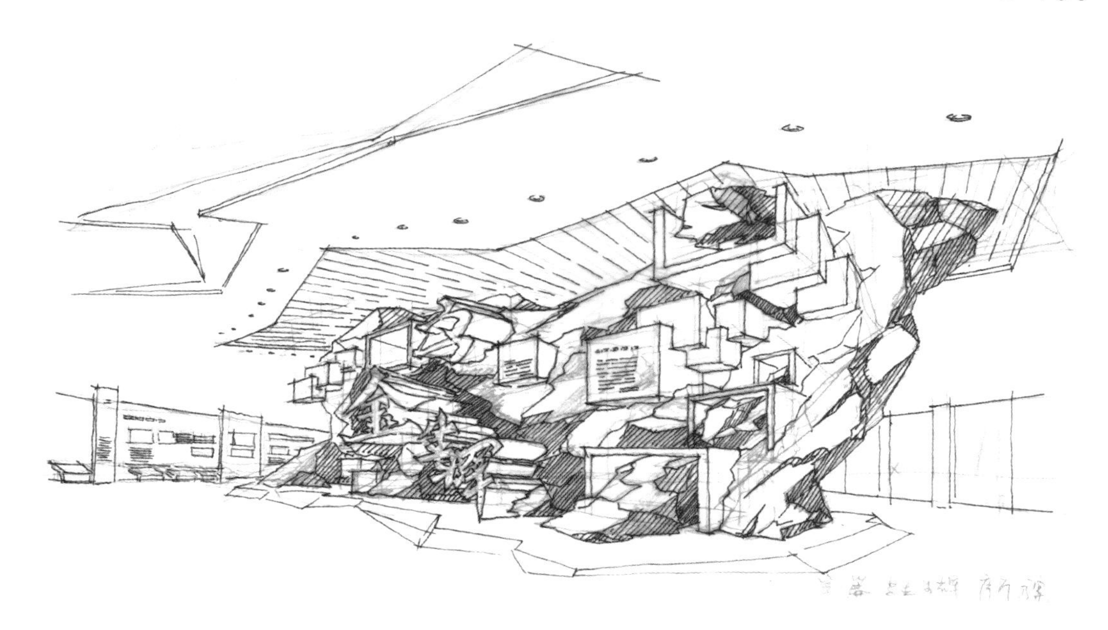

图 4–93

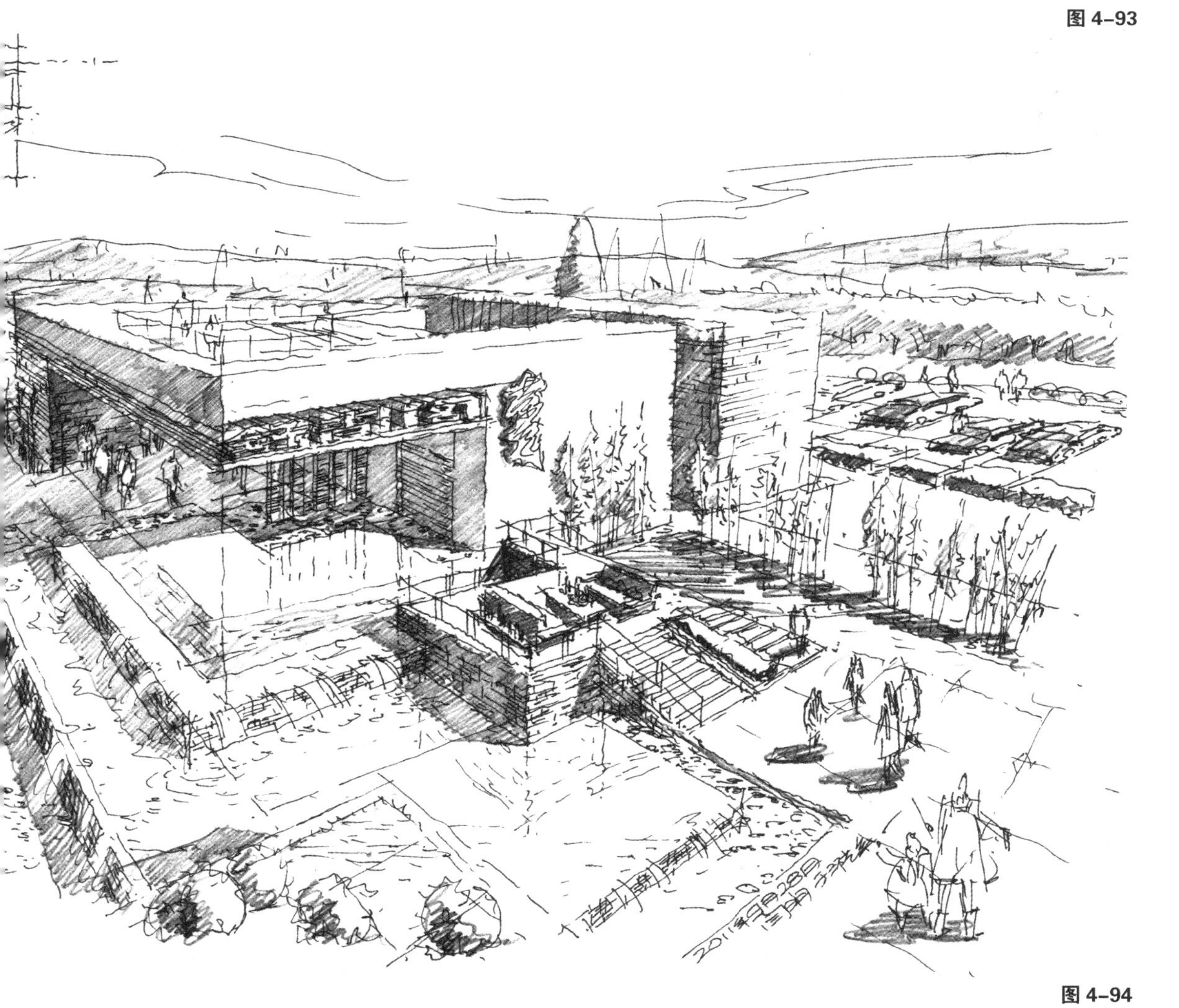

图 4–94

图 4-95 是一个文化类空间的序厅设计，这张手绘图表达的侧重点已经从技法的层面上升到对空间的理解、对材质的表达、对团队的输出。这也是本节所要表达的核心的理念。这些图的线条刻画得比较细致，在表现思路上这是去色彩的表达，是对“繁”的简化。线条的刻画其实完全能够代替色彩的表达。在这些图中，空间里的木材、金属、砖、皮革、石材，室内外家具，还有整个形式的凹凸，建筑和装饰之间的关系，建筑和植物的关系等都是通过线的形式来体现的，即使省略了色彩，也能达到传达信息的目的。

以上这几张图想表达的就是这一章节的主题——表现上的繁杂细致到简单的过程。虽然没有过多的颜色和体量关系的表达，但思路却更清晰，表现和输出的点更具体。

图 4-96 ~ 图 4-98 表现的是不同业态的项目。这些手绘图是在设计师工作量比较大的状态下完成的，在表现上更加随意和夸张。这些图有些是在办公室绘制的，有些是在其他场合进行绘制的，所以思考的时间可能会更长，而且这些草图表达的项目的侧重点相对来说会更少一些。这种表达方式是空间的写意，在这些不确定因素比较多的手绘图里，设计师在设计思路上的局限性相对来说会更小，会给设计团队、业主或者是设计师本人更多的思考和遐想的空间，未来发生变化的可能性也会更多。

比如图 4-96，近处有沙发、茶几这些家具，还有玻璃幕、金属框架，透过玻璃可以看到室外的景观，一个围合的庭院，里面有树木和水景，是一个室内外融合的空间。

这些不同样式的图纸代表着设计师不同阶段的心路历程。也是想向读者传达一个思路，对设计从业者来讲，随着工作的逐渐叠加，手绘才能真正从表达意义上脱离出来，变成实实在在的信息输出方式。这种信息的输出方式更多元、更随意，传达的是设计主创人员对项目本身最直观的理解。虽然在图纸的表达上更随意，但是背后传达的信息其实更深入。因为通过多角度的思考，最后传达出来的信息不只是设计师对项目本身的理解，还有对每个具体项目背后的使用人群的理解。设计师要模拟出很多真实的场景，模拟出使用者在使用空间中的感受，这种感受的输出是在这个阶段设计师思考的重点，而并不拘泥于设计上使用什么样的材质，手绘图使用什么样

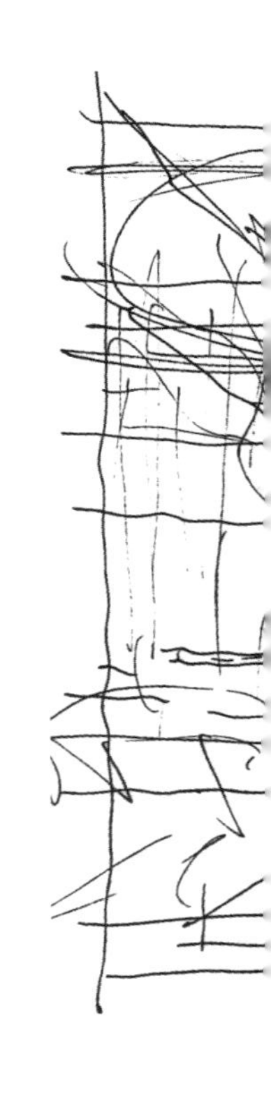

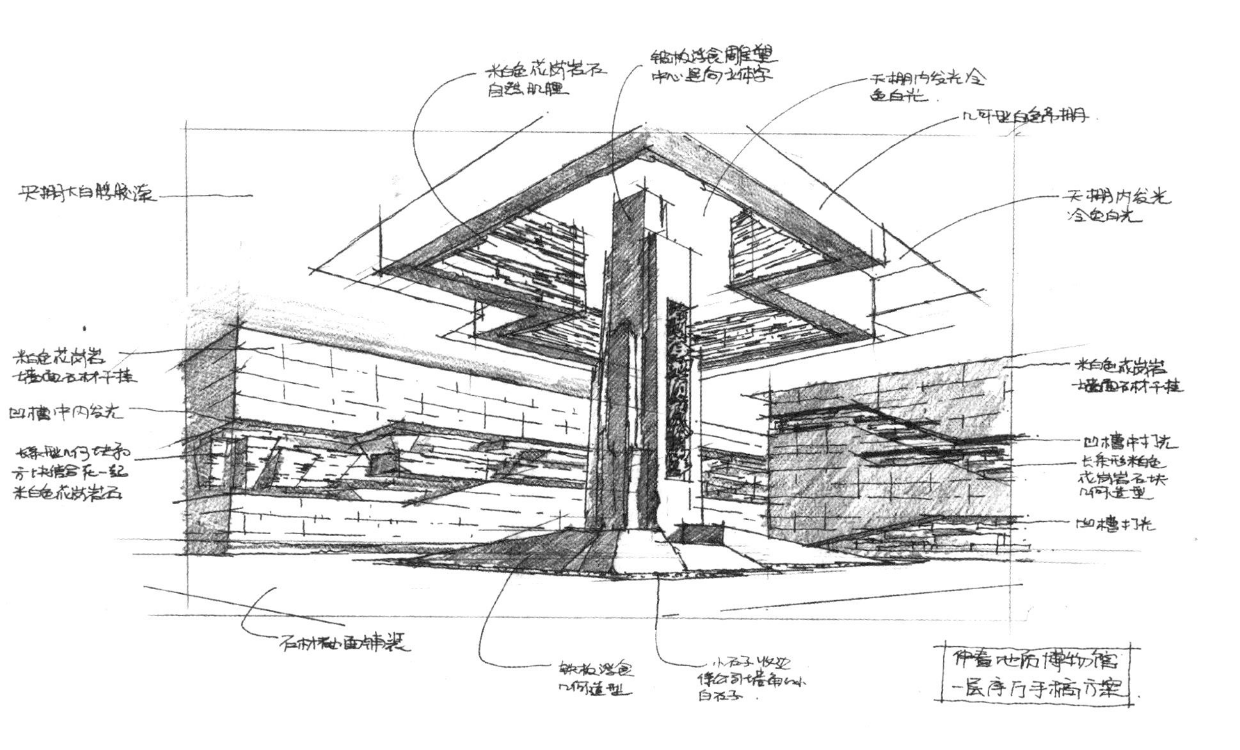

图 4-95

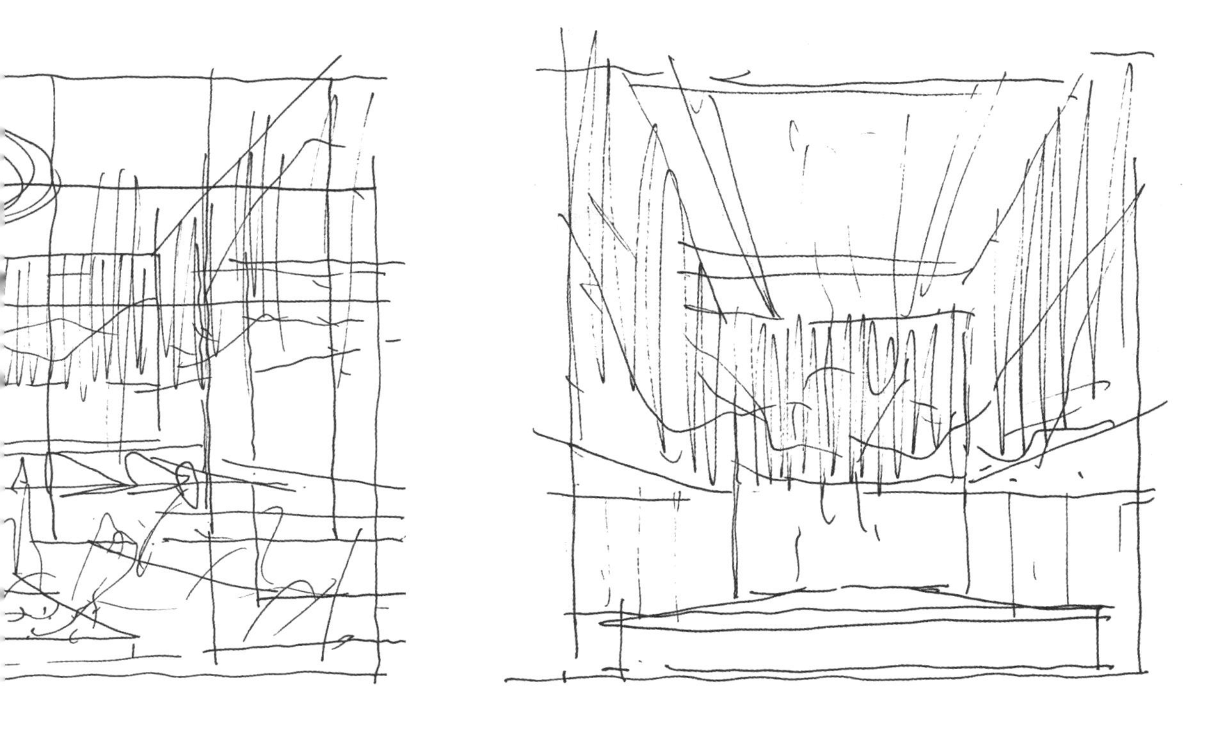

图 4-96

图 4-97

的技法。

很多建筑大师如扎哈·哈迪德、弗兰克·盖里、安藤忠雄等，他们一些项目的前期草图非常概念化，是近似于绘画的形式，还有瑞士建筑师马里奥·博塔，他早期的手绘作品也很艺术化，现代主义建筑大师勒·柯布西耶的一些草图看上去也并没有过多严谨的透视，明确的材质表现，他们的草图是设计师内心中一种场景和愿景的表达。艺术大师毕加索晚年的习作更加抽象，但是简洁抽象的作品传达的思路会更深刻、更多元，因为它不仅是传达了一种客观的设计愿景，同时也传达了设计人员对项目的理解，对生活的理解，这样主观的理解是非常难能可贵的。这样的作品也需要非常深厚的功底，并把自己的思路叠加在一起，才能形成接近于艺术一样的表达。

设计做到更高的阶段更多表达的是个人的情怀和对生活、文化的理解。但是需要设计师用非常多的耐心和时间积累自己，让生活中的点滴得到升华。手绘表现是一种近似于艺术的表达和输出，是在自己与自己内心对话的层面上才能抒发出来的艺术。所以对于设计师来说，需要一直怀着敬畏之心去学习，用自己的眼睛和内心观看和感受世界，走属于自己的设计之路。这是一个既艰辛又幸福，同时也需要奉献毕生精力的事。把这样的心境看成工作的一部分，这个工作就会变成自己的爱好，植入我们的生活。

表现上的由繁到简其实也反映着设计师的思考方式，设计师并不是用华丽的或简洁的词语定位某些东西，让很多元素符号化，这不是设计的初衷，而是一种规范。设计师在某种程度上要打破和摆脱这样的思维定式和思想上的束缚，才能达到更高的境界。

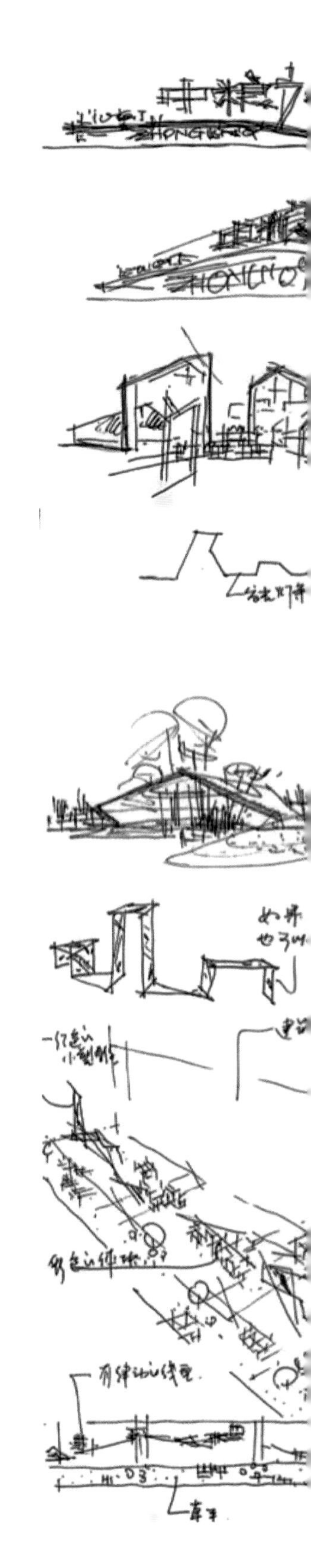

图 4–98

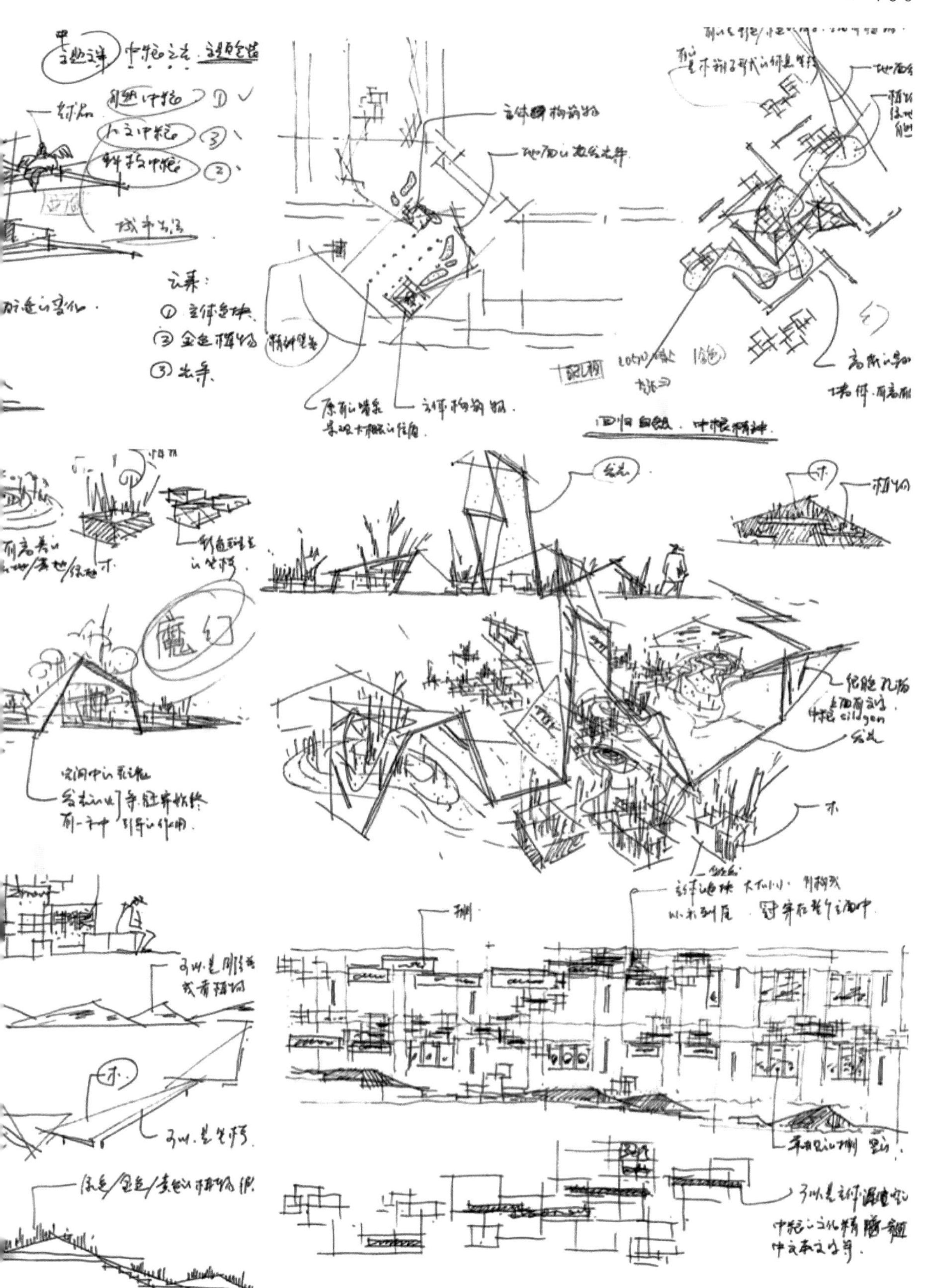

Chapter 5

第五章
案例展示

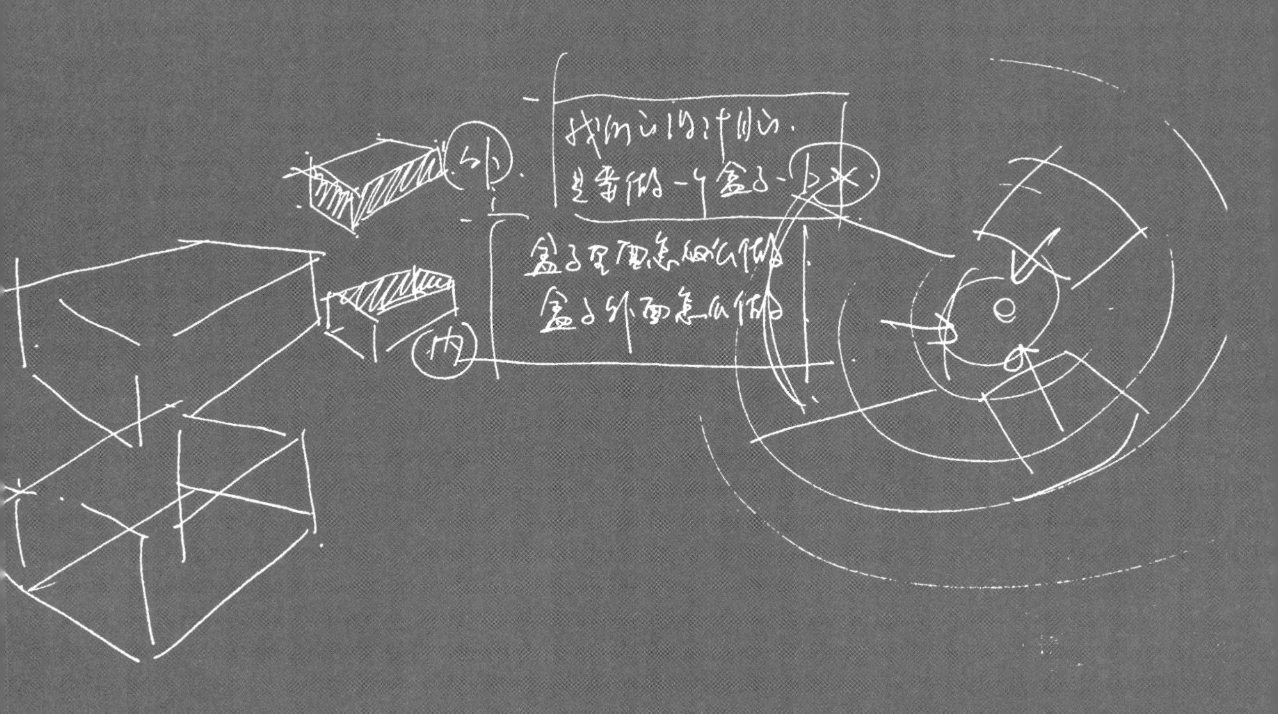

从建筑的角度理解空间——鞍钢售楼处

这个项目是位于辽宁省鞍山市的地产营销中心。客户希望利用原建筑中的一部分做一个临时性的营销中心，但在策划阶段，设计师建议客户做一个永久性的室内装饰和建筑的立面深化设计。因为临时的营销中心在使用之后需要整体拆掉，另做他用，是很大的浪费，而设计师可以通过不同设计元素的组合，使这个营销中心在满足销售功能的基础上兼具其他功能，形成一个跨界的空间，如在完成接待和销售的使命之后，在保留原有空间装饰的基础上改变业态，把空间用作会所、商务酒店等，这样就可以延续这个空间的使用寿命，降低内耗。

这样的建议从另一个方面来说也是基于设计师对地产营销的理解。在早期，中国的地产类室内设计项目更注重装饰——用大量昂贵的材料体现空间的尊贵感。因为尊贵感能引发消费者对地产项目价值的认同，从而刺激消费。但是随着经济的发展和社会环境的变化，地产项目的室内设计来到了第二个阶段——更注重展示功能，也就是营销中心需要配合地产项目的销售。在这一阶段，营销中心的设计特点是将具有营销信息的展板等形式融入室内空间，让营销中心更像一个展厅，在里面最大化地输出信息。然后，地产项目有了进一步的发展，消费者的眼界和品位也在快速提升，当下的地产营销空间设计已经来到了第三个阶段——更注重舒适。现在的消费者并不在意空间中使用的材料有多么昂贵，而且随着多媒体和虚拟现实等科技手段的发展，所有营销信息都可以通过数字化手段传播，所以，营销中心的设计重点回归到了地产类项目的本质属性上。对现代人来说，快节奏的工作和生活方式已经成为习惯，所以地产项目的营销空间最重要的就是为消费者提供一个舒适的场所。消费者的情绪在营销中心里会受到各种因素的影响，如何让他们的感受更舒适、心情更平稳，这是当下营销空间设计中的重点。

所以在本案的设计中，设计师提出了新的理念——弱化营销空间的销售功能，创造舒适感。在进行概念设计之前，首先梳理设计思路。在消费者进入这个营销中心之后，首先要让他在这里长时间停留，只有停留下来，才能对空间的尺度、色彩、温度等有更直观的感受。然后从这个角度入手，创造一个舒适的室内空间，向消费者传达地产品牌的更多信息。

本着这样的设计思路，设计师强调了室内空间和室外空间的融合，将室内空间的语言传导到室外空间。在概念设计初期，把整个营销中心的室内空间当作一个方盒子。这时候，手绘图可以用来导入和输出设计师的理念，如在这个项目中，设计师用手绘的方式绘制了一个空间结构分析图，图中将建筑的外立面打开一个挑空的缺口，将原有的室内吧台挪到室外，将具有仪式感的景墙也移动到和吧台垂直的位置，介于室内和室外空间之间。再把另外一个方盒子搭建在原有的建筑外，这样，人们在室外就可以看到室内空间，感受室内的氛围，在室内也可以感受到室外的光照和景观，通过这样的方式模糊人们对室内外环境的感受。

在概念设计阶段的手绘草图中可以看到大的挑檐、中轴对称的形式，这些元素更能让人产生仪式感。室内空间中能体现传统接待功能的元素，如景墙等被放在了室内和室外交界的地方，这样就释放出了很多的室内空间。传统的营销中心在室内空间中还会有沙盘展示区、休息区、洽谈区、深度洽谈区、资料室等空间，设计师把这些标志性的功能模糊处理，同时把自然中泥土的芬芳、晶莹的露水、茂盛的树木等元素融入室内空间，使消费者在室内也能体验到在自然中的放松状态。在模糊了室内空间和室外空间的同时，设计师还运用了超现实的设计手法，将一些具有雕塑性质的构筑物模型融入这个项目，呈现出一种时空穿越感。

设计师在做方案设计的时候，还应该注意平面功能和空间视觉感受的融合。

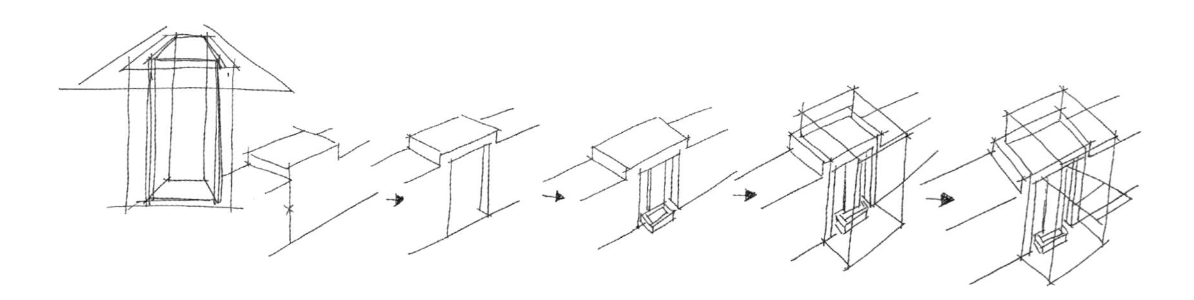

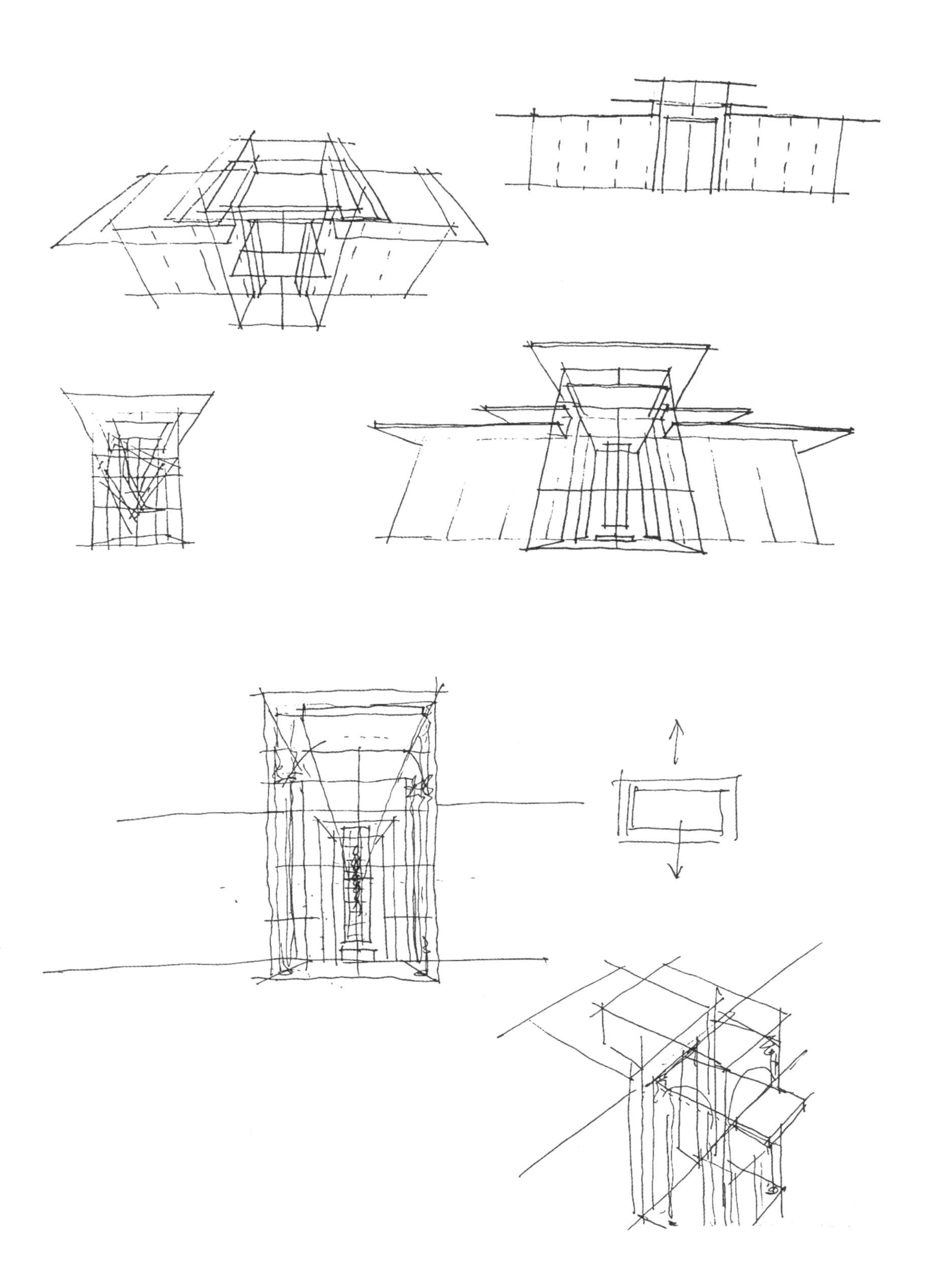

在这个项目的平面布局上，弱化了传统的功能区之后，一部分“灰色空间”被释放出来，这里设计了一个 35 米长的吧台，吧台高低错落，在低矮的区域融入灌木、草坪、自然的山石等景观，高起的区域用来当作接待台、水吧台。室内空间的静区和动区合理地分开，初次洽谈区、二次洽谈区、深度洽谈和签约资料区、资料室从左至右、从前向后自然地衔接在一起，形成一个具有全新营销体验的空间。同时在布局中也考虑到了儿童活动区、品牌展示区、卫生间、员工休息室、财务室等一些必备功能区和“灰色空间”如何有机地结合在一起。

在这样的空间布局基础之上，设计师绘制了一些针对这个空间的手绘草图。设计师对最终设计效果的理解需要通过这些手绘草图传达给效果图设计师，所以在材质表现、界面上转角的处理等细节上，手绘草图上都有详细的标注。

这个项目的设计手法与日本建筑师安藤忠雄的沃斯堡现代艺术博物馆很相似——玻璃和挑檐的运用、室内和室外空间的融合。所以在做室内设计的时候，设计师不应该只停留在装饰层面，应该对空间有一定的理解，并从建筑的层面来理解空间、审视空间。

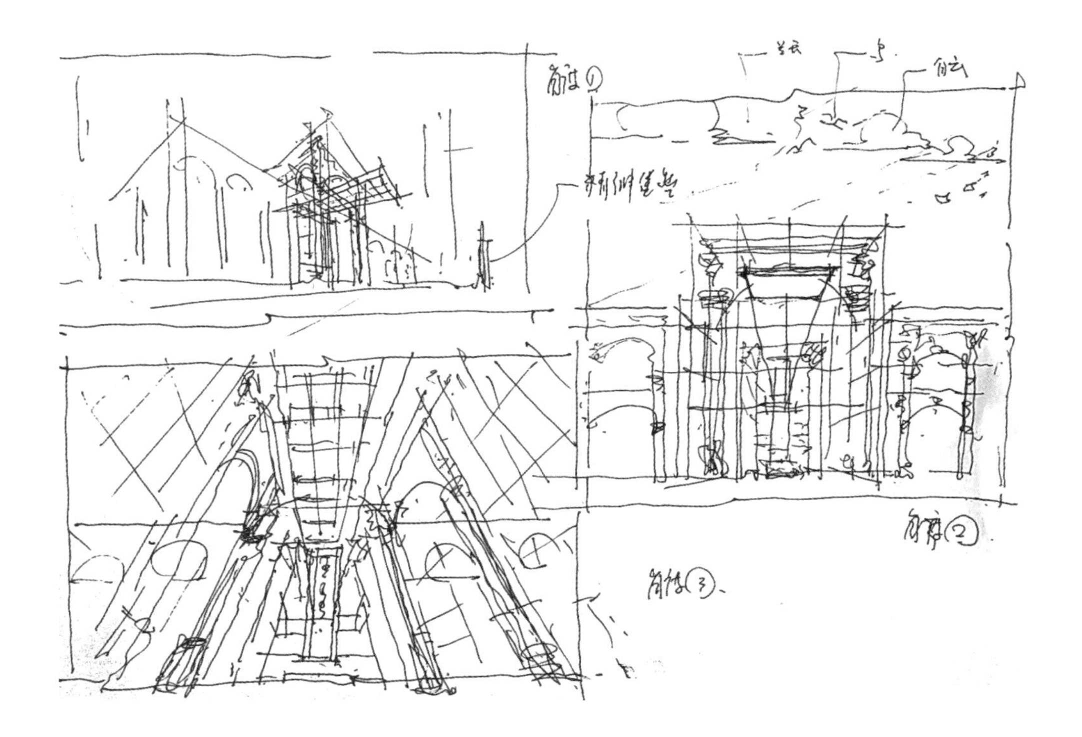

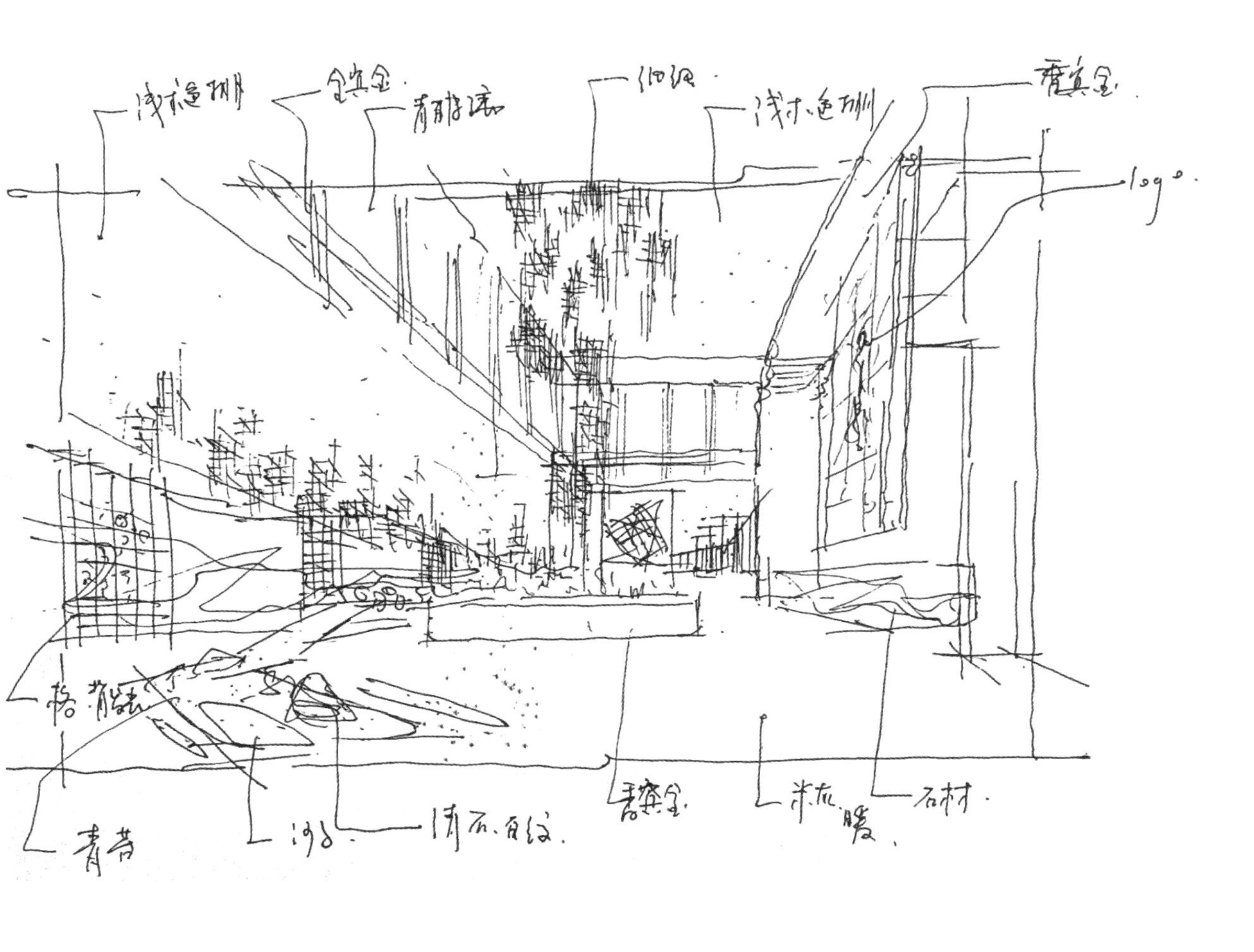
logo.
青苔
石材.

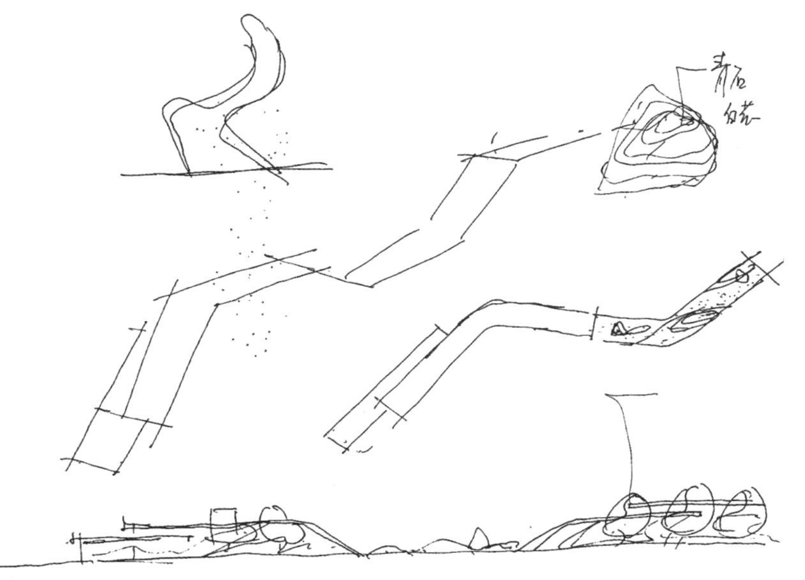
青石
白纹

传统和现代的碰撞——得一小厨

这个项目是一个餐饮空间，项目的体量并不大。餐厅以东北菜为主，搭配一些西点和烧烤。餐厅定位的消费群体比较多样，既要吸引“90后”和“00后”这样的年轻人，同时也要吸引年龄稍大的消费群体。

所以在设计风格上，要将符合年轻人审美的时尚、轻奢元素融入这个项目，以此提升项目的品质感，同时在形式上也不能过于年轻化。基于这样的考虑，设计师希望以一种混搭的形式来提升空间的品质。

本项目是一个临街的餐饮空间，在前期，设计师设计了两个不同的建筑外立面方案，一个是时尚的风格，另一个是更稳重的现代简约风格。

在第一个方案中，设计师想打破原有的建筑立面形式，做出一个具有仪式感的入口——将建筑立面进行拉伸，这样会形成一个异型的突出区域，这种异型区域在视觉上会产生很强的张力。同时，在不破坏原建筑结构的前提下，设计师在建筑外立面上加入一条发光的灯带，贯穿整个立面，使餐厅的店面更时尚、清新。

设计师还设计了与建筑立面融合在一起的视觉识别系统，将整个两层的建筑立面作为一个完整的平面构成形式通盘考虑，这样会使建筑立面的设计更完整。同时，为了增强空间的纵深感和餐厅标志的视觉冲击，设计师将立面的部分细节运用纵向线条的形式处理，使整个立面看上去很有体量感。时尚与文化在同一个立面上展示出来，形成了一种有趣的对比。

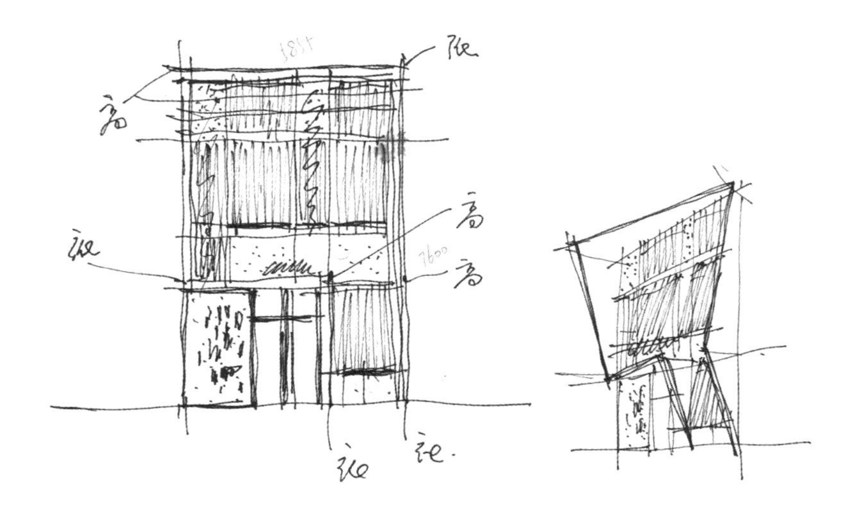

得 小厨
GOT TA COOK

得 小厨
GOT TA COOK

在前期概念手绘的阶段，设计师考虑更多的不是材料和工艺的应用，而是回归到平面构成和立体构成的层面，从总体把控方案。所以在方案设计之初，设计师绘制了很多建筑立面形式，希望使立面形成一个矩形，再在矩形的框架下进行平面上的分割，最终得到整个立面的形式。这些设计前端的概念都通过手绘的形式体现了出来。

第二个方案主要强调了建筑立面的尺度感，并且运用了中国传统园林的借景手法。竖向木条与大面积的墙面融合在一起，墙面上开了一些发光的孔洞，孔洞的图案是餐具剪影，这些符号化的图案以一定的疏密关系分布在建筑的外立面上。

在室内部分，本项目是一个两层的空间，一层是堂食区、二层以包房为主，与堂食相结合。一层入口处设置了一个相对封闭的接待空间，把入口与后面的用餐区分开。在室内的装饰上，光的运用、材质的运用和软装饰的运用在保证整个空间视觉感受统一的前提下营造出了一些细节上的变化，空间中的植物、工艺品、铁架等元素也营造出了质朴的人文气息，在色彩上，设计师使用了一系列低纯度、高明度的色彩，软装设计也自然地融入了硬装设计中。一层堂食空间将传统风格和现代风格融合在一起，开敞的室内空间中有传统的砖墙，同时又融合了当下流行的“ins”风格，这种风格上的碰撞使空间中产生了一种戏剧感。

得小厨
GOT TA COOK

设计师希望二层空间在风格上能“去餐厅化”，所以空间中使用了一些点光源和强调空间氛围的灯饰。餐饮空间中的照明设计是空间设计中的重要部分，这个项目中的照明设计中包含装饰照明、氛围照明与功能照明三个类型。装饰照明指一些暗藏的灯带，或者照射在不同的材质上形成漫反射的射灯；氛围照明可以体现空间的品质感。这个项目中的主要照明方式是功能照明，功能照明的目的是要满足就餐条件。这个项目以强光源加“弱”灯具的设计手段，使餐厅的餐桌区能达到适宜的照度。这三种照明形式叠加在一起，使空间中的光源更有层次感。

此项目试图运用传统与现代在一个空间内的碰撞产生不一样的视觉效果。在方案设计的前期，设计师从材质、装饰细节等几个方面用手绘图为效果图输出做出了支撑。

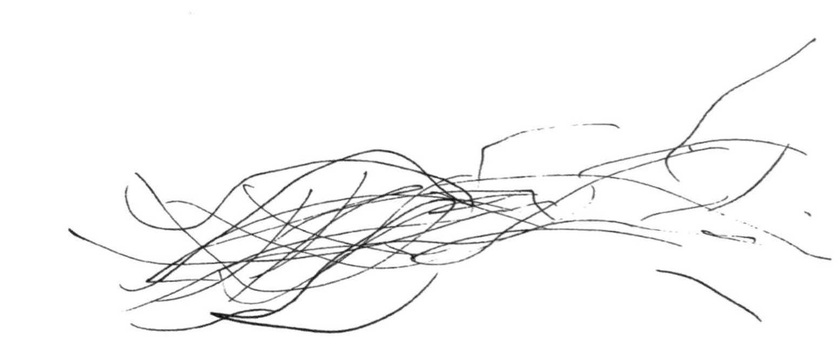

小空间也能风格多样——根发艺美发空间

这个项目是一个小型的美发空间。这家美发店从 2003 年开业至今，已经经过了多次升级改造。业主从事美发行业多年，在这个领域具有一定的造诣，所以对美发店的使用功能和风格定位都提出了比较高的要求。

首先，美发店要保留原有的功能区——接待区、储存区、洗发区、剪发区、烫染区、VIP 理发区、货品摆放区等。其次，在装饰风格上，业主希望在这个体量比较小的空间内能结合东方风格和现代轻奢风格，还要求理发区和等候区有轻松和休闲的氛围。在这个相对局促的空间内，这样多重风格的叠加和解决业主诉求，就成了设计中的重点和难点。

这个项目位于市中心，客流量很大。在进行平面布局之前，要充分考虑到每个顾客进入一个理发场所之后的体验。设计师在勘察场地时发现，美发店南侧有一扇面积很大的玻璃窗，透过这个玻璃窗可以看到室外的街景，所以设计师将顾客停留时间比较长的烫染区安排在这个位置，因为长时间的等候会让顾客有一种疲劳感，美丽的街景和充足的日照可以调整顾客的心情。使用最为频繁的洗发区被布置在相对来说比较安静的北侧，而剪发区则被安排在了中间位置。三个主要区域分布好之后，储物区、货品摆放区、VIP 理发区、办公洽谈区、接待区和美妆区合理地分布在了三个主要区域周围。所以这个“麻雀虽小，五脏俱全”的美发空间的平面布局结合了现场环境、消费者的使用心理和消费顺序这几个因素。

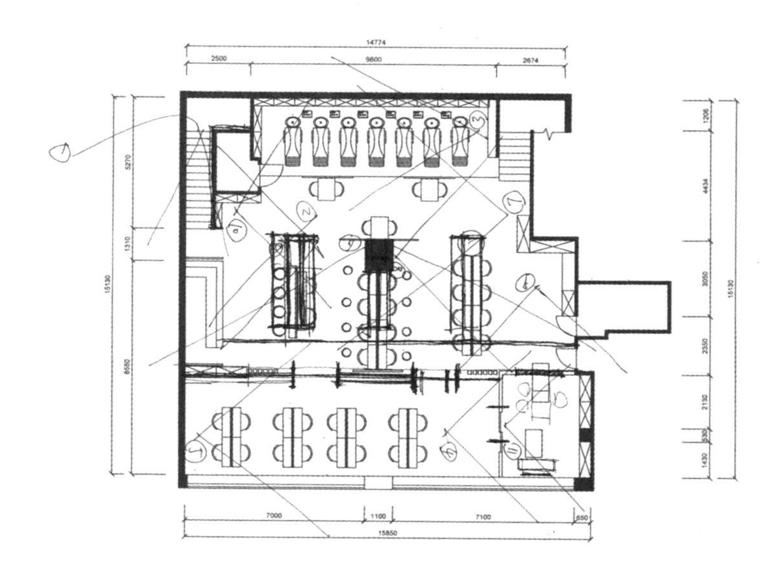

根
gen.fafi

在完成平面布局之后，接下来的重点就是要满足业主提出的风格上的要求，在同一空间内，视觉感受也要保持统一。在这样的前提下，这个项目中将材质和色彩最大限度地做了减法——采用了单一的材质和单一的色彩。同时将东方风格中的元素和现代轻奢风格中的元素呈现在同一空间，利用浅色的木质线条、轮廓清晰的灯具和屏风隔断、大面积的白色材料使空间看上去更整体。这样就形成了一个风格多样，但在视觉上又很统一的空间。在细节的处理上，设计师将原本分割空间的墙体改为半通透的隔断，使空间看上去既通透又完整。

这个项目在功能上更关注使用者在空间里的感受。这种感受主要体现在使用的舒适度和视觉的舒适度两个层面。比如，从使用舒适的角度来看，多高的柜体适合存放衣物？洗发台多高适合员工操作？在顾客洗发时，顶棚照明应该是什么样的？而在视觉舒适度上，高明度低纯度的色彩营造了轻松明亮的氛围，最大限度地减少了局促的面积给人带来的压迫感。

在这个项目中，手绘图从真实角度与虚拟角度同时向业主展示人在空间中的感受，手绘图在设计中扮演的角色是将不同风格和类型的语言统一在同一空间内，并表达出来。

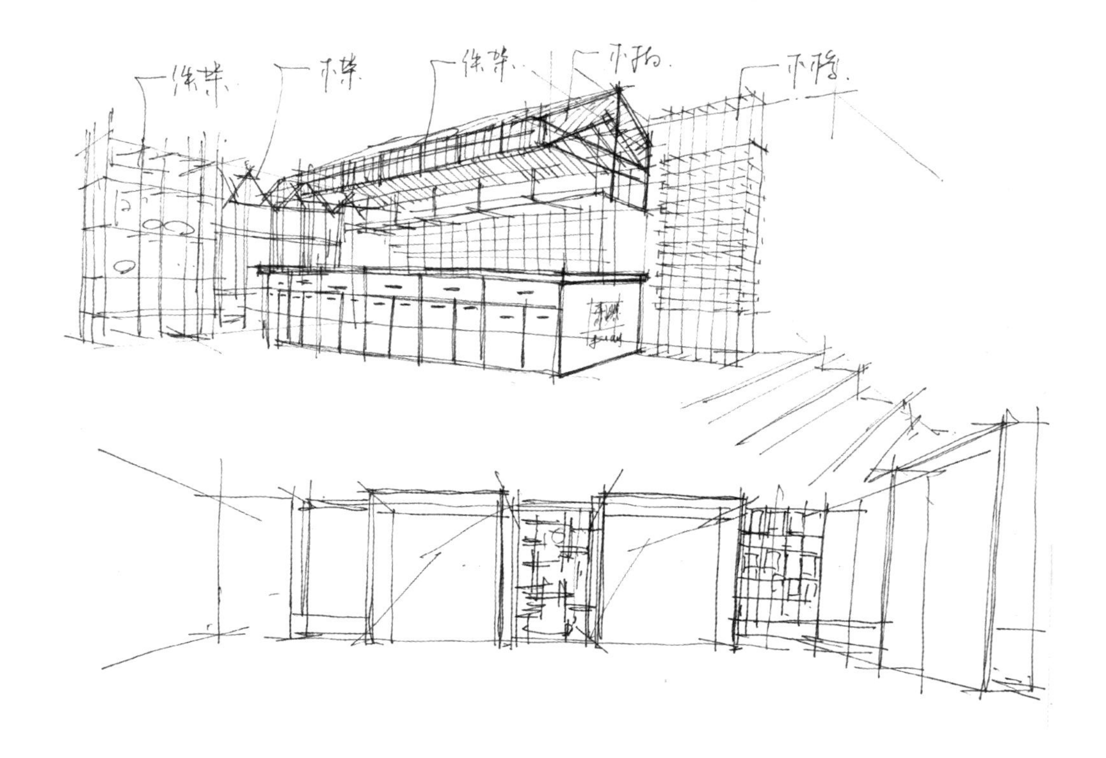

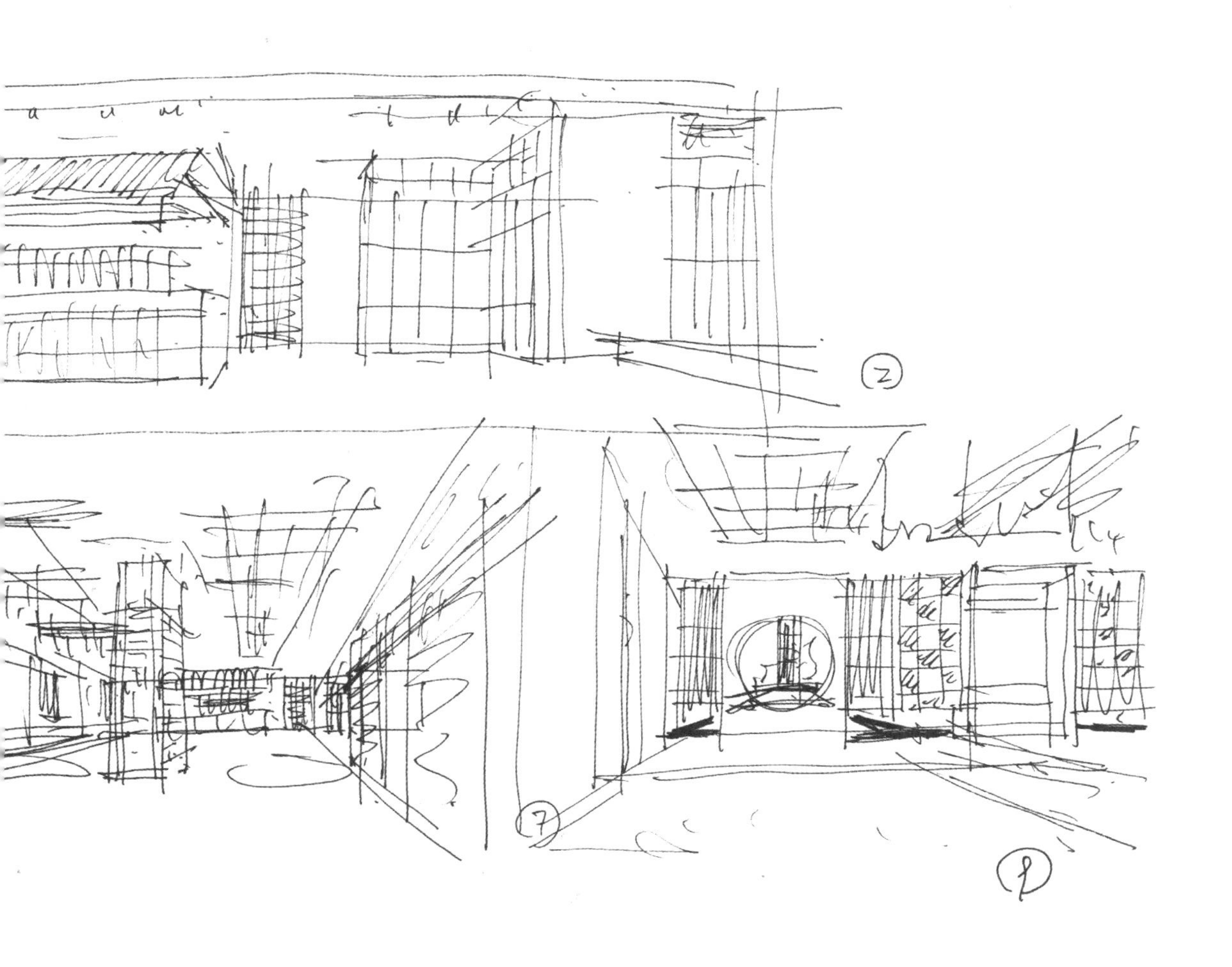

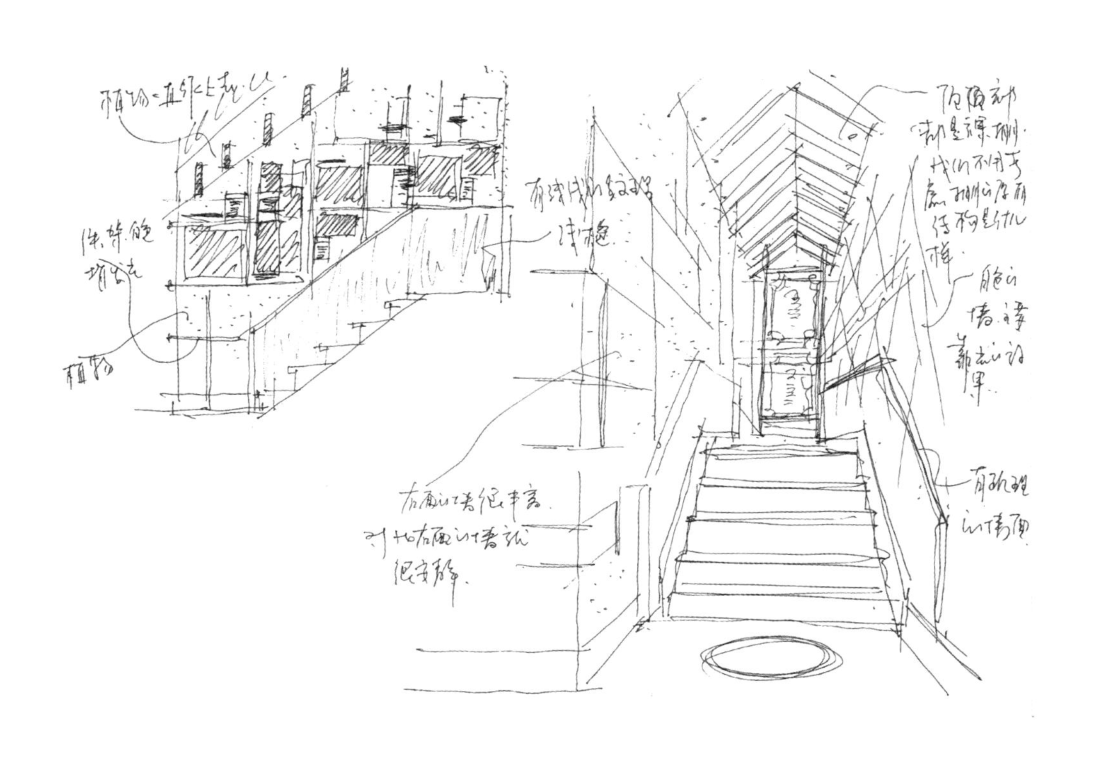

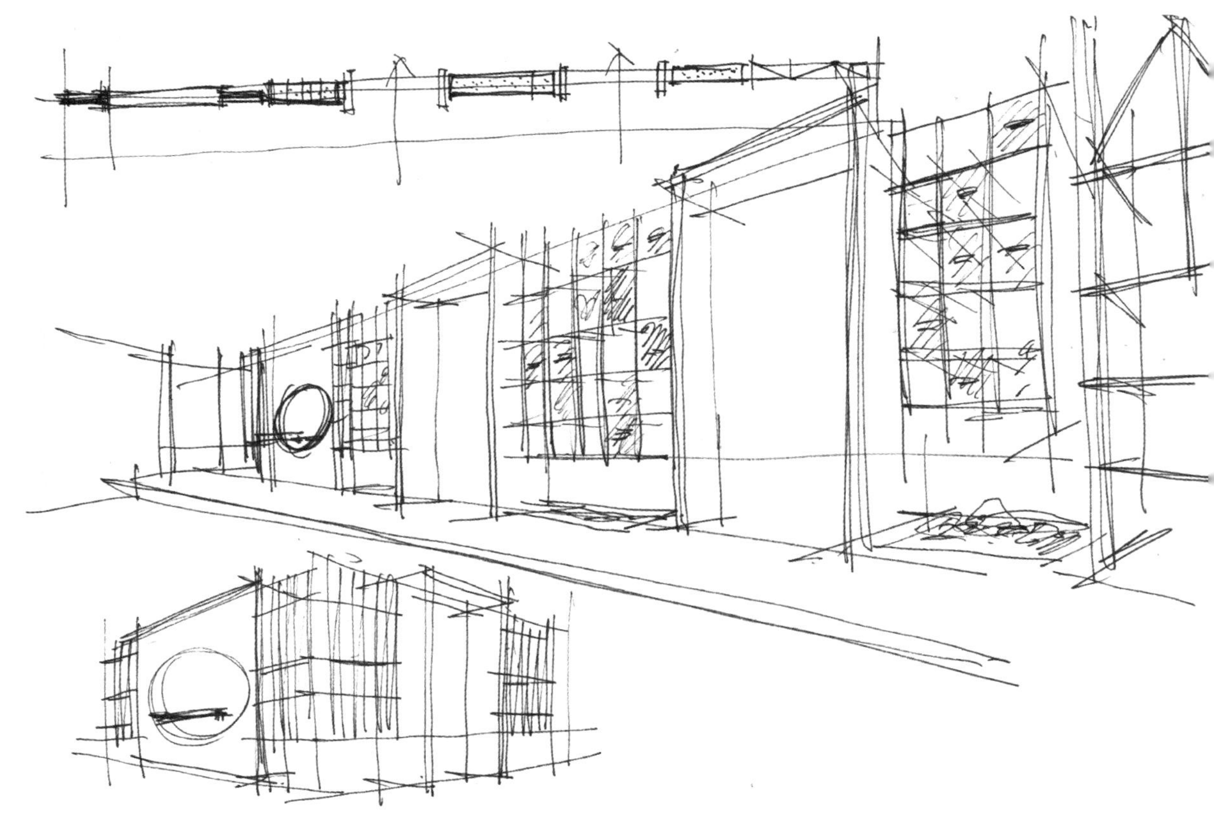

用手绘图推敲空间关系——丹东规划馆

这个项目是一个城市科技规划馆的展厅，位于辽宁省丹东市，室内面积是2500 平方米。规划馆或科技馆这类展览展示空间要求设计师有一定的理解文案的能力，因为只有在详细梳理展示陈列大纲的基础上，设计师才能熟练地驾驭整个空间的平面布局、处理各种信息。

在方案设计阶段，设计师首先从城市的规划和发展的角度来理解这个城市规划馆。丹东市是一座以商贸、旅游、物流等为主的沿海城市，在这个规划馆中，要重点展示出它的城市发展和城市规划情况。如何将一座城市的科技发展历程与城市地域特性在展馆中体现出来，是这个项目中的难点。基于这个规划馆的性质，时尚和科技感是它的主要特征，室内还有结合空间装饰、多媒体演示等多个组成部分。

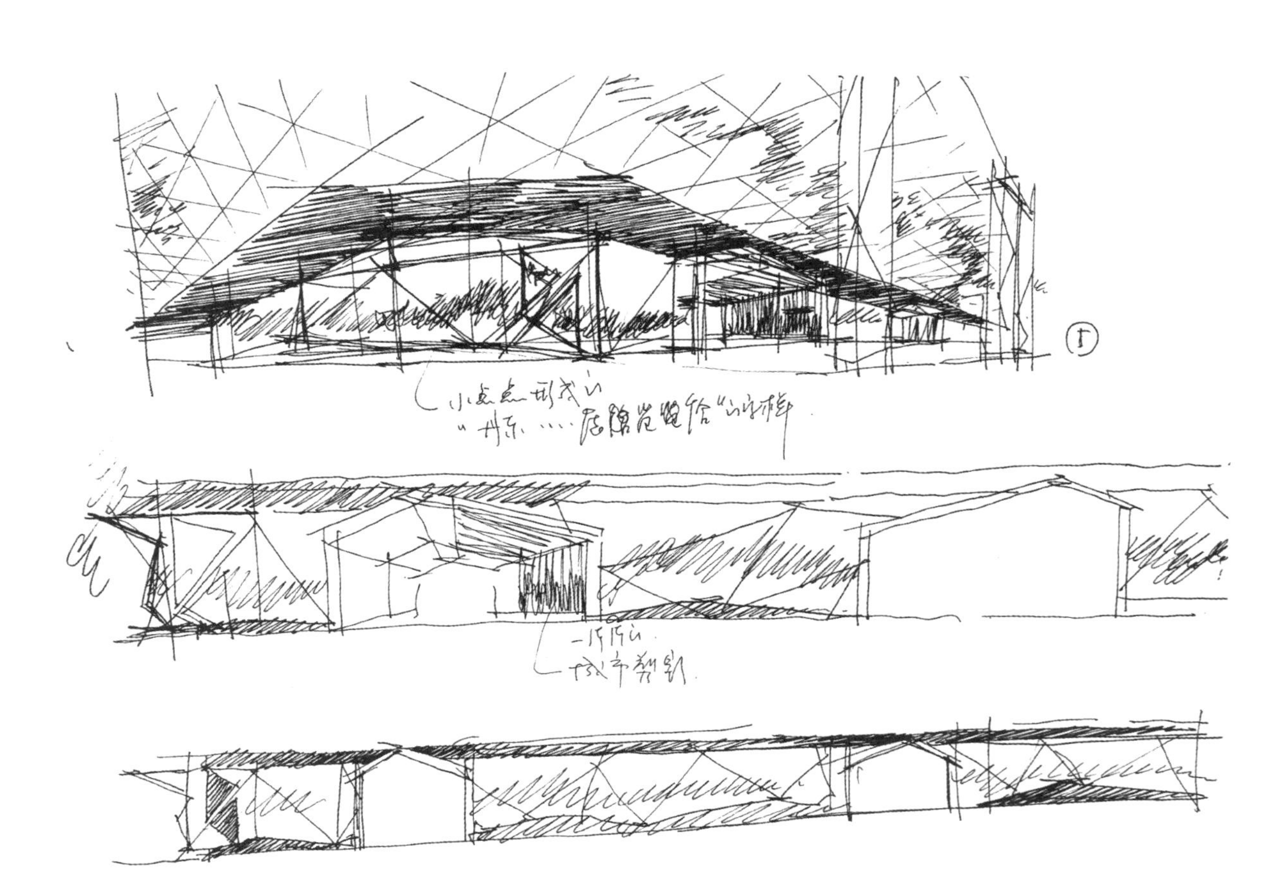

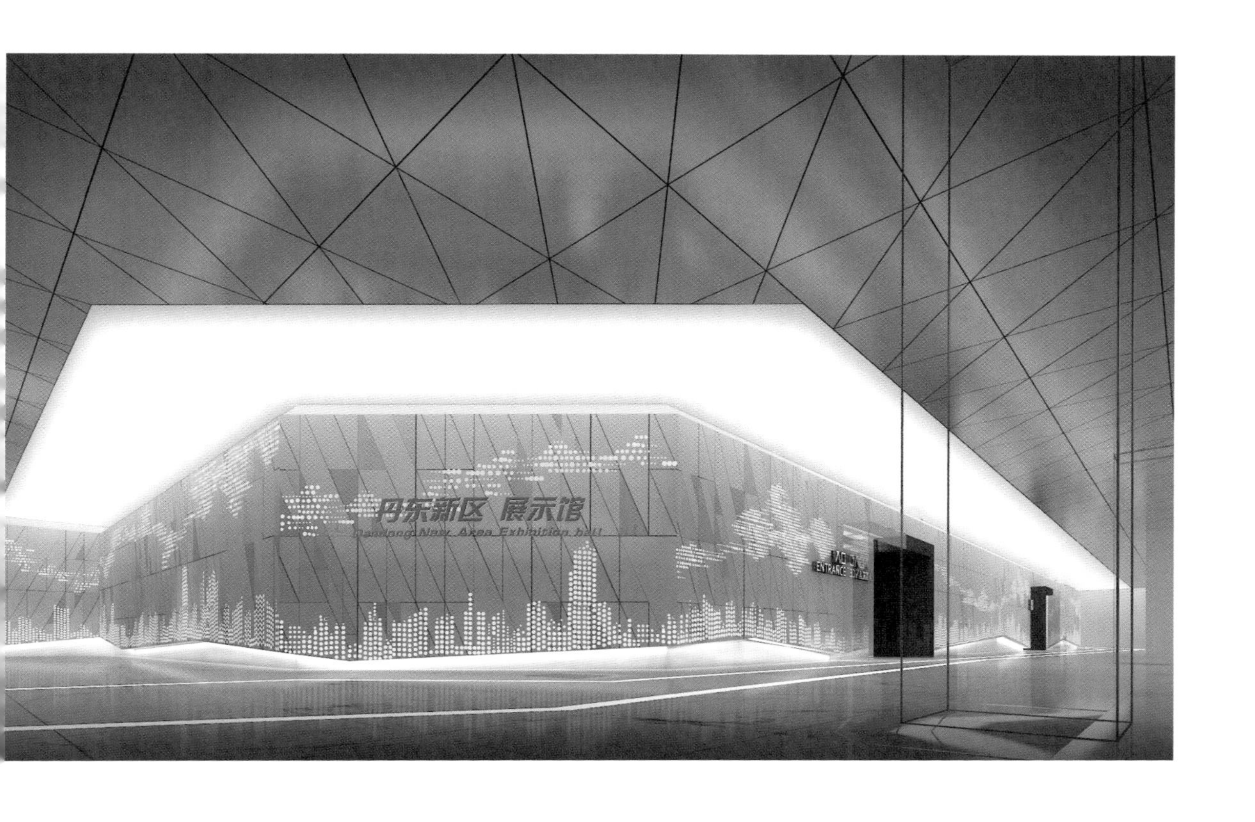
丹东新区 展示馆
Dandong New Area Exhibition hall

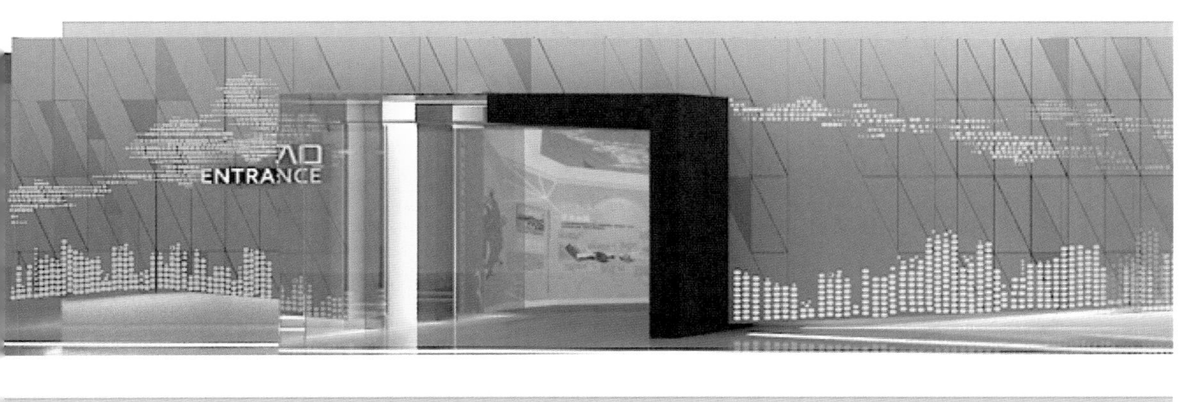
入口
ENTRANCE

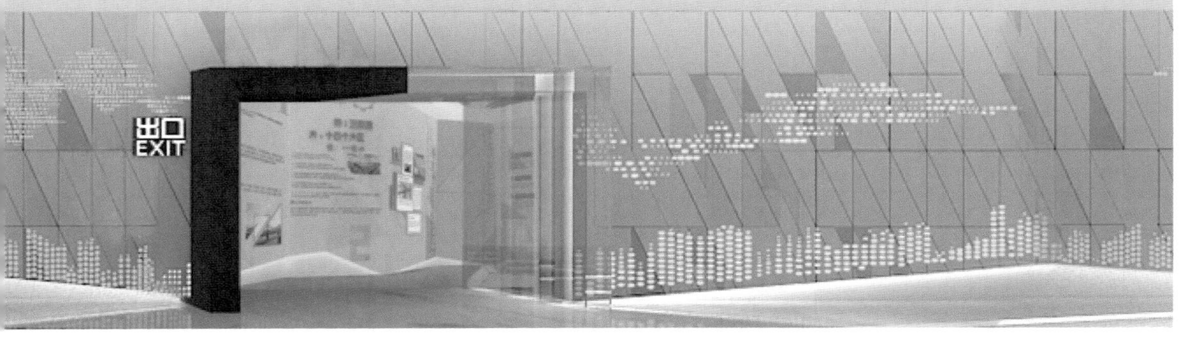
出口
EXIT

从功能上来看，一个城市规划馆需要具备的基本功能空间主要有序厅、多媒体厅、沙盘厅，以及展示各部分内容的展厅等。设计师首先利用原有建筑 8.5 米的空间高度，人为地制造了室内空间的高度差。然后在展馆的主入口处，将室外的光线引入室内，使棚面和墙面在视觉上分割开，同时将墙体根部进行虚光处理，使入口处的墙面在视觉上有一种悬浮感，看上去非常轻盈。展示墙的材料采用金属板，并在金属板上打孔，突出展厅的科技和未来感，这种现代形式表达也贯穿了整个展厅中。

序厅的棚面和墙面材质保持统一，并且绘制和拼贴出了一些几何形状表现展厅的现代感。写着序言的展板上结合了丹东市的城市天际线，极具雕塑感，也使整个展厅具有很强的视觉张力。楼梯采用了不规则的形式，错落有致，底部光线的加入使楼梯仿佛悬浮在了空中，并将参观者引入另一个展区。

这个项目在前期的方案阶段，设计师将自己对城市的理解、对规划的理解、对展示的理解上升到一定的空间美学高度，然后运用手绘图勾勒出概念方案中空间的穿插关系，进而不断地推敲整个展厅内部空间的组合关系，同时也具体地推敲某一个空间内墙面、棚面和地面的关系。最终，实际的落地效果与手绘图和效果图的出入降到了最低限度。

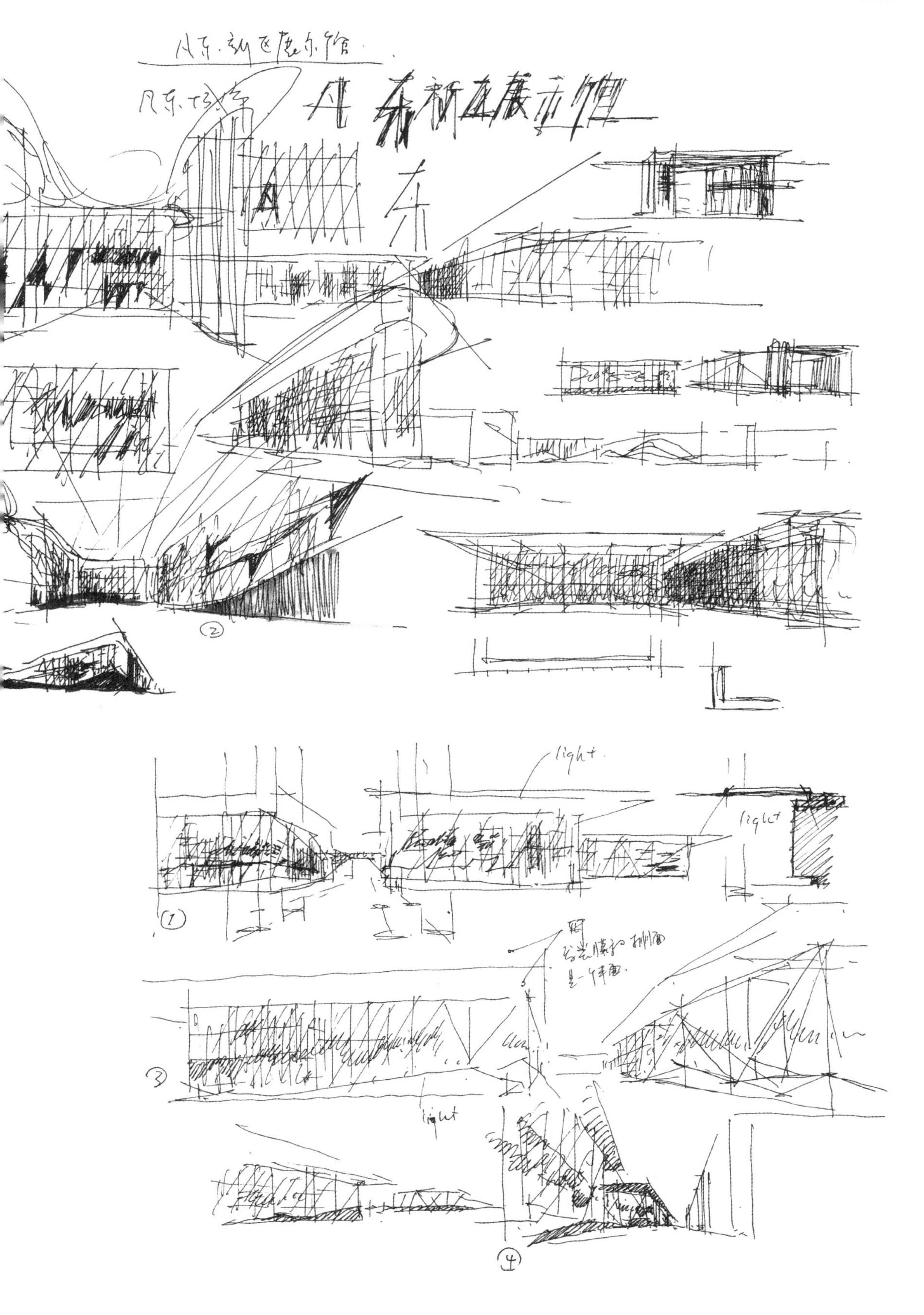
light
light
light

TRADE
Unit 4
重点项目
Unit 5
贸易
NO.1
NO.2
国内贸易
Domestic trade

第一单元·用地规划
LAND USE PLANNING
片：十四个片区
75%
60%

结束语
ONCL UDINGREMARKS

空间的优化升级——篮球主题健身中心

这个项目是位于辽宁省沈阳市的一个健身中心，在原有的基础上，空间需要做一些优化升级。在设计之初，设计师首先考虑了这类健身中心的消费人群在空间中的心理感受。

健身运动一般以减脂和塑形为目的，设计师在做项目方案之前，首先调查了一部分健身爱好者。调研的反馈说明，在进行有氧运动的过程中，健身的人一般是处于非常辛苦和孤立的状态，所以设计师希望能提高使用者在空间中的互动交流，也让空间看上去更有趣味性。基于这样的考虑，设计师主要从两个方面来优化空间：

第一是色彩上的把握。目前常见的健身会所一般是都采用灰色调，并且使用金属等工业风格常用的元素，但是在本项目中，设计师希望色彩尽可能地让人感觉到亲切、明亮，并且愿意融入这个空间。所以无论是地面、墙面还是棚面，都融入了明亮的颜色。

第二是关于空间内的信息传达。平面设计上运用了图片、文字等形式宣传健身知识。同时，这个项目是一个篮球主题的健身中心，所以设计师利用了一部分空间展示篮球知识，使空间看上去更加丰富，也更有互动性，如

把中国篮球的发展历程和辽宁男篮的一些辉煌历史等信息融入整个健身空间，让使用者在运动和休闲过程中还能获取到一些信息。

除了这两个主要方面之外，设计师也运用了一些平面叠加的方式，使原本看上去比较呆板的空间看上去更立体、更丰富。

在设计师与业主沟通的过程中，业主提出想让这个健身空间同时也是一个球迷之家，能承担球迷聚会、企业团建的功能，并且也能配合健身中心的线上和线下营销。基于这样的要求，设计师优化了大部分健身中心固有的空间特性，在传统健身中心的基础之上，在空间中加入了一些娱乐的元素。

在方案设计的初始阶段，设计团队多次到现场勘察，了解使用者在空间中的真实感受，如在进入健身中心主入口的时候，人看不到空间里面的情况，只能看到吧台，而在离开的时候，人可以看到吧台左右两侧的墙体。所以，设计师在做方案时，着重考虑了使用者在进入空间和离开空间时的视觉中心在哪里。在视觉中心的位置，加入了一些宣传语。整体墙面还是保留了大部分原有的设计形式，如斜线、深颜色的背景，但是根据空间中的动线确定了每面墙的具体文字和图片，使整个空间一步一景。

这个项目采用了类似展示设计的手法，打造了一个能配合业主营销的空间。在方案设计的前期，设计师首先用手绘图把整个方案的立面形式拆解出来，然后在方案实施和项目落地阶段，把看上去不够完善或者比较呆板的地方进行了优化。在这个过程中，手绘表现是推动团队工作的一个工具。这个项目中，设计师绘制了大量的立面手绘设计图纸，并且图纸内容非常详细。

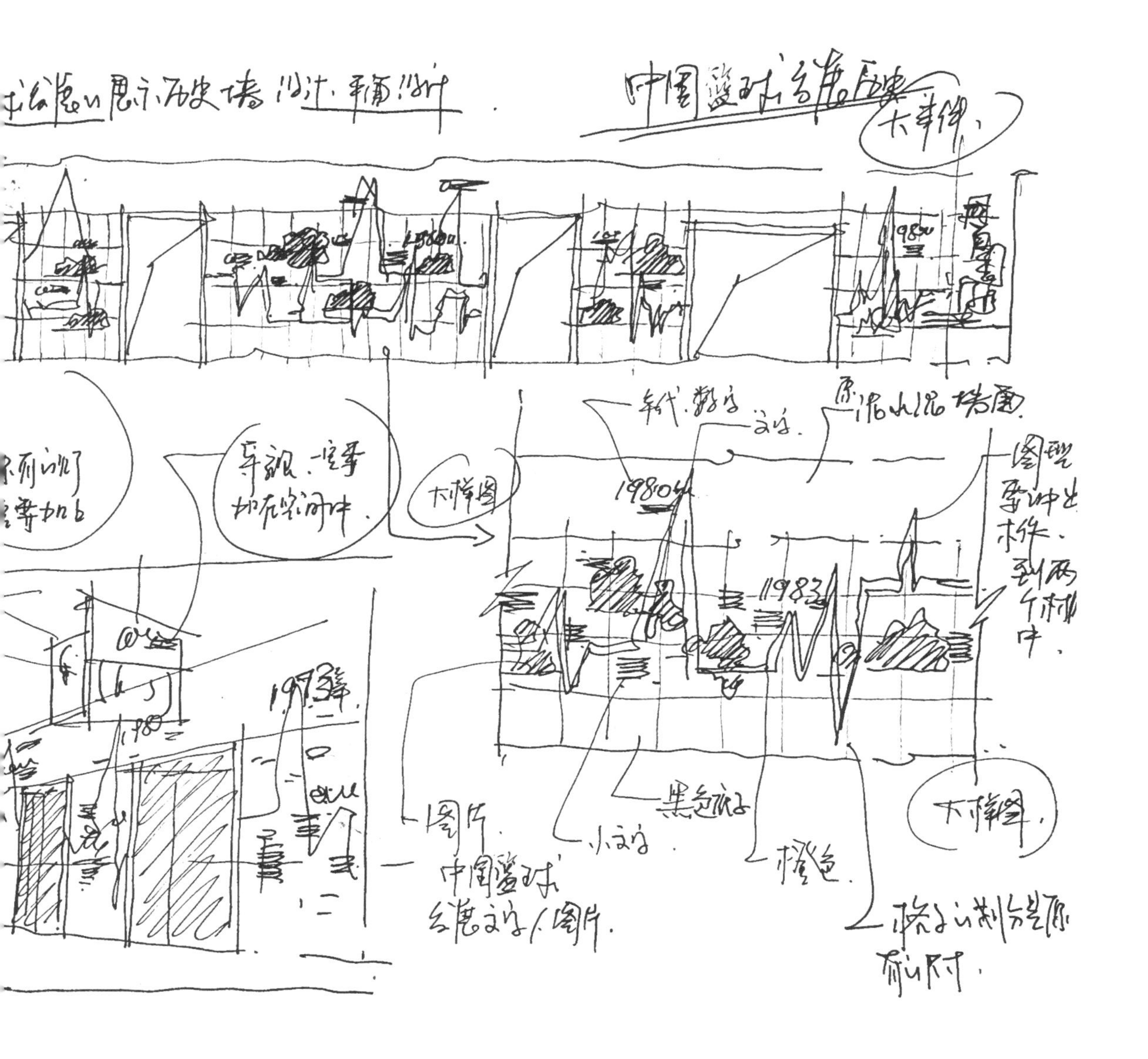

THE DEVELOPMENT OF
CHINESE
BASKETBALL
中国篮球
发展

THE DEVELOPMENT OF
CHINESE
BASKETBALL
中国篮球
发展

TENNIS
SOCCER
NO PAIN NO GAIN
DARE TO CHALLENGE
FITNESS

全力出击
勇往直前
GO AHEAD WITH
ALL YOUR MIGHT
BOXING

CAN
YOU
理疗室
Richard therapy room

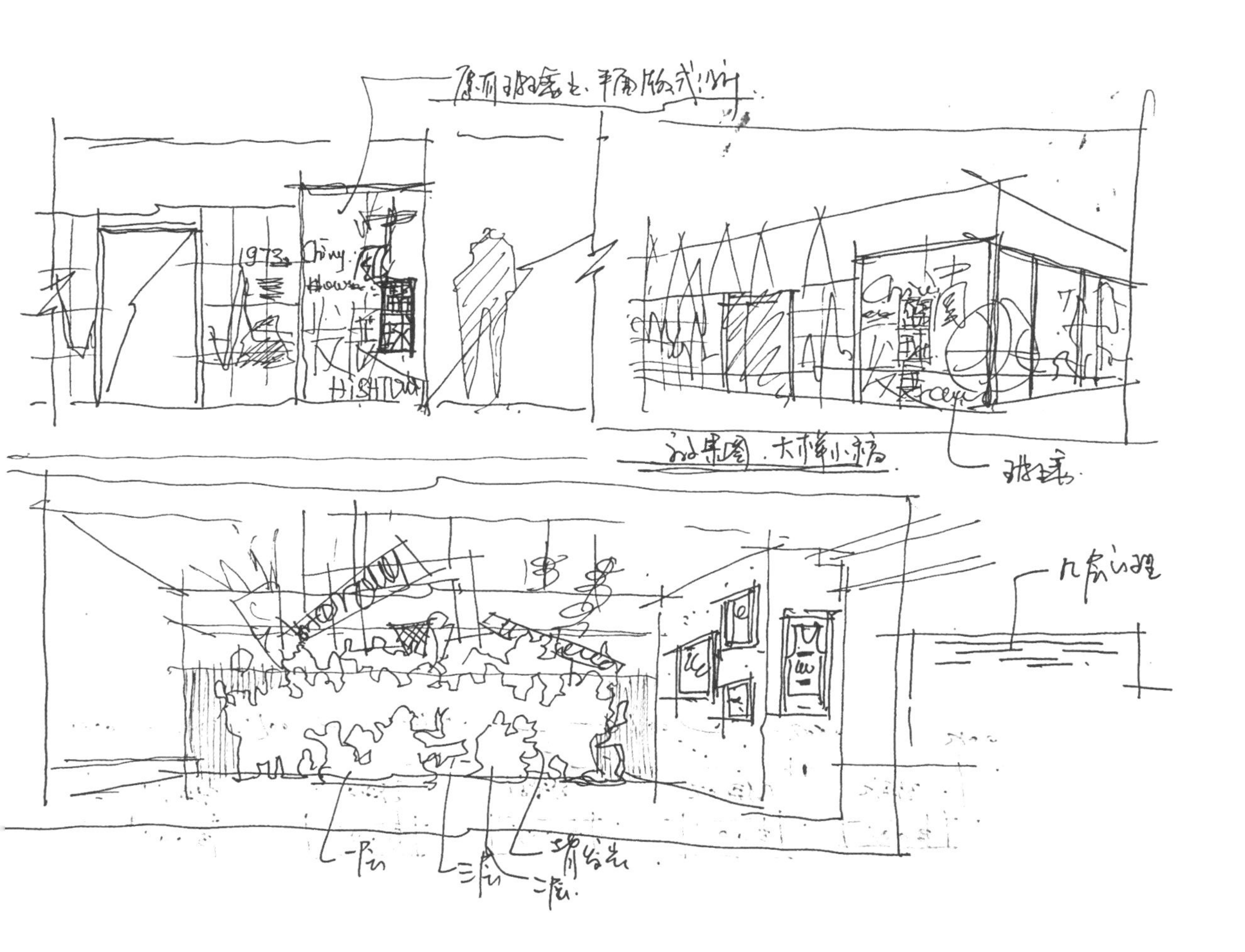

跨界艺术表现手法的应用——汇置 · 尚岛营销中心

这个项目是一个地产营销中心，因为建筑原来是一个可以容纳 1500 人的音乐厅，所以建筑结构与传统的地产营销建筑有所不同，这就需要设计师把音乐厅的使用功能和营销中心的使用功能整合在一起，空间的氛围也要融合音乐厅的艺术感觉和营销中心的销售功能，这是前期设计中的重点和难点。

在概念设计的过程中，设计师用简单的方式理解了这个复杂的空间——无论是规整的空间还是异形空间，或者是有挑高的空间，都可以看成是一个盒子，设计师只不过是在处理盒子的内部、外部和内外空间的穿插关系。基于这样的理解，设计师从音乐厅的舞美设计中得到启发，找到了一些与这个空间相匹配的设计符号，借鉴了一些舞美设计上的夸张手法，希望能在室内空间营造出一种戏剧感，并且融入现代轻奢的风格。在这个基础上，设计师在策划上提出了"人生如戏"的空间主题，希望这个空间是每个使用者的精神港湾，人们可以在这里感悟人生，享受生活。

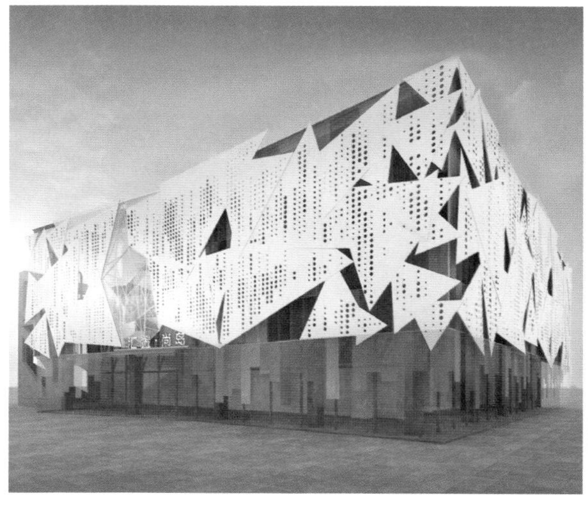

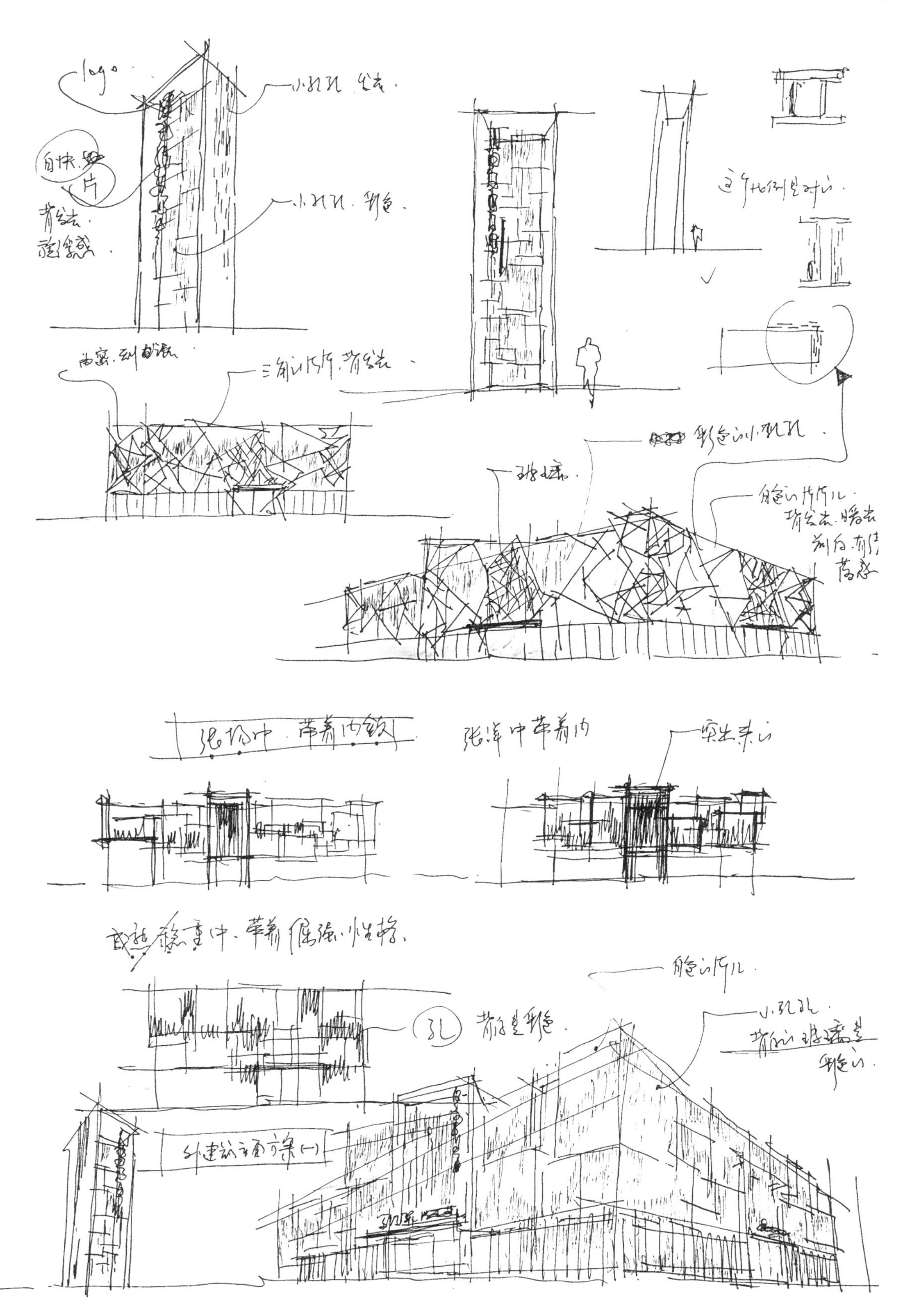
logo

营销中心的公共区是一个 15 米挑高的空间，这是本项目中的一个重要的部分。这样的尺度会带给人视觉上的震撼和心灵上的敬畏，所以设计师在保留了原建筑结构的前提下，在空间中增加了一些灯具、艺术品和艺术装置。同时，为了让空间更加丰富，并且传达出更多信息，设计师使用了舞台剧中的一些符号——舞台幕布、竖琴、风琴等，用舞美设计的处理方式，把它们排列在 15 米高的墙体上。在空间一、二层的棚面和墙面上，设计师使用了同样的设计语言，选取了一些胸巾手帕的纹理和图形，当作空间的装饰。这样从头到尾贯穿一种设计语言也是一个大胆的尝试，类似于酒店的设计手法。

在方案设计时，设计师在空间中加入了一些装置性的元素，如在挑高的空间中加入一些彩色的“玻璃盒子”，这些“玻璃盒子”是一些功能上可变的场所，能够与使用者产生互动，可以用来配合营销中心的宣传活动。

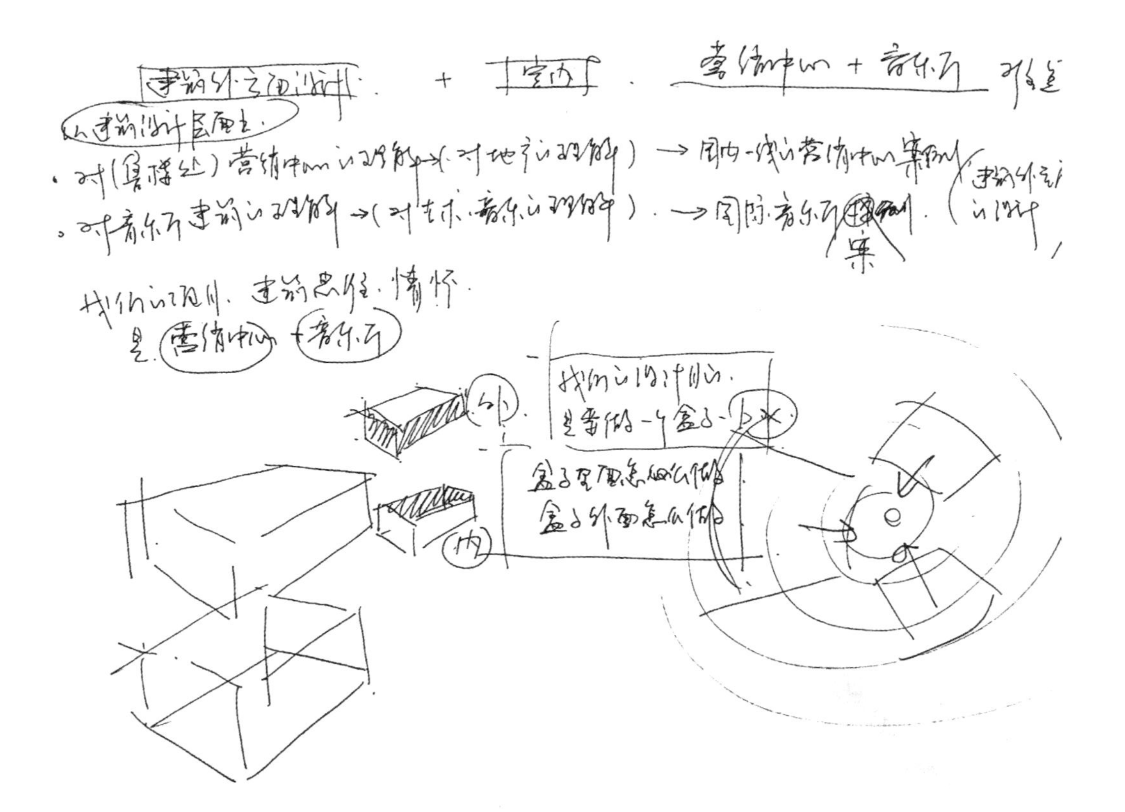

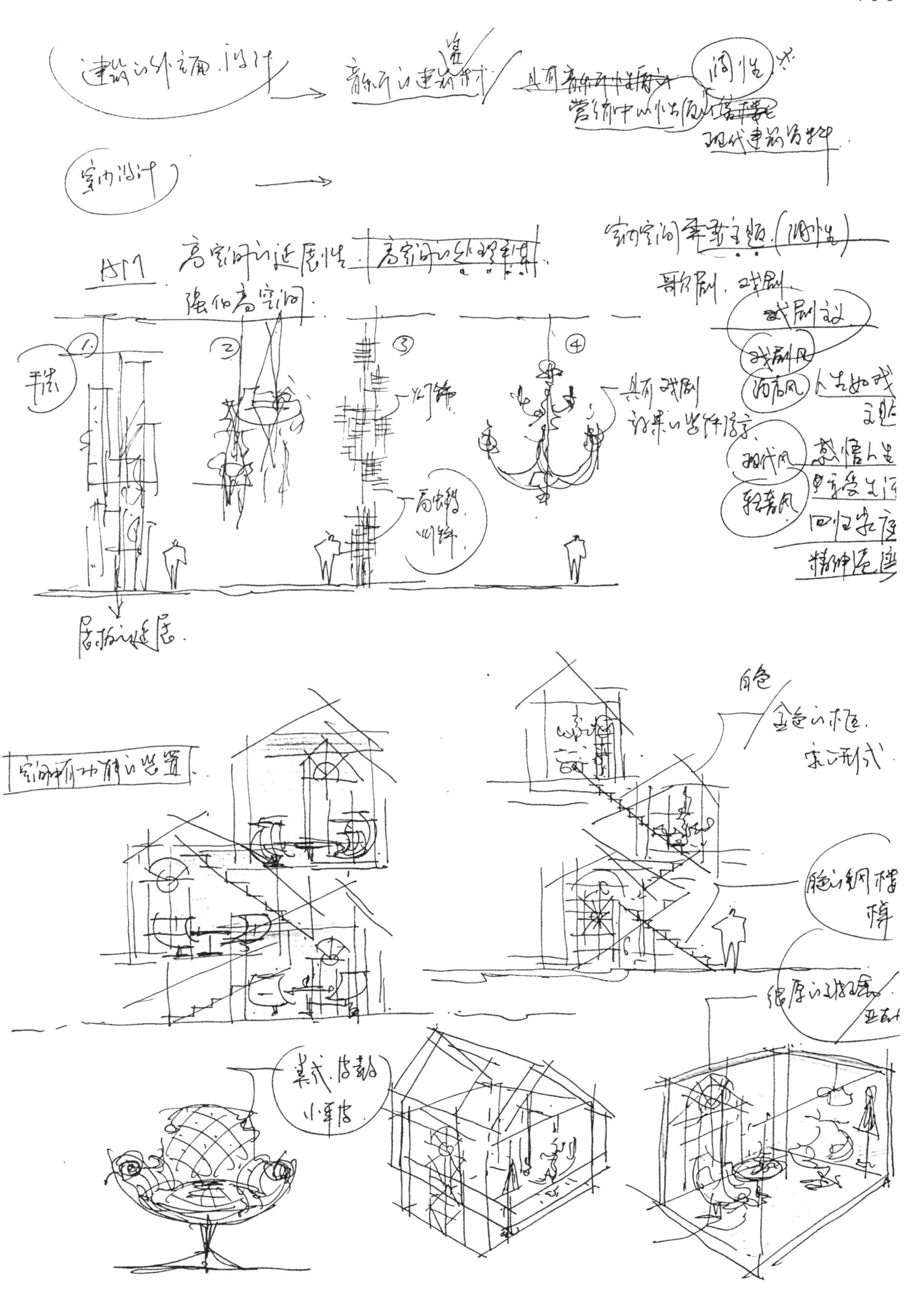
室内设计
手法
灯饰
戏剧风
现代风
轻奢风
人生如戏

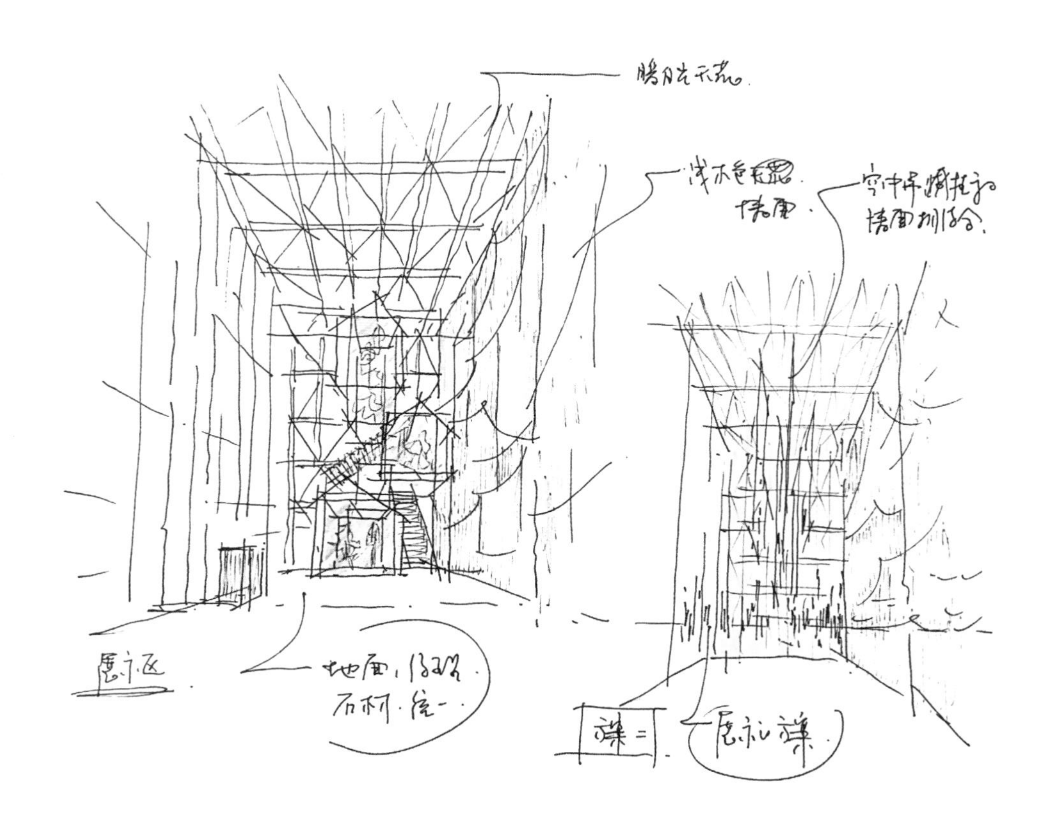
展示区

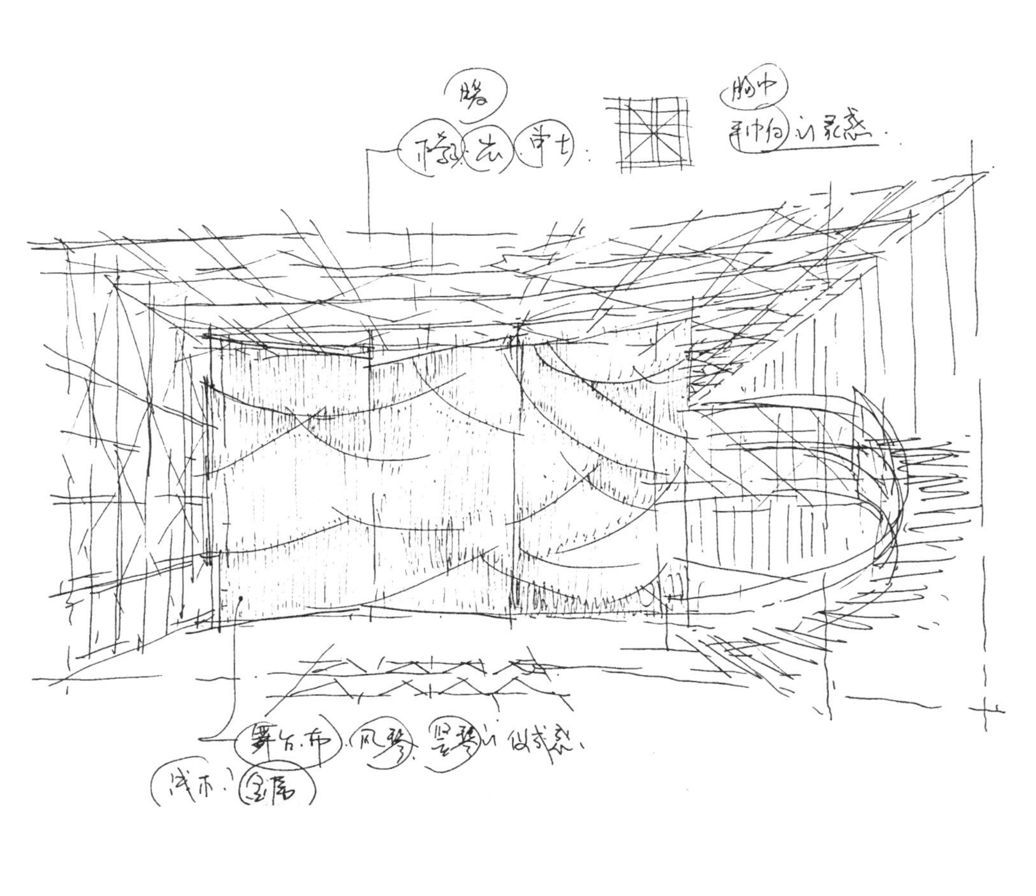

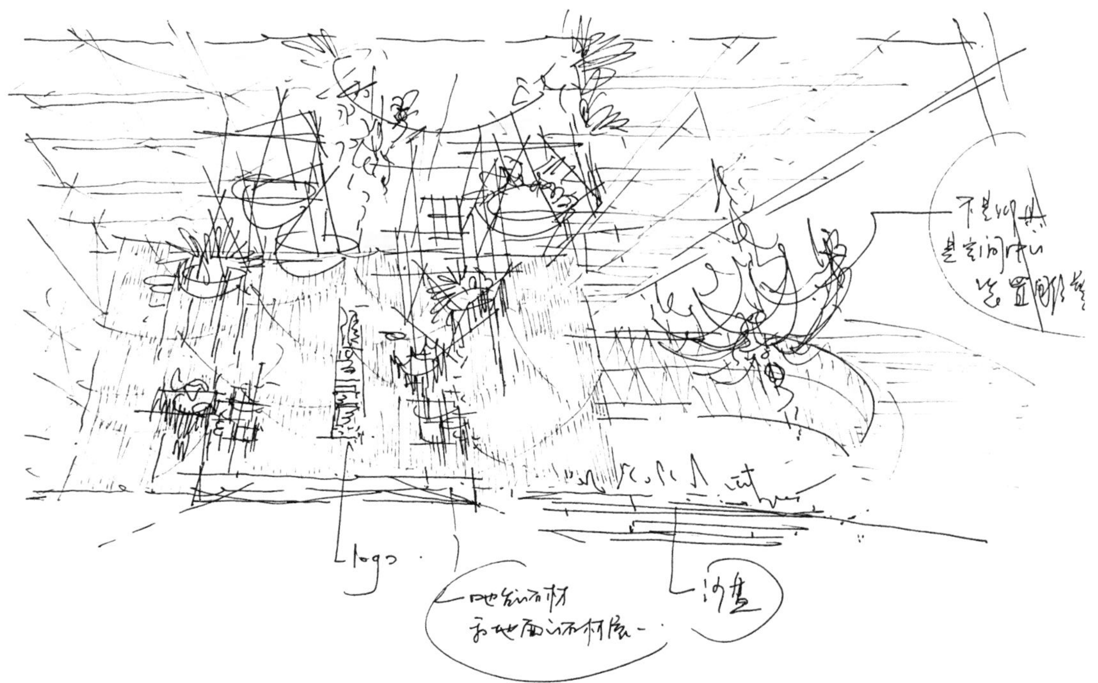
logo

在这样的设计思路下，设计方案已经没有了“痕迹感”。所谓“痕迹感”是在设计方案过程中对已有的、成熟的设计案例的借鉴。而如果我们在方案设计阶段深挖项目背后隐藏的寓意，找到其他行业的艺术表现手法，然后重新提炼并运用到项目中，这样就会找到灵感，形成原创的设计。

本项目的设计方案在有手绘图支撑的前提下，也用电脑软件进行了实景模拟，力图让空间的舒适感更强，同时增加了一些原创的图案和纹样。

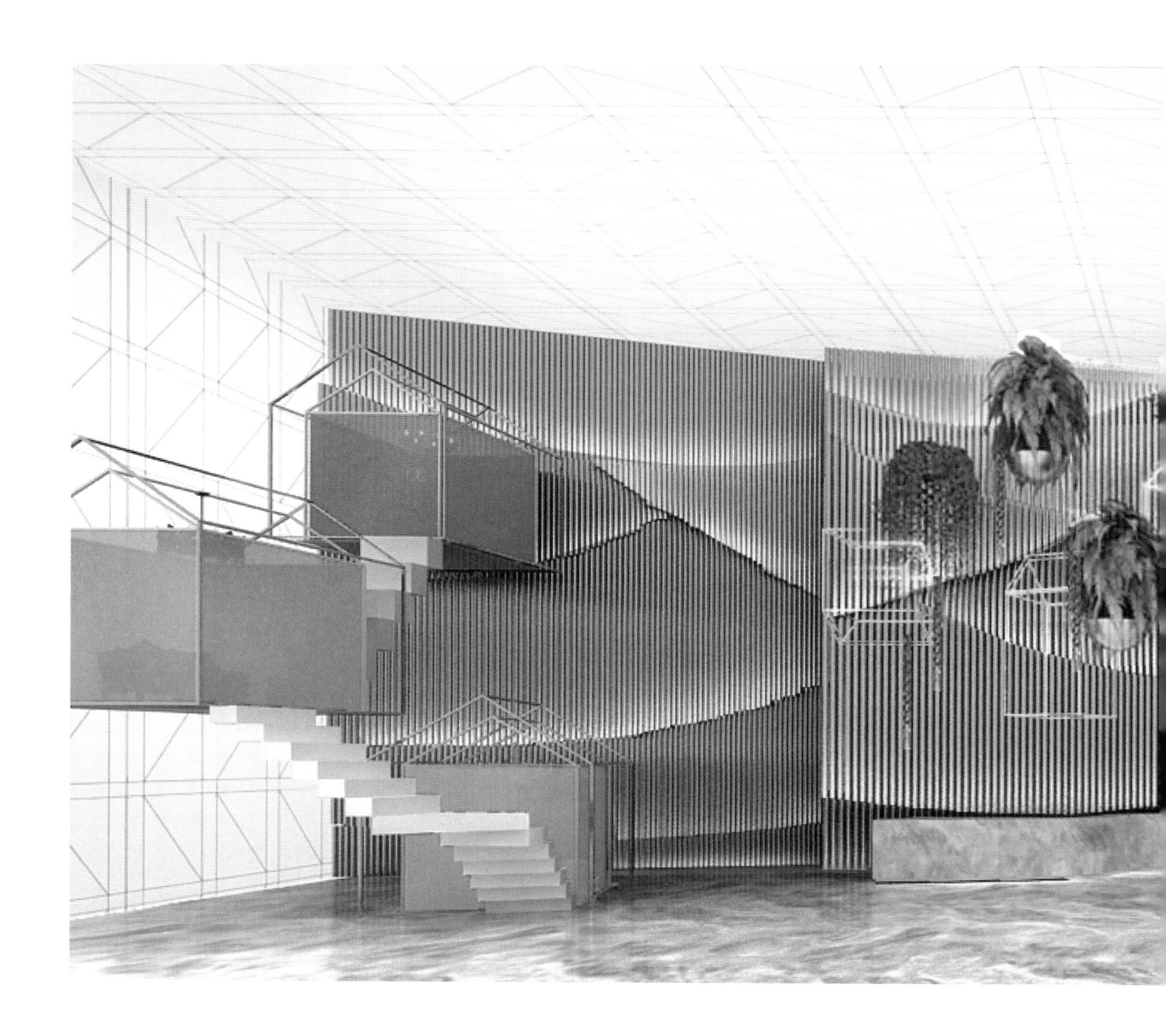

寻找原有空间的优点——汇置·尚郡销售中心

这个项目是地产销售中心。设计师需要在原有建筑的基础上对建筑和室内空间进行改造。这个项目充分尊重了原有空间，并没有对原建筑进行大范围的拆除和改动，而是在原有的基础上寻找建筑立面和室内空间的优点，并予以保留，然后把营销中心需要具备的功能整合到空间中。

这个建筑原本是一个会所，建筑立面带有尖顶、红砖墙，窗户是简欧的形式。在改造过程中，设计师首先考虑的是，这个空间是为谁服务的？它是一个公共建筑，那么如何在公共建筑的外立面上体现出仪式感？设计师运用了一些手绘图，简单地勾勒出原建筑的大体轮廓，然后根据这些轮廓把原建筑的形式和材料提炼出来。设计师希望建筑立面体现出一种现代轻奢的感觉，并且让室内空间成为建筑立面的延伸，所以使用了现代的设计手法，在保留了原建筑结构、部分材质的基础上，强化建筑的装饰符号，弱化原有的颜色和材质，通过这样的方式让建筑产生现代的感觉，同时还要考虑兼顾这个地产空间的调性——高雅而不浮夸，贵气而不奢华。把这些抽象的思路用图形和材质体现出来，也就形成了设计的思路。

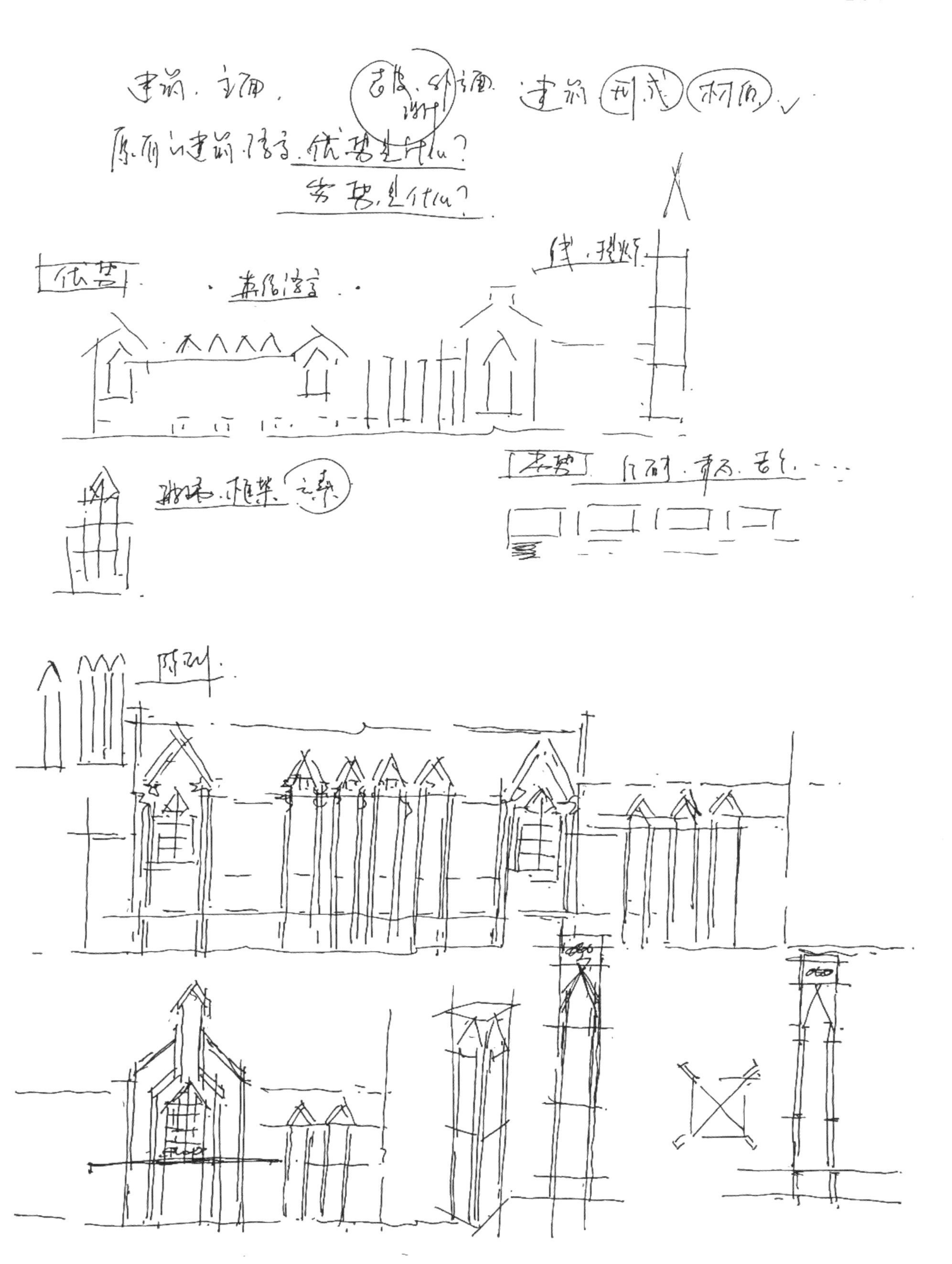

建筑外立面是东西方建筑语言的结合，有东方传统建筑的斗拱形式，也有西方的水晶灯具，并且用现代的设计符号体现了出来。同时，原有元素和后添加的元素之间形成了对比，出现了一种戏剧化的效果。在材质上有钢和玻璃，设计师希望能用色彩强化材质之间的对比，突出建筑立面的历史感。

在手绘概念方案的阶段，设计师把整个建筑的层次体现了出来，原建筑的哪些材质是要保留的？哪些是需要舍弃的？同时也考虑了使用者在走进这个场所后，从不同角度审视这个空间时的感受。

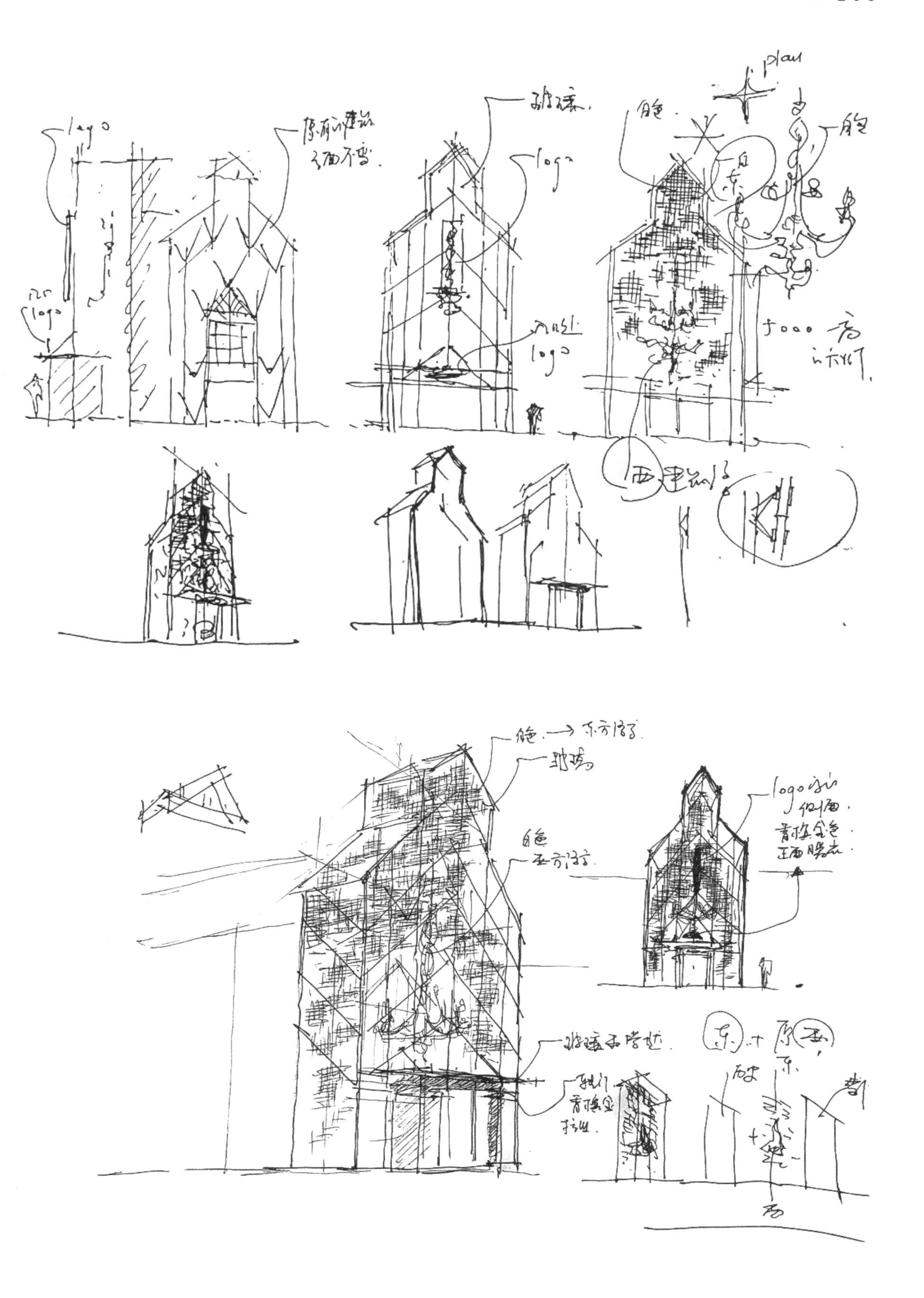
logo
plan

这个项目的室内部分设计的重点是公共空间的处理方式。设计师力求把室外的一些装饰语言运用在室内，让设计由室外自然而然地转向室内。同时，设计师想摒弃传统营销中心的处理手法，让空间体现出类似酒店的舒适品质。具体从以下几个方面入手：第一，室内运用了中轴对称的布局形式；第二，将原有建筑的优点继续强化，主要的接待空间用挑空的形式处理；第三，传统的落地隔断被做成了中国古代铠甲的形式和屏风的形式，让空间看起来更通透、灵活；第四，在色彩上，整个室内空间高度统一；第五，空间中大量使用弧形墙面，产生围合的空间。这种弧形墙面源自西方的宗教建筑，呈现出弧形的挑空空间，给人一种庄严肃穆的感觉，容易让人产生归属感。

在后期的室内方案设计中，设计师同样绘制了大量的手稿来支撑设计方案，并且也使用了效果图完善方案，如用效果图分别做出一些白天和夜间的效果。

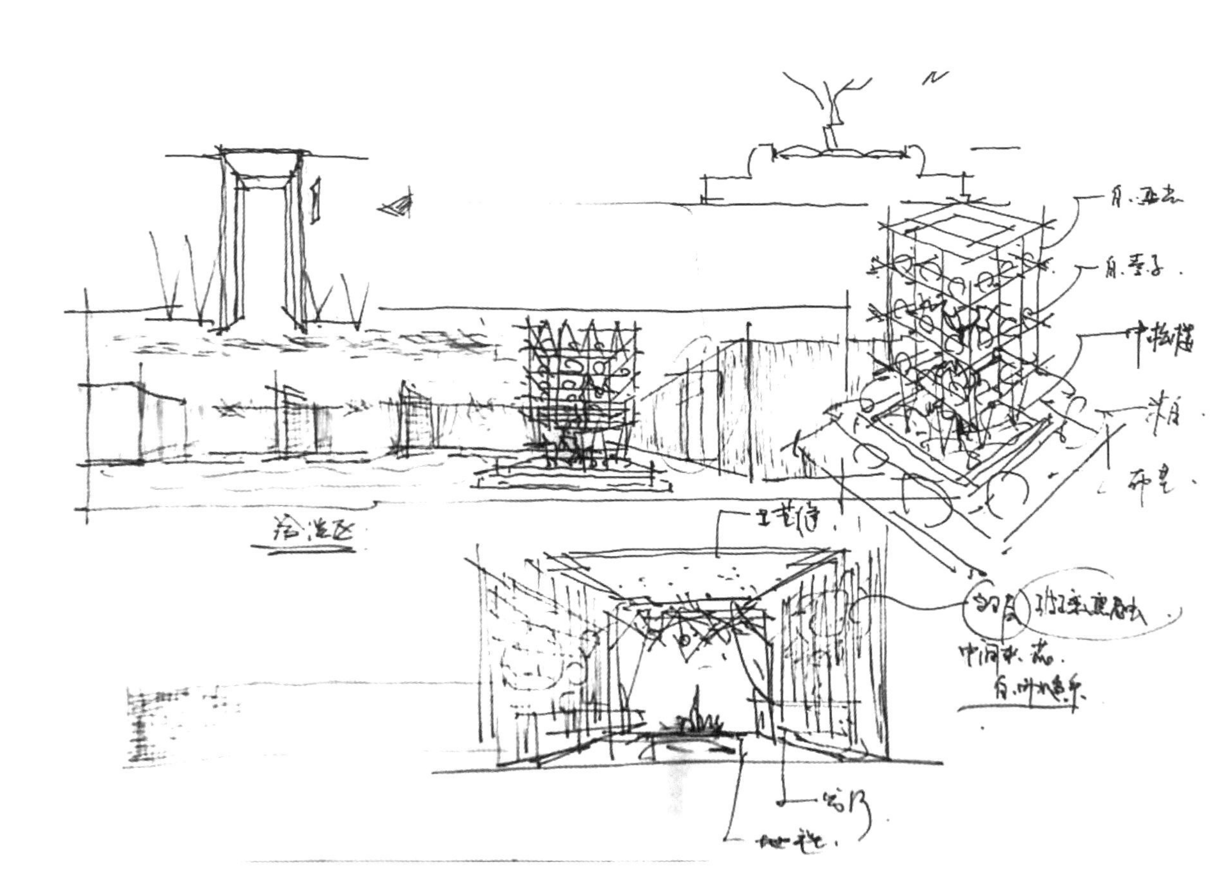

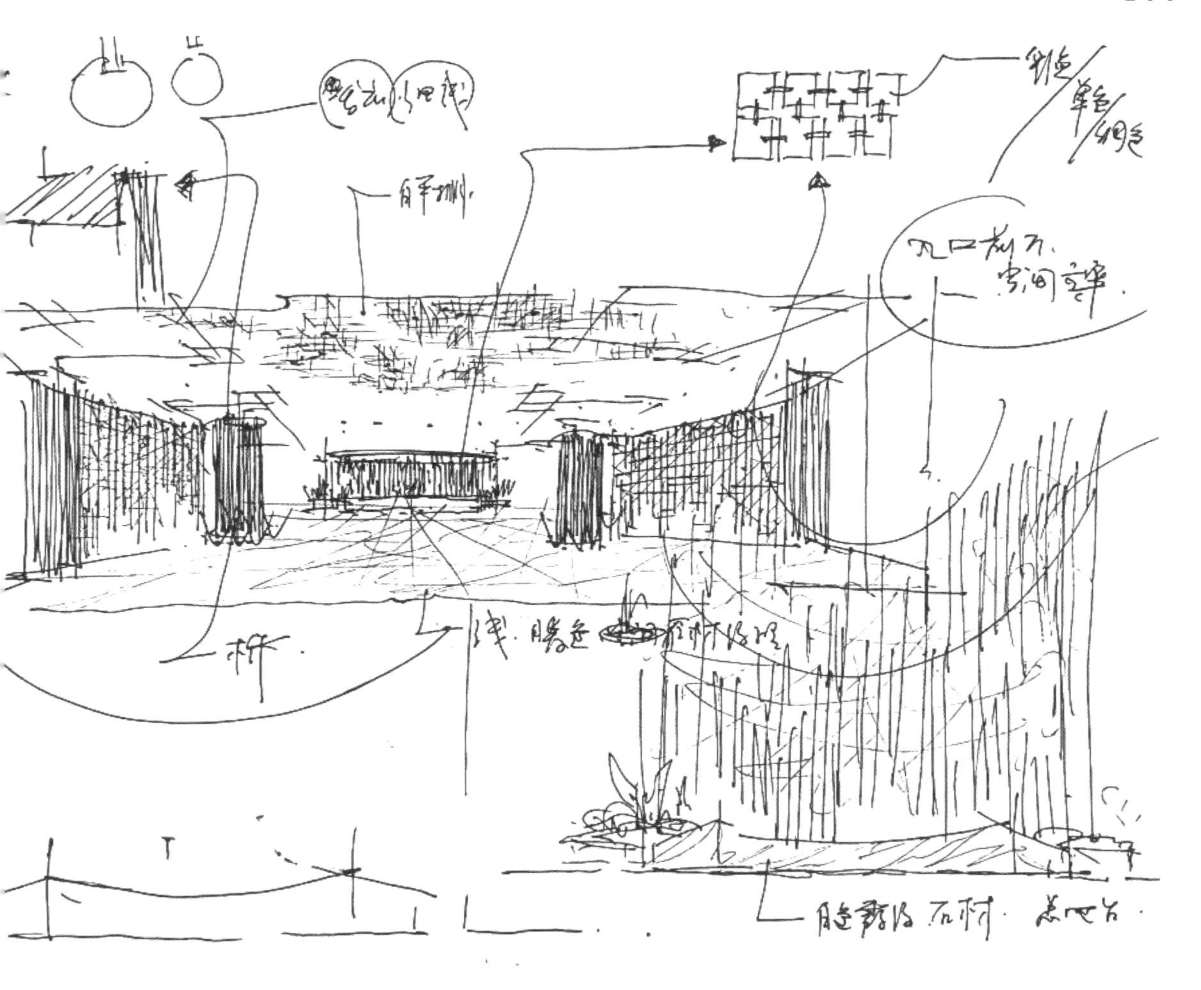

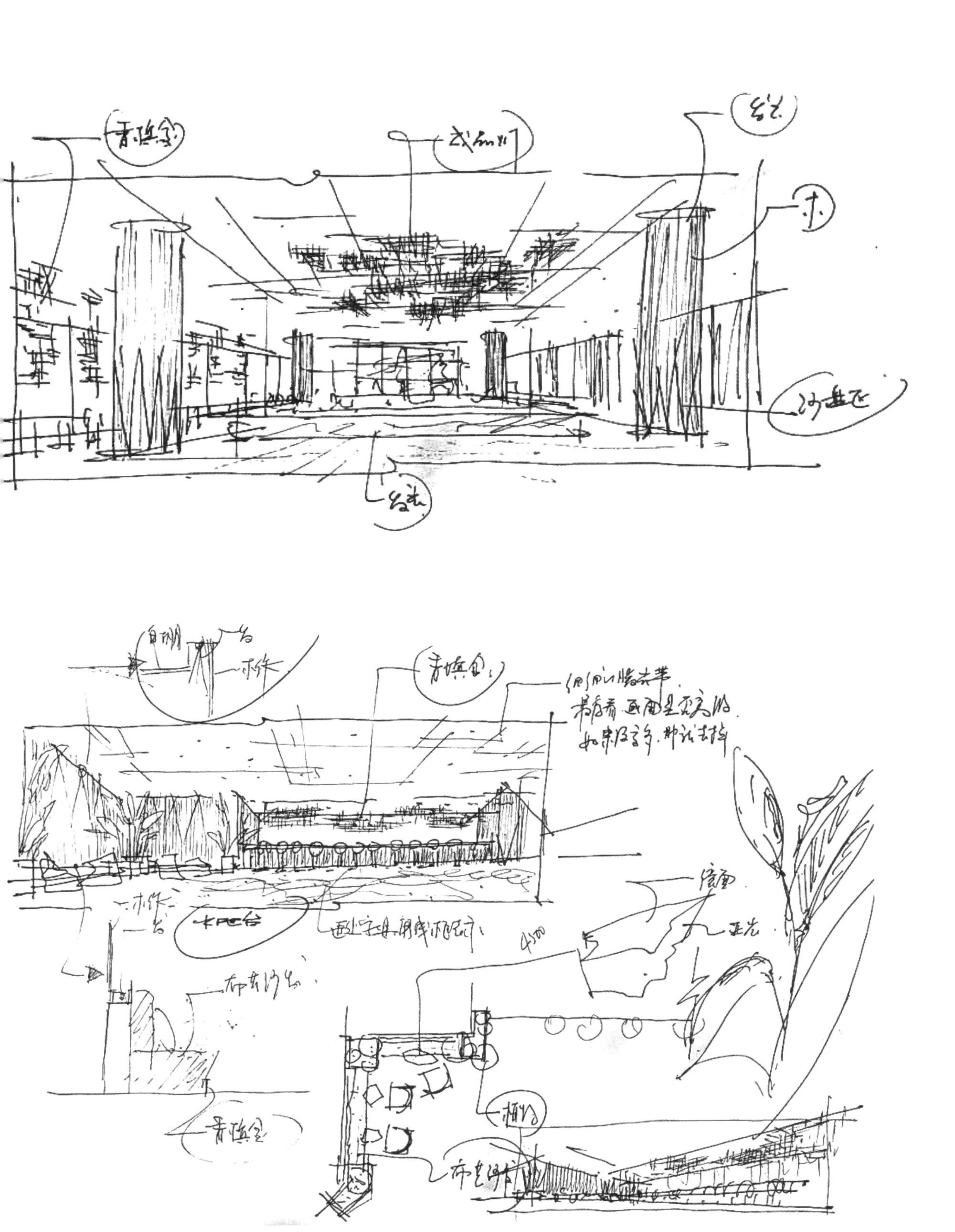

小空间如何保证设计的统一性——沐久发艺

这个项目是一个商场内的美发中心，面积比较小。对比较小的商业空间来说，在前期要考虑的是因为空间的局促，使用者对空间的感知比较整体，所以在设计上，颜色、形式、材质一定要更加统一，才能使空间看上去更协调。

这个项目的设计从店面装饰一直延伸到室内，设计师希望空间能更通透，并且用了一些低价的材料营造时尚和高端的品质。在形式上也试图迎合当下年轻人的喜好，希望通过空间设计来增加消费者的黏性。

空间中使用了一些当下比较流行的符号。在店面设计上，用灰色的水泥墙体和香槟色的金属板材，搭配植物和奶油色的时尚元素，营造一种时尚感。同时重点考虑了入口的设计，在一个商场中，如何在众多商家的门店中脱颖而出是入口设计的重点。设计师希望能在入口处营造出犹如在室外的感觉，所以把室内的休息座椅拿到了入口处，同时加入一些植物，再通过强化入口的进深感使店面有临街的感觉。这种户外感会和室内空间形成一种戏剧化的对比，增强店面的展示性。

店内的空间也使用了一些店面的设计语言，主要采用了简洁明快的弧形线条和直线互相搭配营造时尚的氛围。在灯具的处理、墙面的造型和镜面的处理上，都本着统一的设计手法，保证场地内和场地外设计语言的连贯性和完整性，所以，空间材质的应用和照明的设计都比较谨慎。在材质上，设计师把一些传统的低价材质，如水磨石、金属等搭配在一起，结合了高明度低纯度的颜色。在照明上运用了一些接近于自然光或者背投的环境光的照明手法满足理发和美容的使用功能，同时勾勒出整个空间的轮廓，让空间变得更整体。

在这个面积比较小的项目上，设计方案保证了形式上的完整性，同时，运用了一些小而有趣的时尚元素使整个空间看上去既统一又不失活泼。

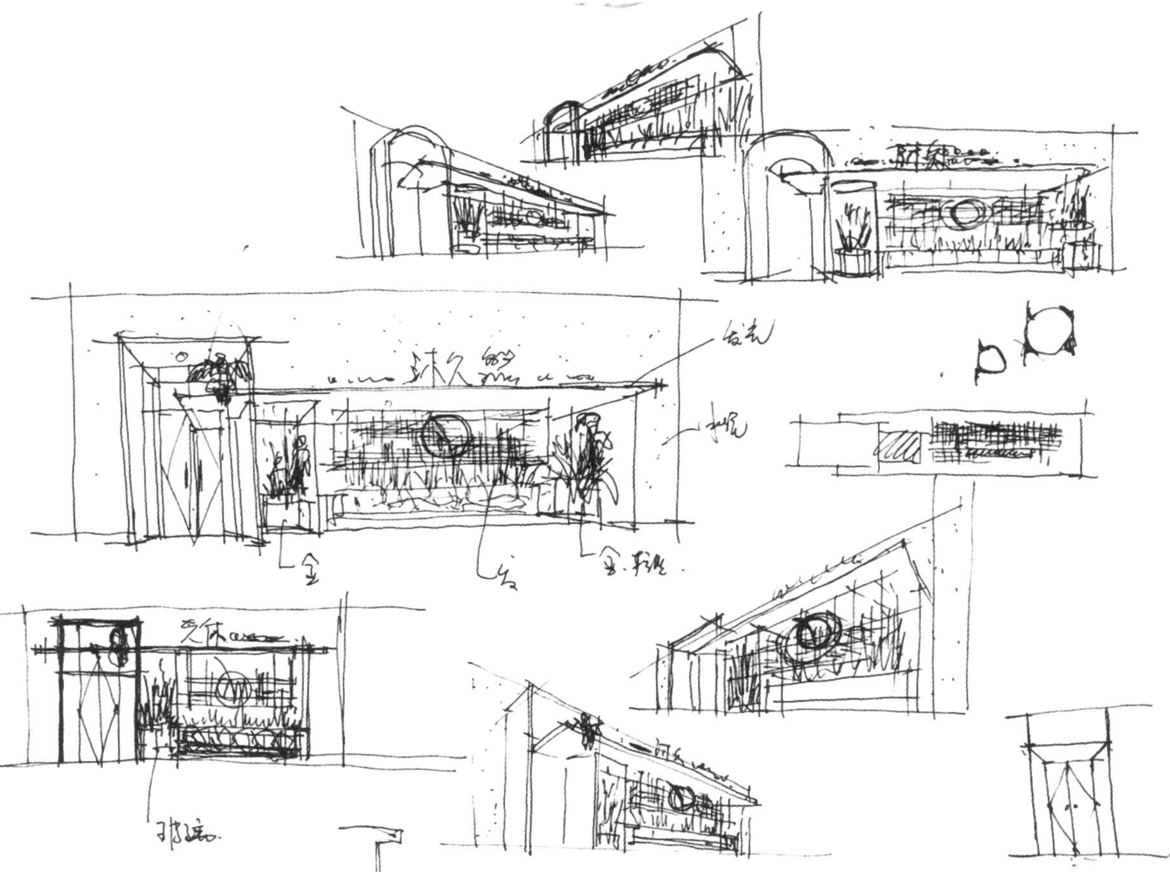

沐久

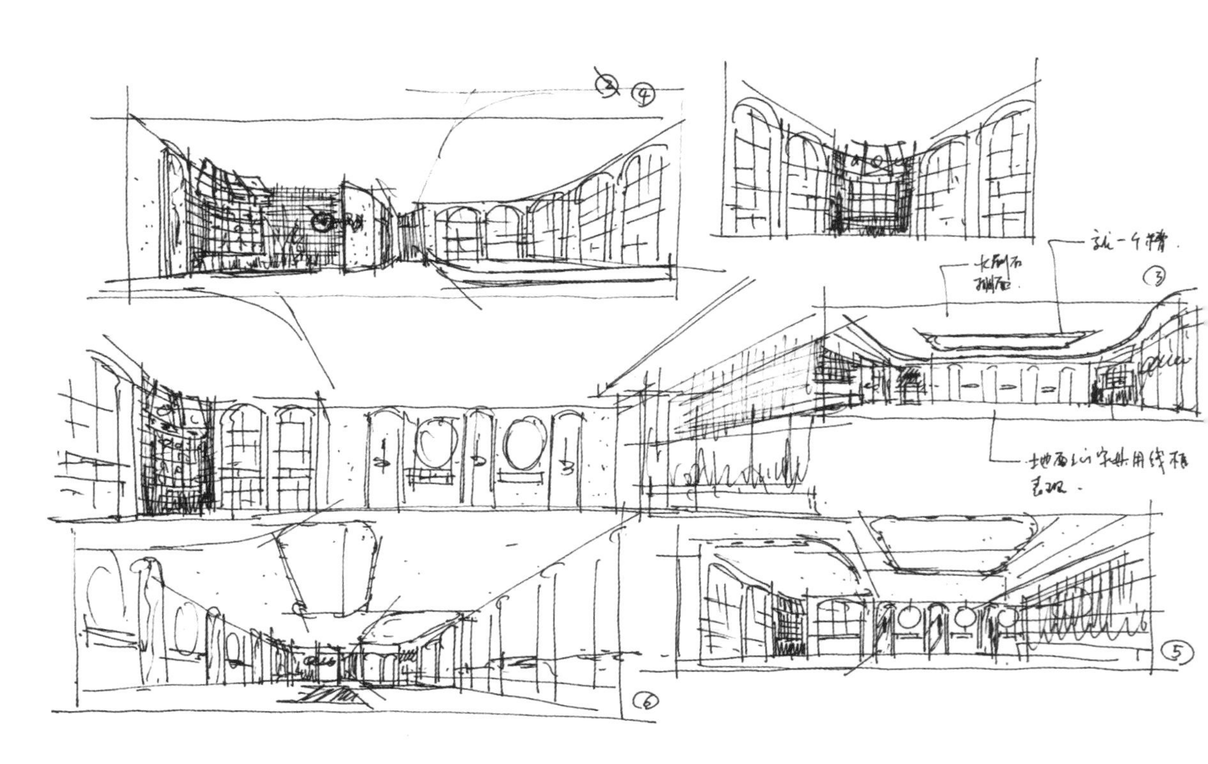
④
就一个槽.
③
地面上的字体用线框表现.
⑥
⑤

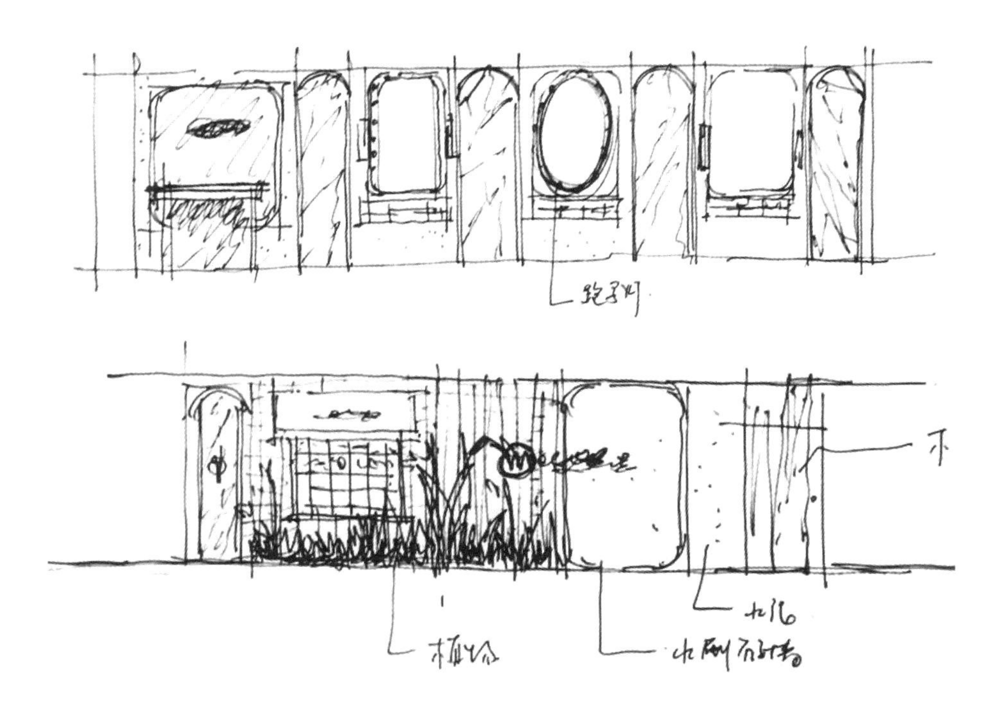

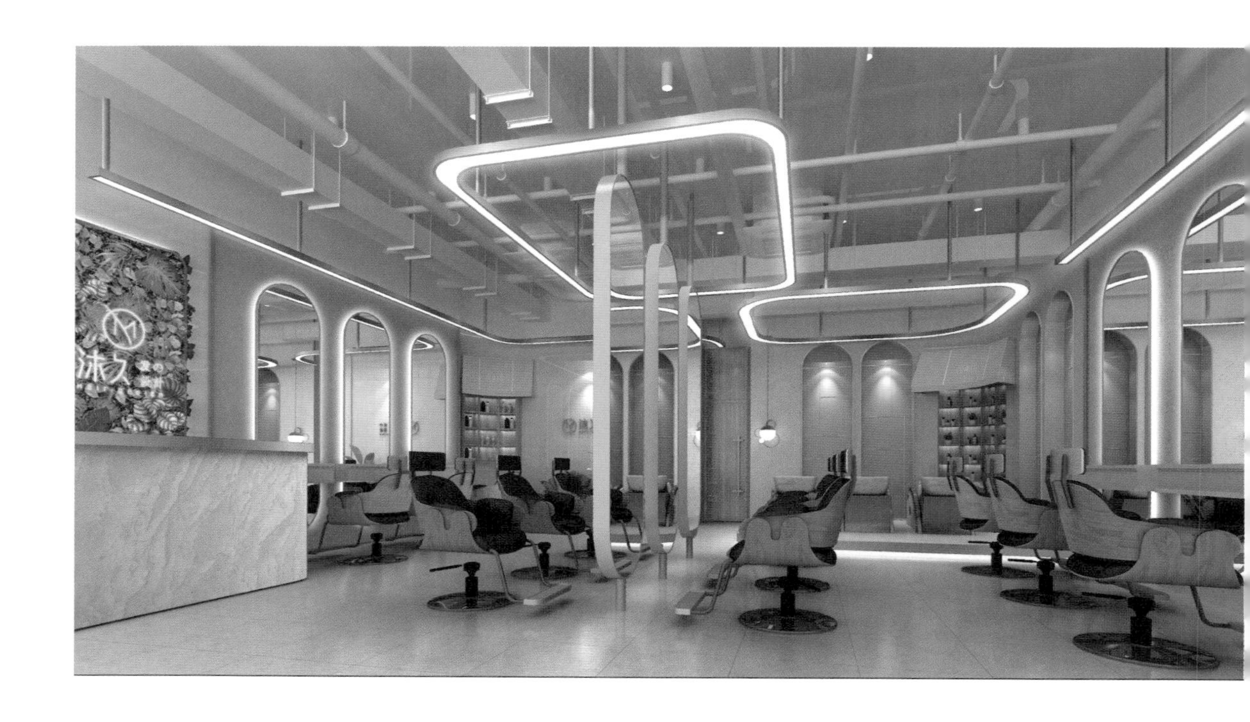

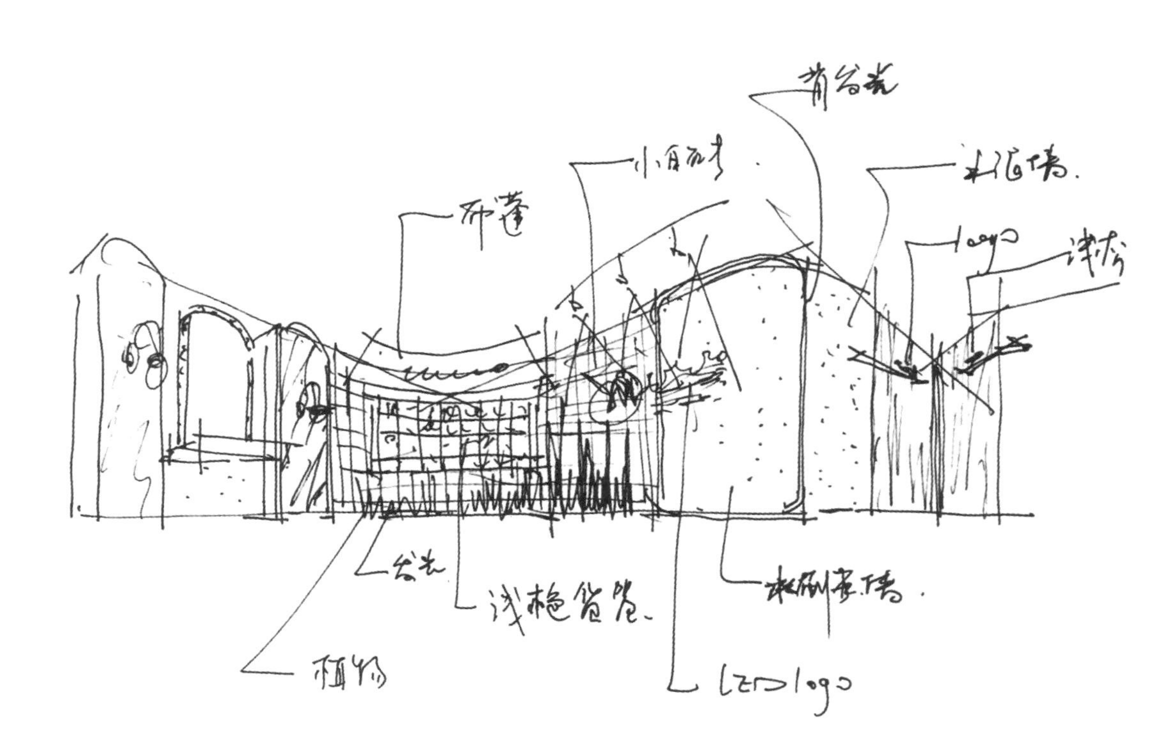
logo
LED logo
植物

沐久

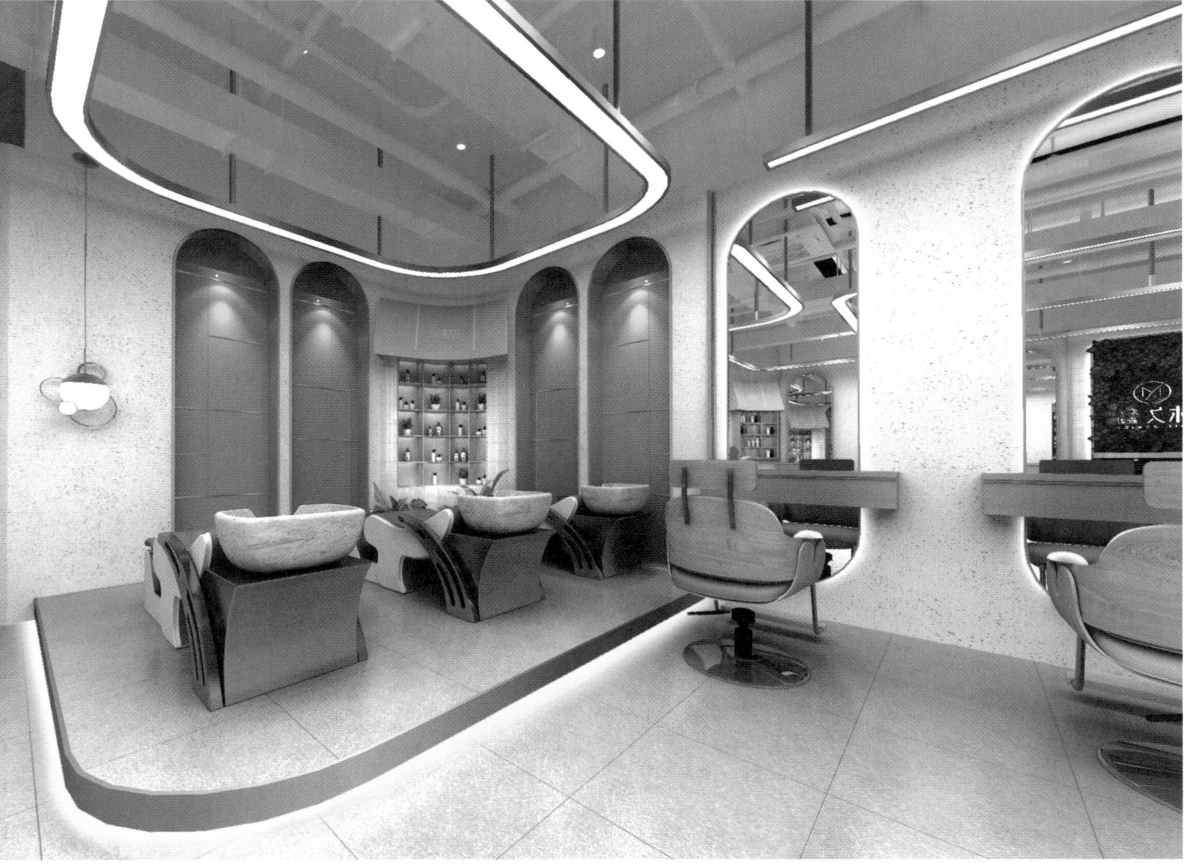

找到一个场所最适合的设计语言——扇贝王餐厅

这个项目是一个临街的烧烤店。针对餐饮空间的项目，设计师在前期策划时要明确以下问题：它的地理位置在哪？是街边门店还是商场内的品牌店？餐厅主要的消费群体是哪些人？食材有哪些？这些因素都会影响空间的设计风格。

在设计初期，设计师去现场实地考察，发现这个项目位于市区中心的一个小区内，利用了一栋民宅临近街角的一层和二层，主要的消费人群是“80后”“90后”和“00后”。设计师希望在餐厅的店面设计上能比较质朴和生活化，并且能在民宅中凸显出来。

餐厅的店面呈L形，设计师希望能强化和突出雨篷的线性感，营造出一种雨篷是从建筑内部延伸出来而不是贴在墙体上的效果，这样雨篷和墙体之间交叉的结构就会有一些微妙的变化。墙面的处理相对来说更单纯和朴素，设计师希望店面能用两三种材质营造出简洁纯净的效果，通过色彩和材质的控制来体现出质朴的感觉。其中，雨篷是自然的木色，墙面是水泥的颜色。在窗户上，设计师进行了一个比较大胆的尝试，将窗户的面积尽可能地加大，一层和二层的开窗位置完全对应。这样，室外雨篷的木板材质通过大尺度的窗户可以延伸到室内。同时将一些沙漠植物作为软装搭配，运用在建筑物上，和质朴的墙体形成一种呼应关系。店面的设计还特别考虑了尺度感，如窗户的宽度、高度以及实木雨篷的尺寸，它们会直接影响光

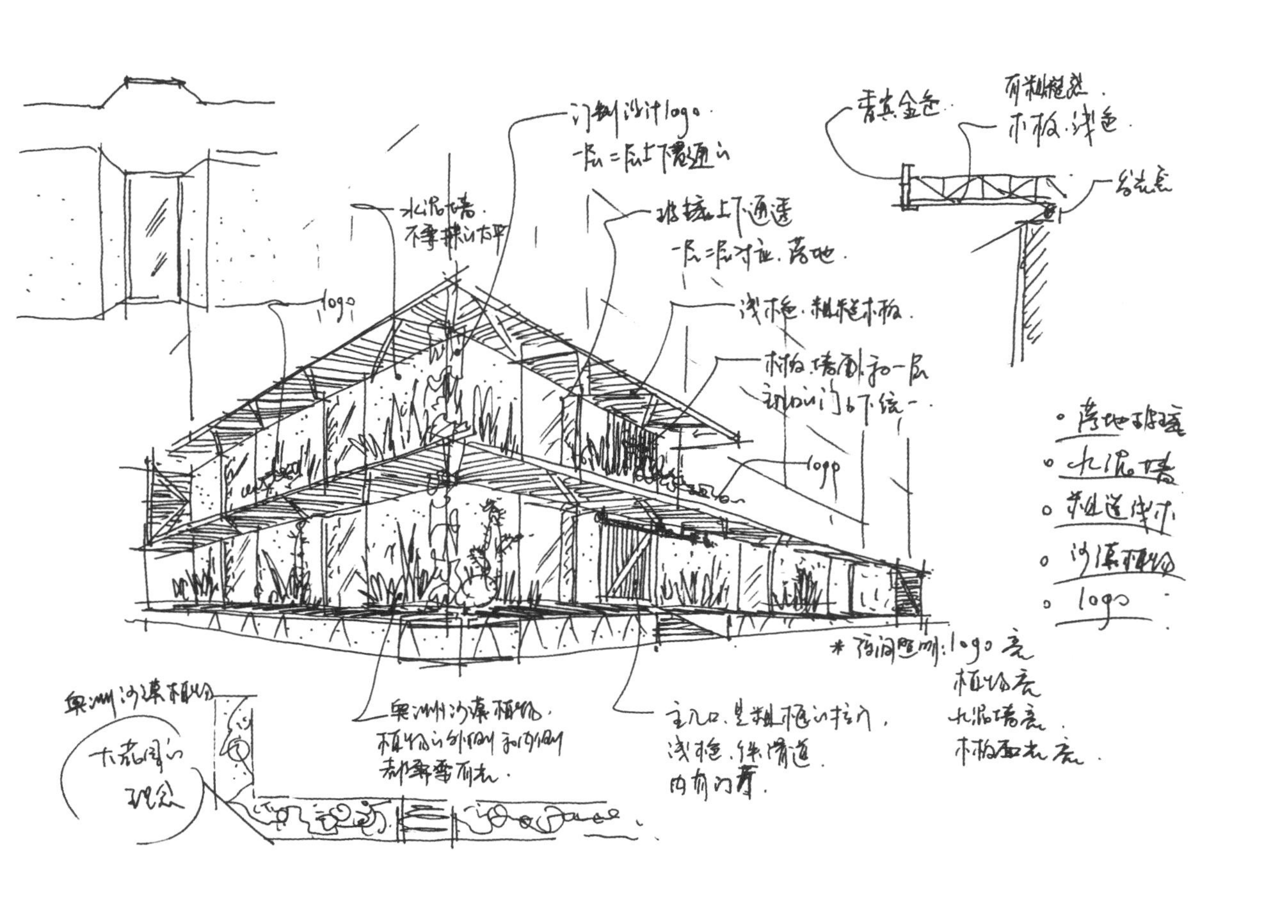

照的效果。在白天不同的时间段，餐厅内会有不同的光影效果。

在照明设计上，店面需要在夜晚看上去非常明亮，所以设计师使用了很多点光源的照明，突出墙面的原始肌理和粗糙的木材质感。计算机模拟出了一些店面标识的形式，使标识和整个建筑立面融合在一起。一条曲折的线贯穿了建筑外立面，窗户的开启方式、标识的形式和照明设计融合在一起，这也是建筑、室内和平面设计三者结合的设计思路。

餐厅内部共有两层，一层主要是以堂食为主，二层是包房。设计师希望能将室外质朴的风格应用到室内，所以，室内材质的运用也比较简单，主要是实木和水泥，这样可以让空间更具整体感。在餐厅的入口处采用了弧形的线条，让空间看上去更有层次，风格更偏向于西餐厅，弱化传统烧烤类餐厅的感觉。墙面的处理配合了灯光的使用。在软装色彩上，色调看上去比较统一，没有过多复杂的色彩，设计师希望简洁的空间能让食客专注于食材，享受就餐的时光，这才是餐厅的本质。

这个项目设计的初衷并不是通过华丽的装饰语言完成设计，而是想办法找到这个场所中最适合的设计语言，而这种设计语言是很自然的存在。手绘图主要关注两个方面：第一是店面的建筑语言；第二是不同材质的转化，如玻璃、水泥墙面、木板。

方案3
木格墙面
原有的屏风去掉

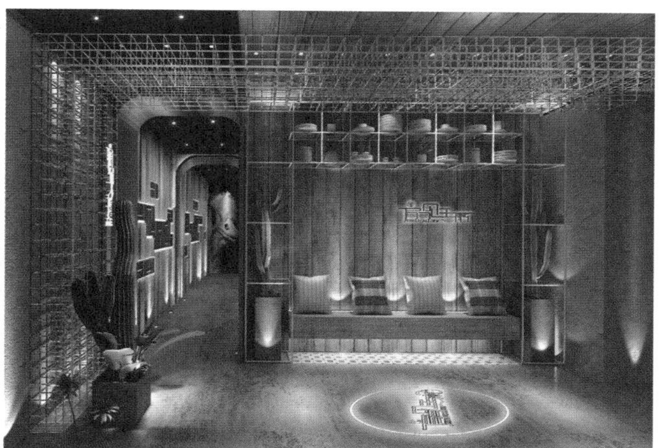

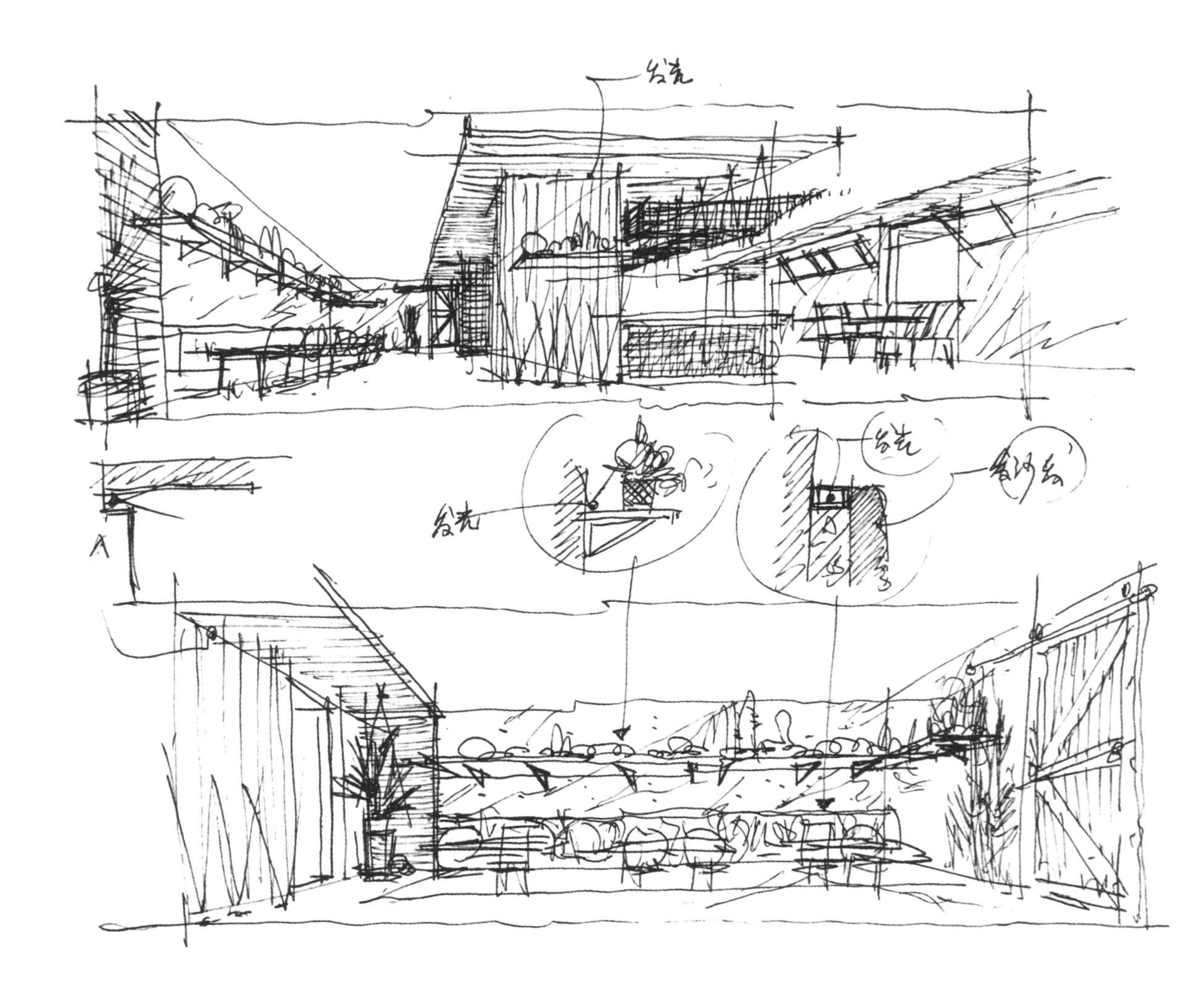
发光
发光
发光
A

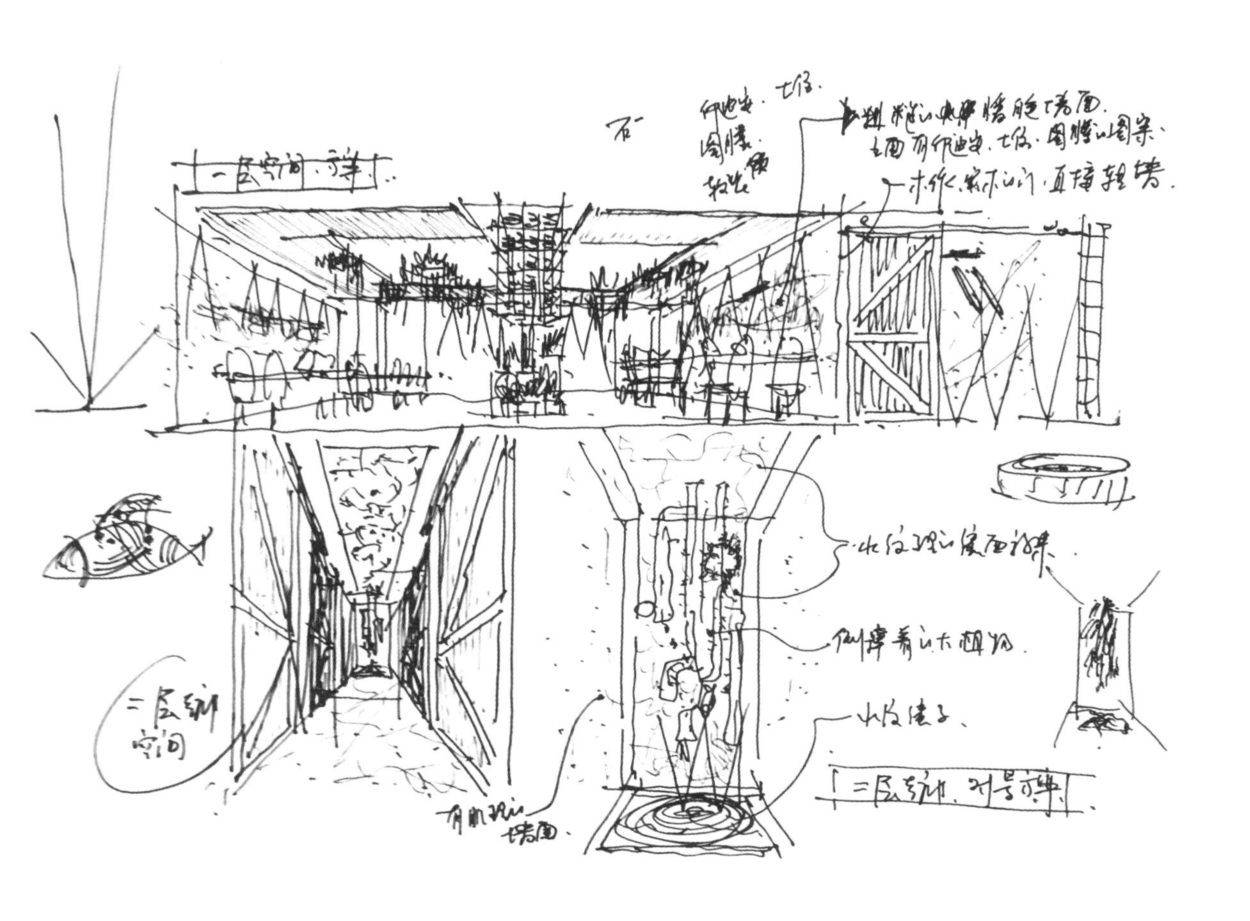

融合多种功能的空间——施宇心理咨询中心

这个项目是一个进行心理咨询的空间，空间面积不大，临街。业主是一位资深的心理咨询师，在心理学这个领域有很深的造诣。设计师原本以为业主需要一个传统的心理辅导空间，但是经过前期的沟通，设计师发现，业主更希望能营造出一个像咖啡厅一样放松的空间，在这样的空间里进行心理健康咨询和心理辅导。

这是一个比较独特的商业空间，功能布局的划分非常严格，有接待区、咨询区、教室、活动室、医疗室等，从平面布局上看，更像一个办公空间，但是从空间的营造上看，按照业主的要求，更接近于时尚餐厅或咖啡厅。所以设计师希望能从平面功能入手，满足这个空间消费群体的需求，同时在风格上符合业主的要求，营造出一个轻松的环境，而不是枯燥的诊疗空间。

基于以上情况，本项目的设计重点就变成了如何营造一个轻松的心理咨询空间，同时又不能让人把这个空间误解成一个咖啡厅、餐厅，同时，室内和室外的环境也要协调。

建筑的一面临街，另一面靠近住宅区，整个外立面的右侧部分展示性比较强，但是这部分不面向街道，所以设计师将面向街道一侧的外立面进行了清洗，这样展示的效果会更好。原有的建筑结构是两层，设计师把一层和二层的立面用立体构成的手法进行了错位的处理，处理之后，立面自然形成了一种形式感，这是支撑整个建筑外立面设计的原始思路。之后，再通过加入鲜亮的颜色和趣味性的符号和图案，增添外立面的轻松感，如加入和心理咨询相关的爱心、助听器、心电图等符号，使外立面既时尚，又能传达信息。

SY
shiyu
xinli
施宇心理
SHI YU PSYCHOLOGY
咨询中心

在确定了外立面框架的情况下，同样的设计思路也应用到了室内。设计师把室内一层到二层的空间打通，这样在视觉上比较通透。接待区、活动区和水吧区融合在一起。为了让使用者从每一个角度看都能有很好的视觉感受，设计师在空间中制造了一些高度上的变化，人为地创造了一些交错空间，并且营造了一些融合多种功能的区域。这些多功能区的使用比较灵活，如果有不同的活动和不同的课程，这些功能区可以随时使用，这样会使空间的使用功能变得模糊，也让空间变得更有趣。

这个项目中最更重要的是，如何把不同的设计手法和不同的功能空间融合在一起，这种融合能力，需要通过更多的实际项目训练。

施宇理

新业态产生新的设计思路——万科跑道

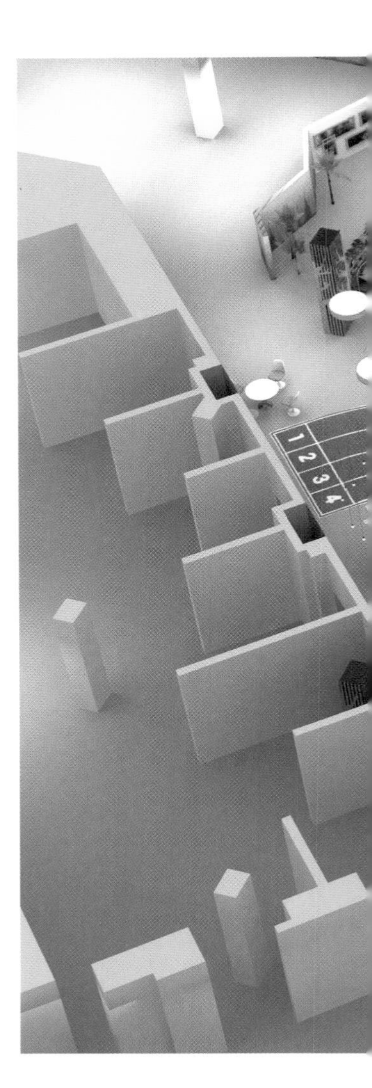

这个项目是一个社区内的娱乐空间。业主作为国内房地产行业的领军企业，希望能深挖用户体验，为小区住户创造一个步行 10 分钟内就能抵达的社区生活娱乐空间，这个空间可以融合多种生活方式，并且能让使用者体验现代都市生活，这也是本项目业主的一种营销方式。在过去的几年中，他们一直在开发不同的、有趣的公共空间和服务空间，试图创造一种“生活+”的模式。现代的年轻人喜欢追逐新鲜事物，喜欢沟通交流，购买力强，信息来源多元化，生活方式跟以前也有了很大变化，基于这样的情况，一种新的社区生活方式也应运而生。

这个项目是利用小区住宅建筑的地下空间创造出的一个娱乐区域。它为小区住户提供了一个介于工作场所和家之间的“第三空间”，这个“第三空间”综合了阅读功能、咖啡吧功能、运动功能、沟通交流功能等，让人们除了工作和睡眠之外，能获得更多体验。

VANKE'S LIFE
3
4

本项目中，设计师基于对市场需求和使用者需求的理解，尝试了新的设计思路。在平面布局上，设计师把原本封闭和孤立的空间打开，让传统意义上清晰的场所界限模糊化，这对室内设计师来说是比较有趣的尝试。同时，空间中使用了大量贴近自然的材质，如实木，并且模拟了室外的光照情况，营造了一个融合性的空间。

无论什么样的空间，其设计最终都要关注于人的使用方式和对生活的理解。如何在满足市场需求的前提下，把自己对艺术的理解融入空间，是设计师应该具备的能力。

这个项目的设计思路是全新的，也是和市场需求密切联系在一起的。设计师要了解市场的需求和使用者的需求，这些需求就是业主的需求。在满足业主需求的前提下，在不同的项目中进行新的尝试，也会产生一些有趣的空间，这些不一样的空间会给设计师带来新的启发。

Vanke
life
file
Vanke

如何创造一个三层空间——辽宁自贸区展厅

这个项目是一个展厅。业主要求在一个建筑的大堂空间内建造一个展厅，也就是说，需要在一个室内空间里再建一个空间，也相当于在建筑中再做一个建筑。所以设计师在做方案时，重点考虑了建筑、室内和光照这三个方面。

原有空间是一个公共建筑的中庭，挑高15米。中庭的顶部全部是采光天井，有大量的自然光从室外进入室内，整个空间看上去非常明亮、通透。如果在这样的空间中再做一个封闭的“盒子”，会将原有通透的空间变得非常封闭，同时也阻挡了光线。所以，不能完全用室内设计的思路理解这个空间，而是要进行综合性的考虑，最大限度地尊重原有空间，包括空间的体量和光照情况。在这个项目中，设计师在室内增加了一个“玻璃盒子”，这样既不破坏原有空间的光线，同时后增加的空间也有足够大的面积和独立性。在这样的情况下，如何将这个“玻璃盒子”做得既通透又有私密性，成了设计中的一个重点和难点。设计师在室内做了一个半透明的“方盒子”，在这个“盒子”里又增加了一个实体的封闭的“盒子”，外面半透明的“盒子”，既保证了空间的光照，也让这个空间具有了独立性。里面封闭“盒子”是一个多媒体声光电控制的演艺厅，外面半透明“盒子”的墙体成了里面封闭“盒子”的外墙，这就出现了三层空间。这样的三层空间在一个15米挑高的建筑中显得很有趣。

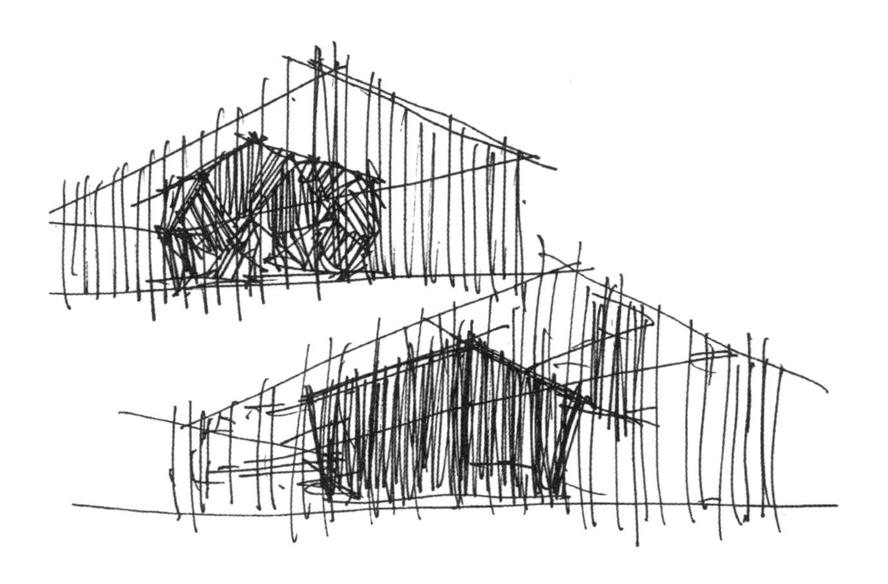

SHENYANG
AREA

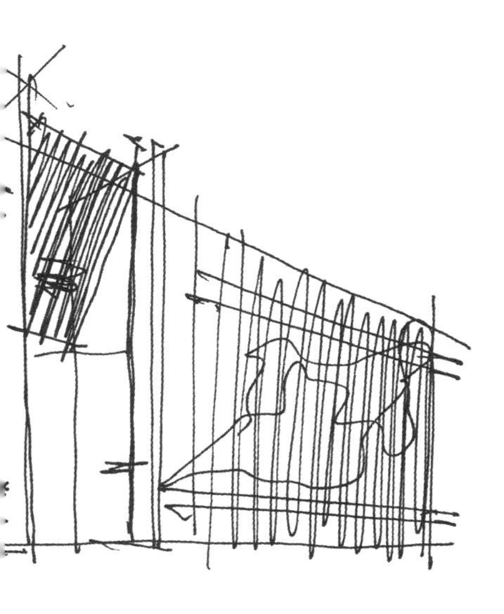

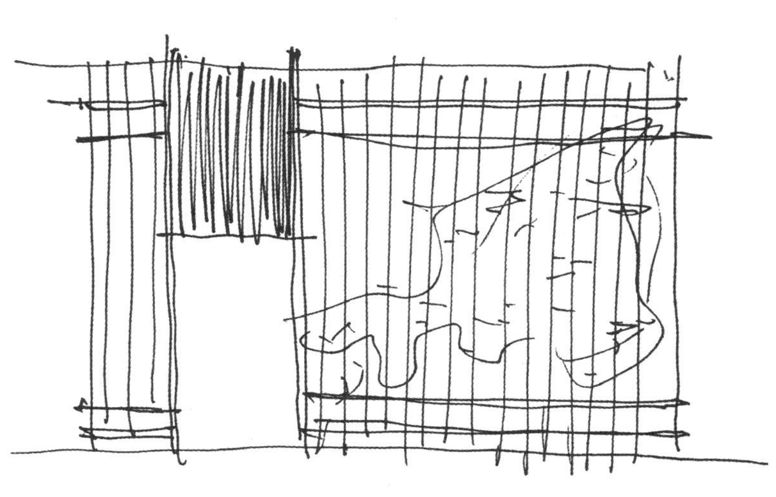

在平面布局上，还是遵照传统的展览布局，顺时针排列各展览区。在进行概念设计之前，设计师用手绘图将平面布局和尺寸标注出来。在绘制手绘图的过程中，也构思了室内外空间的连接形式。为了配合平面图，设计师还绘制了很多轴测图，进一步说明室内的高差关系，通过轴测图，也能分析出两层“盒子”之间的比例关系和立面造型的形式。所以在手绘设计方案的过程中，不仅需要平面图和透视图帮助设计师梳理思路，有一些复杂的空间还需要轴测图帮助设计师理解空间的结构。

在这个项目中，玻璃展板和木制的墙面综合在一起，体现展厅的科技感，这是设计师通过对原建筑的理解和对展厅信息传达的理解综合产生的设计思路。

整个项目体现了设计师对建筑的理解，对室内空间的理解和对光的理解。做到了既不破坏原有建筑，又搭建了一个丰富的展厅空间。作为一名室内设计师，对建筑和光的把握是走向更高阶段必须跨越的门槛，在这个过程中，手绘表现是在短时间内高效还原和输出设计师对空间理解的一个直接有效的方法。

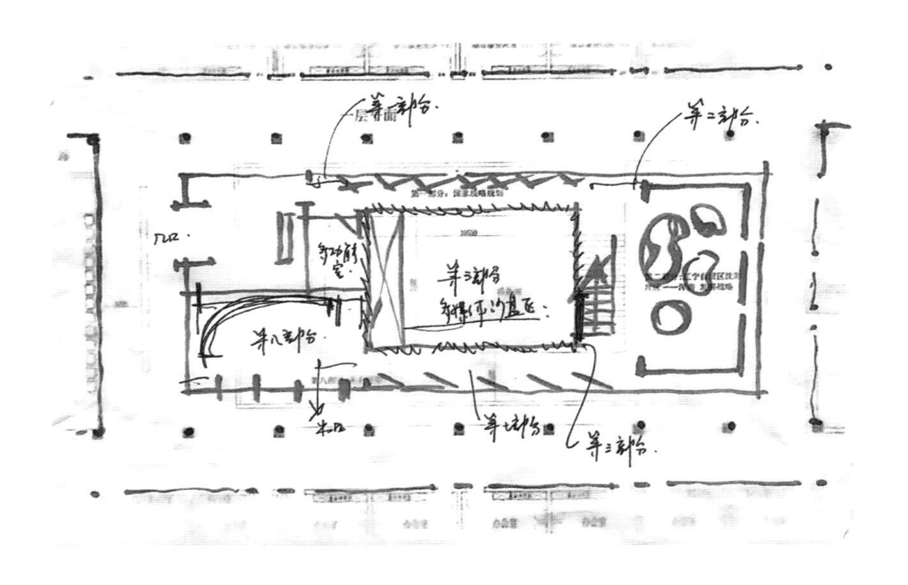

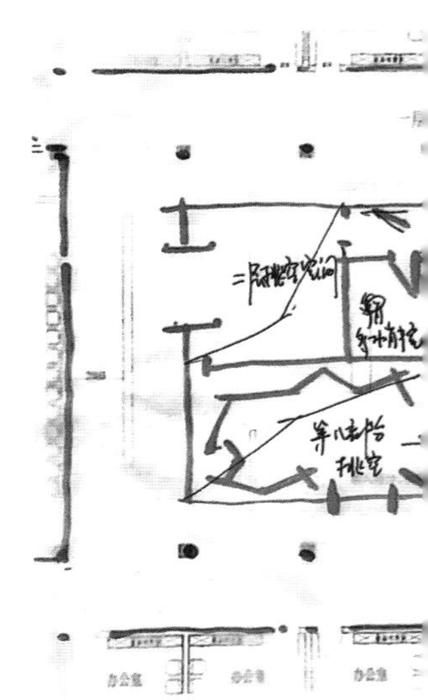

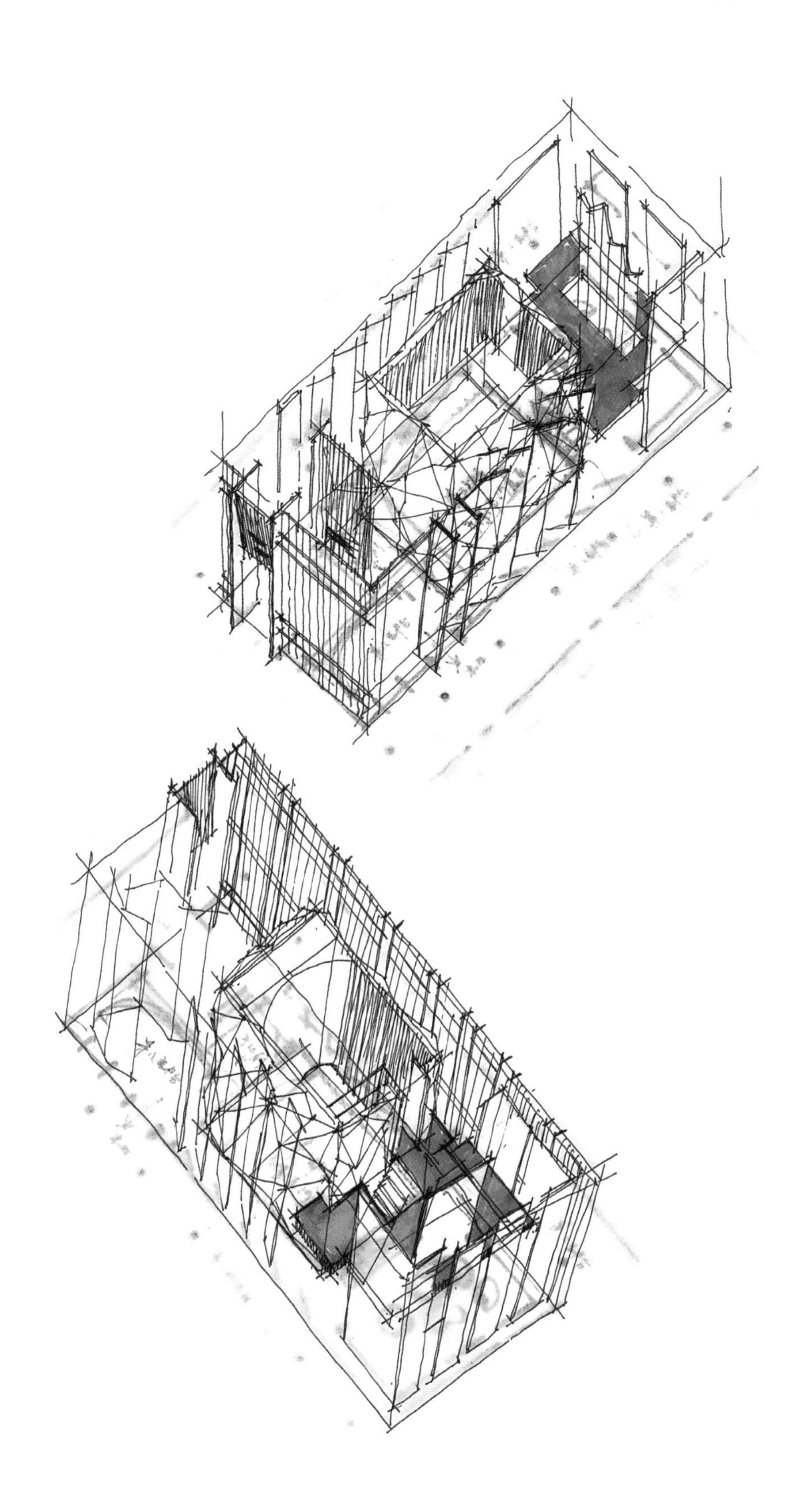

第四部分
第五部分
办公室

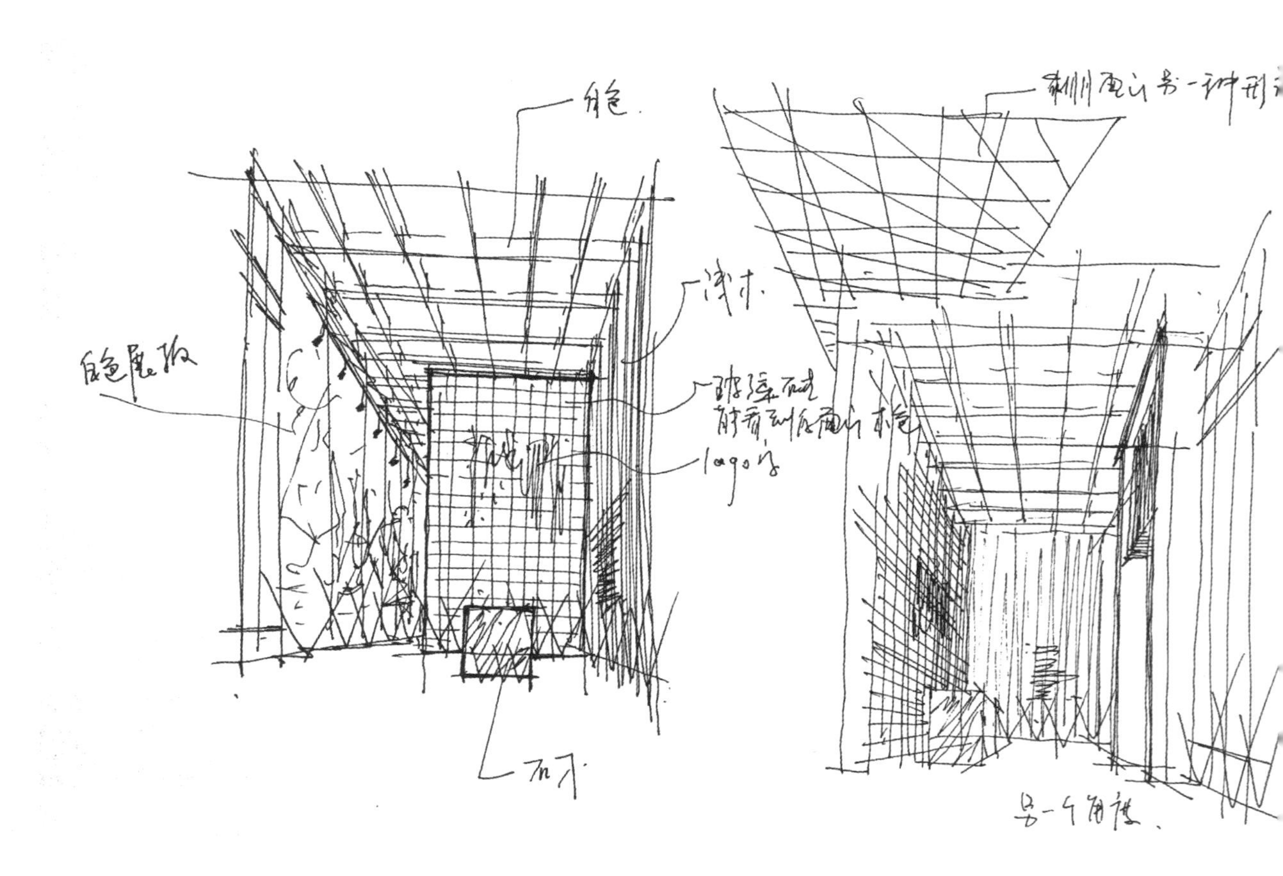

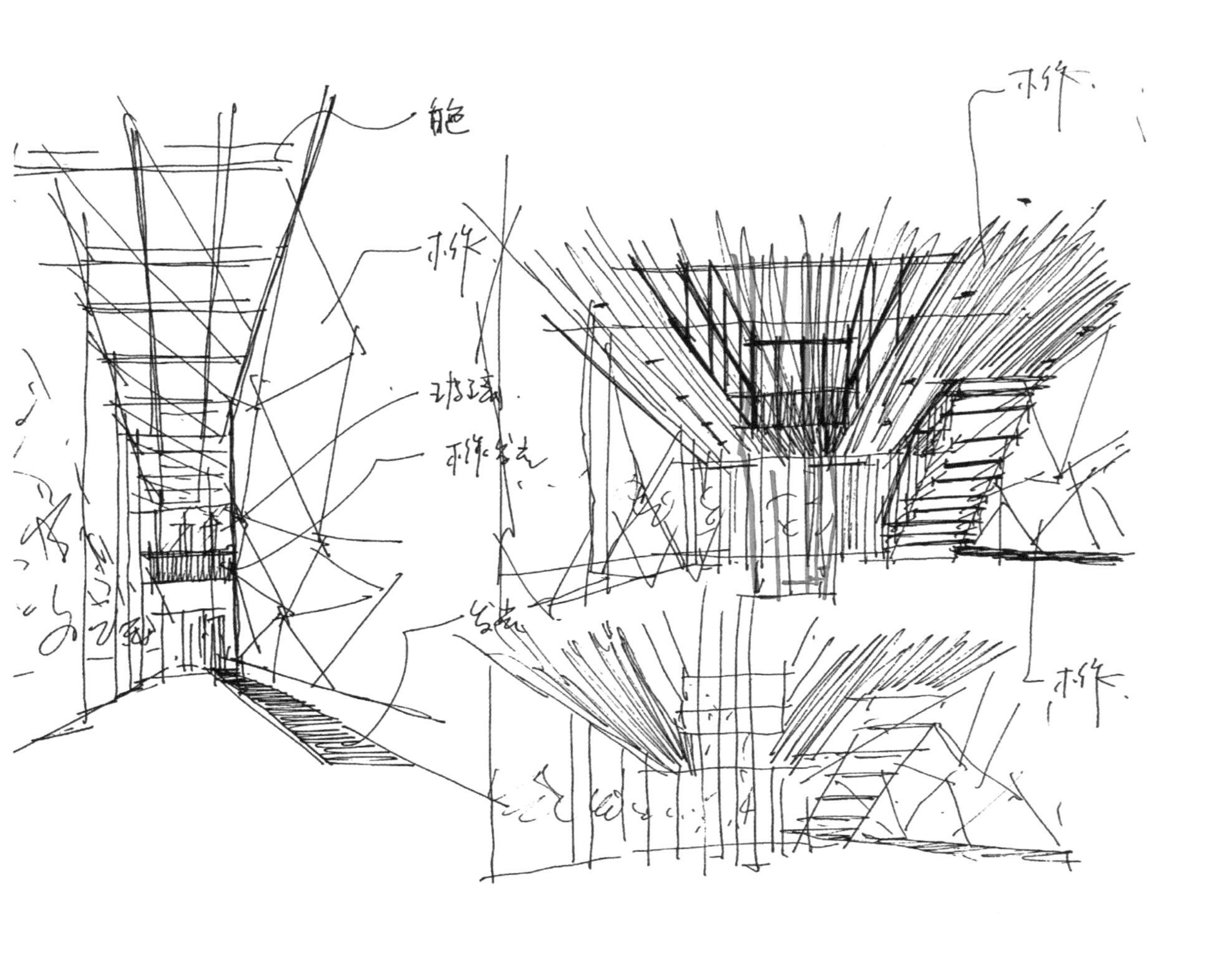
木作
玻璃
木作
木作

产业规划

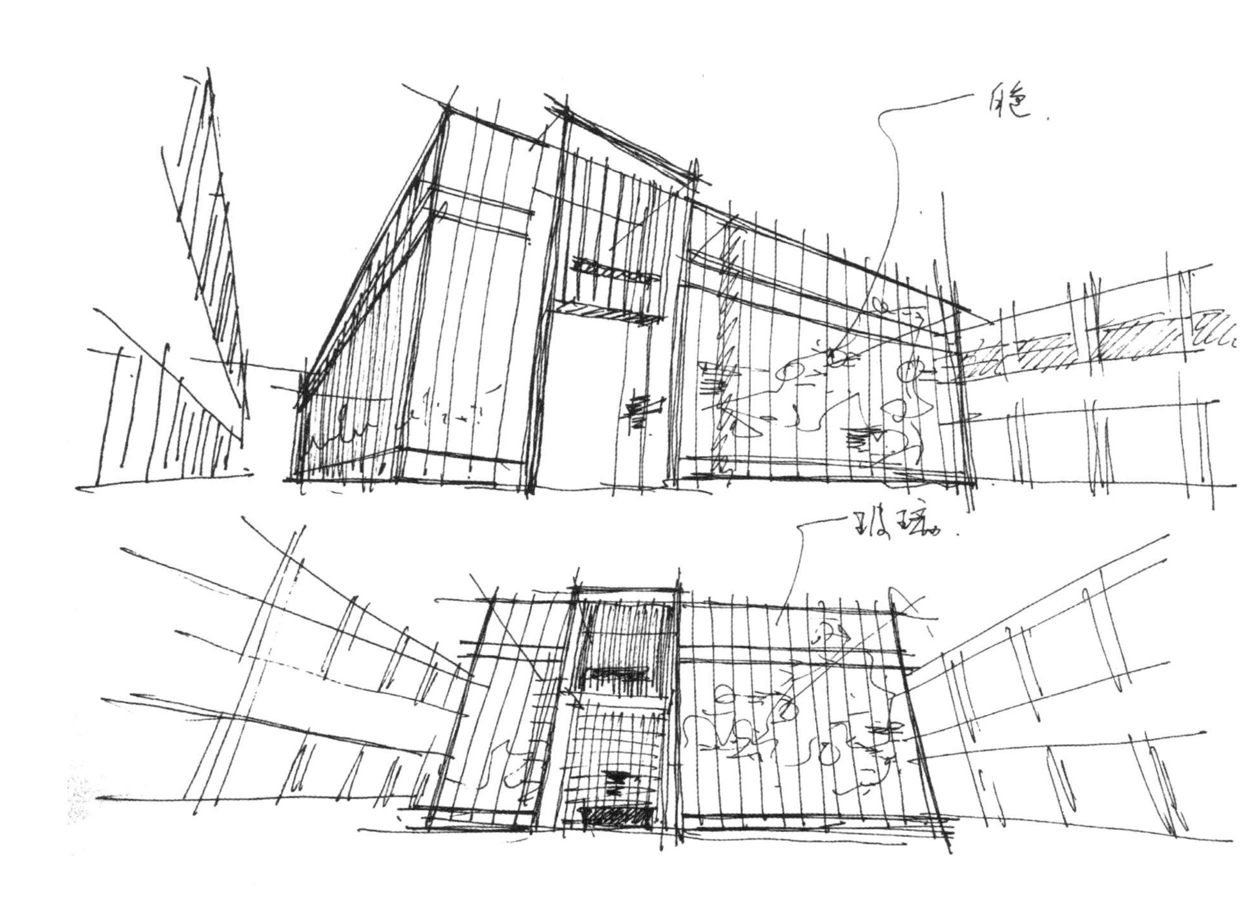
玻璃

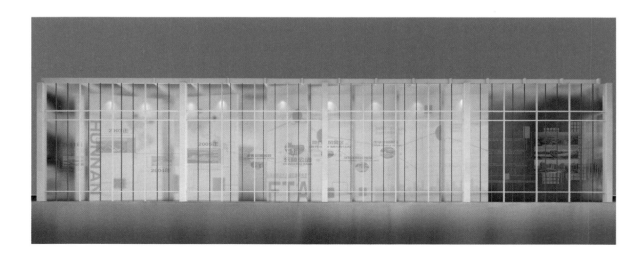
2003年
2005年
2004年

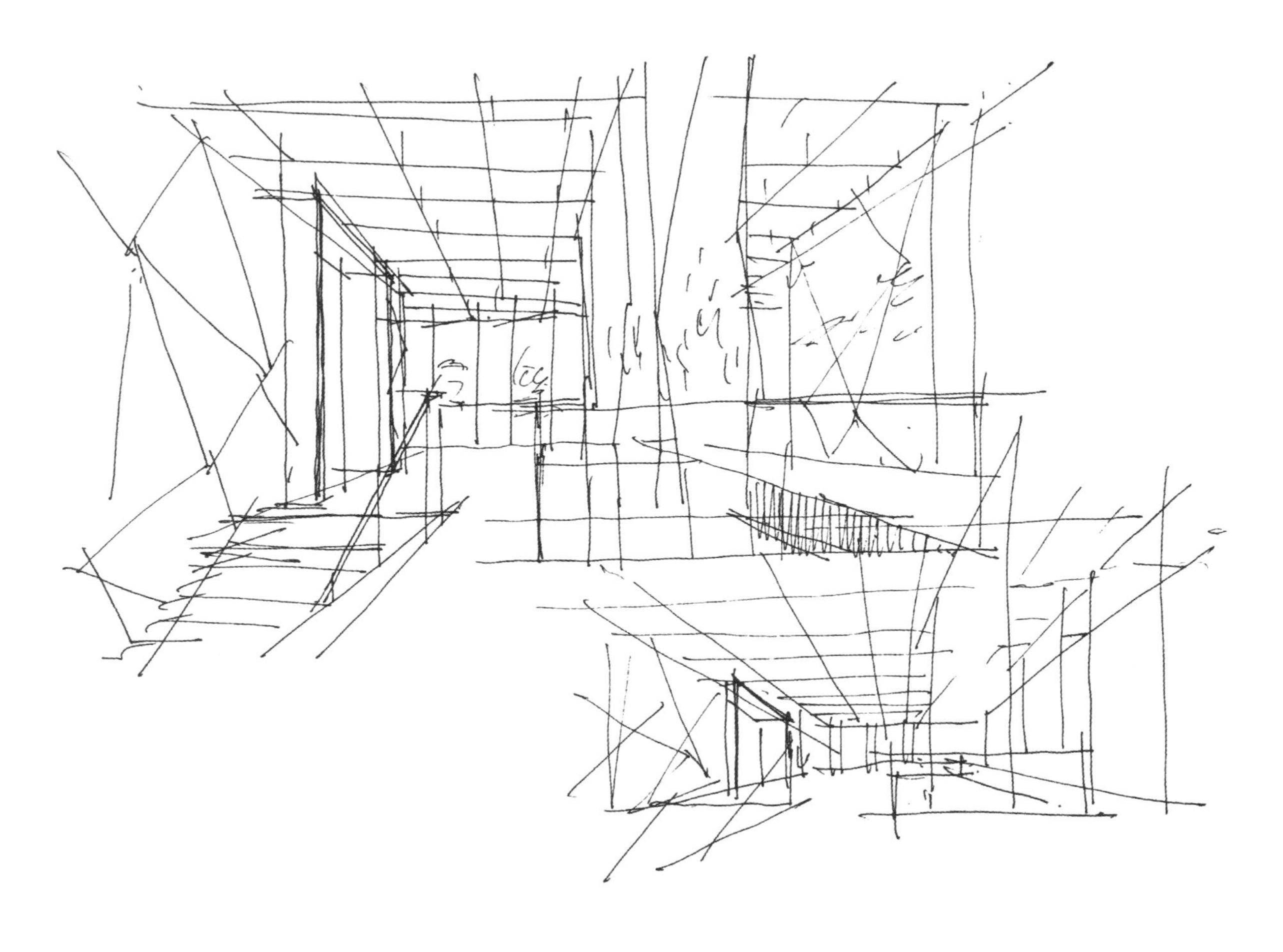

用传统文化烘托空间的尊贵感——万秀荣耀商务 KTV

这个项目是一个 6000 平方米的商务空间，位于辽宁省沈阳市，原本是一个三层的餐厅，业主的要求是设计风格要尊贵、庄重，并且不能借鉴成形的商务场所的设计。经过对现场的勘察，设计师结合了周边的环境，从室外的建筑外立面开始，将室外和室内统一布局。

建筑外立面是 L 形，在改造中，设计师首先把外立面比较突兀的仰角变得更通透，模糊室内和室外的界限，使人在室外也可以观察到室内的景观、材质和色彩。其次，保留了建筑原本大飞檐的形式，通过这个飞檐自然地形成了建筑的入口。同时，外立面上还使用了中国传统的花卉图案、万花筒和具有韵律感的多棱镜形式。

万秀荣耀
WAN SHOW
万秀荣耀
WAN SHOW

室内共有地上三层，地下一层。原来室内没有公共空间，所以设计师把一层和二层打通，在保留一根柱子的情况下，创造出了一个 260 平方米的大堂。柱子原本在大堂正中心的位置，改造后被挪到了整个空间的黄金分割点的位置。柱子外面是水晶艺术品，缤纷的色彩营造了一种朦胧感，让它通透但又不被弱化，不管是白天还是夜晚，看上去都是一个巨大的艺术品。

室内的装饰风格来源于中国的传统文化，并且和业主的营销模式融合在一起。设计师提炼了中国几个特定朝代宫廷中常见的符号，如祥云、龙鳞、凤凰的羽毛、花卉等，把这些图案用阵列的形式排列在一起，然后用现代的手法应用到室内，用中华民族强大的文化底蕴烘托空间的尊贵感。同时考虑到北方地区的市场认知情况，在室内装饰的形式上还增加了花团、时装的元素。室内地面的铺装和墙面的装饰都是定制的图案。

地上的三层每一层都有不一样的风格。一层是简欧风格，用一些彩绘玻璃和艺术品表现欧式风格，同时考虑到造价和施工难度，在形式上做了简化。设计师在走廊尽头的橱窗处营造了一种仪式感。

二层是港式风格，所以使用了很多铁艺，并且特别注意了公共空间的棚顶、墙面等细节，大型的灯具使空间变得很有戏剧感。

三层是传统东方风格。浓重的色彩营造了朦胧的唯美感，金边的细节来源于中国传统建筑。走廊以红色为主，包房强化了入口处和墙体，室内用凤冠霞帔等元素体现东方风格，每一间包房的形式都不一样。

在材料的使用上，几乎没有使用石材，大部分材料是大理石砖，所以材料价格并不高。设计师希望能通过颜色构成、平面构成等设计的本源来营造室内的尊贵感，这也在一定程度上满足了业主对造价的要求。

一个好设计有时实际落地的情况会跟最初的方案有很大差别，所以这个项目在施工过程中会在现场模拟灯光和材质，材质样块经过打样在现场反复对比，主要的目的就是在艺术效果和工程造价之间取得平衡。